高职高专商务数据分析与应用专业系列教材

数据分析技术

主　编　李　勇　刘　卫　胡媛媛
副主编　胡　翠　左　燕　姚　楠
参　编　龚　玲　黄　玲　程凤云　王　迪

机械工业出版社

"数据分析技术"课程是高职高专商务数据分析与应用专业的一门核心课程,对学生商务数据分析与应用职业能力的培养和职业素养的养成起着重要的支撑作用。本书旨在培养学生的数据分析思维及运用数据分析工具进行商务数据分析与应用的能力,并系统阐述了数据分析认知、需求分析、数据库创建、描述性统计分析、假设检验、方差分析、相关与回归、时间序列分析和数据分析报告等内容。

本书具有很强的实用性,可供高职高专商务数据分析与应用专业及有关专业学生学习相关课程使用。

为方便教学,本书配有电子课件等教学资源,凡选用本书的教师均可登录机械工业出版社教育服务网 www.cmpedu.com 下载。咨询电话:010-88379375;联系QQ:945379158。

图书在版编目(CIP)数据

数据分析技术 / 李勇,刘卫,胡媛媛主编. —北京:机械工业出版社,2020.9(2024.7重印)
高职高专商务数据分析与应用专业系列教材
ISBN 978-7-111-66485-7

Ⅰ.①数… Ⅱ.①李… ②刘… ③胡… Ⅲ.①数据处理-高等职业教育-教材 Ⅳ.①TP274

中国版本图书馆 CIP 数据核字(2020)第 169577 号

机械工业出版社(北京市百万庄大街22号 邮政编码100037)
策划编辑:乔 晨　　责任编辑:乔 晨
责任校对:张莎莎　　封面设计:鞠 杨
责任印制:邓 博
北京盛通数码印刷有限公司印刷
2024年7月第1版第5次印刷
184mm×260mm·16.75印张·433千字
标准书号:ISBN 978-7-111-66485-7
定价:48.00元

电话服务　　　　　　网络服务
客服电话:010-88361066　机 工 官 网:www.cmpbook.com
　　　　　010-88379833　机 工 官 博:weibo.com/cmp1952
　　　　　010-68326294　金 书 网:www.golden-book.com
封底无防伪标均为盗版　机工教育服务网:www.cmpedu.com

前 言
Preface

当前，我国的信息化发展已进入"数字中国"的新阶段。在商业与信息技术深度融合的时代背景下，数据成为企业的一项重要战略资源。对于国内大部分电商企业而言，其发展前景好坏与否将越来越多地取决于数据的运用水平，而数据的运用水平与数据分析技术密切相关。

数据分析技术主要建立在统计学和计算机技术基础之上，随着统计学和计算机技术的发展而不断丰富，并在新的业务类型和商业模式下拓展出更为广阔的应用场景。对于未来的电商领域从业者，数据分析能力是一项必不可少的职业技能。

本书从数据分析认知出发，在建立数据分析思维的基础之上，系统讲授目前常用的数据分析技术，让学生掌握描述性统计分析、交叉分析、假设检验分析、方差分析、相关与回归、时间序列分析等主流的数据分析与预测方法，通过恰当的展示形式进行数据展示，并撰写基本的数据分析报告。此外，本书采用 Excel 和 SPSS 两款数据分析软件对相关案例进行分析演示，部分章节配有实训数据，可通过下载配套数据文件获取，便于学生动手练习。

本书由重庆财经职业学院李勇、刘卫以及合肥职业技术学院胡嫒嫒担任主编，重庆财经职业学院胡翠、左燕和姚楠三位老师担任副主编。本书共 9 章，其中李勇、胡翠负责编写第 1 章和第 2 章；刘卫、姚楠负责编写第 3 章、第 4 章和第 5 章；左燕负责编写第 6 章和第 7 章；胡嫒嫒负责编写第 8 章和第 9 章。感谢重庆财经职业学院龚玲、黄玲、程凤云和王迪四位老师参与本书的编写工作，感谢重庆翰海睿智大数据科技有限公司提供的技术支持，也感谢机械工业出版社孔文梅主任的大力支持与帮助。

由于编者水平有限以及数据分析技术的不断发展，书中难免有不当之处，望广大读者批评指正。

为方便教学，本书配有电子课件等教师用配套教学资源，凡使用本书的教师均可登录机械工业出版社教育服务网 www.cmpedu.com 下载。咨询电话：010-88379375，服务QQ：945379158。

编 者

目 录
Contents

前 言

第1章 数据分析认知
1.1 数据分析概述 // 002
1.2 数据分析思维与分析技术 // 007
1.3 数据分析流程 // 012
1.4 数据分析工具 // 013

第2章 需求分析
2.1 需求分析概述 // 020
2.2 数据分析方案 // 027
2.3 项目进度表 // 030

第3章 数据库创建
3.1 数据库概述 // 043
3.2 数据库的设计与创建 // 044
3.3 数据库的常用操作 // 050
3.4 数据预处理 // 054

第4章 描述性统计分析
4.1 描述性统计分析概述 // 077
4.2 频率分析 // 078
4.3 描述统计分析 // 087
4.4 交叉表分析 // 094

第5章 假设检验
5.1 假设检验概述 // 103
5.2 假设检验的分析方法 // 108
5.3 均值过程 // 112
5.4 单样本 t 检验 // 113

5.5 独立样本 t 检验 // 122
5.6 配对样本 t 检验 // 131

第 6 章 方差分析

6.1 方差分析概述 // 143
6.2 单因素方差分析 // 146
6.3 双因素方差分析 // 158
6.4 协方差分析 // 172

第 7 章 相关与回归

7.1 相关与回归概述 // 178
7.2 简单相关分析 // 196
7.3 偏相关分析 // 201
7.4 简单回归分析 // 203

第 8 章 时间序列分析

8.1 时间序列分析概述 // 217
8.2 移动平均预测和指数平滑预测 // 222
8.3 季节指数模型预测 // 229
8.4 趋势模型预测 // 232
8.5 使用 SPSS 进行时间序列分析 // 237

第 9 章 数据分析报告

9.1 数据分析报告概述 // 246
9.2 数据分析报告的写作要求 // 248
9.3 数据分析报告的撰写 // 250

参考文献

第 1 章
数据分析认知

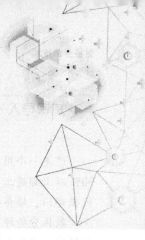

职业能力目标

专业能力：
- 理解数据分析的概念
- 理解数据和变量的定义
- 掌握数据分析的流程和分析技术
- 了解常用数据分析工具 Excel 和 SPSS

职业核心能力：
- 具备良好的职业道德，诚实守信
- 具有基于数据的敏感性，有一定的设计和创新能力
- 具备创新意识，在工作或创业中灵活应用
- 具备自学能力，能适应行业的不断变革和发展

本章知识导图

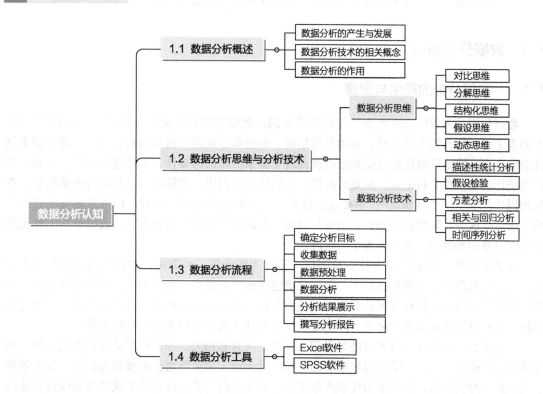

> 知识导入

如何成为一名优秀的数据分析师？

这是一个用数据说话的时代，也是一个依靠数据竞争的时代。目前世界500强企业中，有90%以上都建立了数据分析部门。IBM、微软、Google等知名公司都积极投资数据业务，建立数据部门，培养数据分析团队，这也使数据分析师成为当前炙手可热的职业之一。

数据分析师，是指在不同行业和企业中，专门从事数据搜集、整理、分析，并依据数据进行研究、评估和预测，能够为企业创造价值的专业数据分析人员。要成为一名优秀的数据分析师，必须具备以下重要技能：

1) 懂业务。从事数据分析工作的前提是懂业务，即熟悉行业知识、公司业务及流程，能透过数据表象认知数据背后更深层次的业务逻辑。
2) 懂管理。能够运用经济学、市场营销、管理学等学科理论知识对数据分析结论提出有指导意义的建议。
3) 懂分析。能够掌握数据分析的基本原理与一些有效的数据分析方法，并能灵活运用到实践工作中。基本的分析方法有描述性统计分析、方差分析、对比分析等。高级的分析方法有相关分析法、回归分析法、时间序列等。
4) 懂工具。能够掌握数据分析相关的常用工具。强大的数据分析软件是数据分析师最得力的工具。
5) 懂写作。具备一定的数据分析报告撰写能力，能够清晰、精炼地将数据分析过程和结论用文字表达出来。

从现在开始，我们来带领大家一起踏上数据分析师的成长之路！

1.1 数据分析概述

1.1.1 数据分析的产生与发展

数据分析是随着社会生产力的发展而产生的，起源于原始社会的计数活动。在原始社会，人类为了记录每天的生产活动，开始利用结绳、刻道等方法进行简单的数据统计。随着奴隶制社会的产生，统治阶级逐渐意识到数据统计对于国家治理的重要性，开始进行人口、土地、财产等统计活动。据史料记载，在夏禹时期，人们就可以利用一些简单的工具进行土地测量，在我国周代产生了"上计制度"，主要是通过对一些数据进行记录、统计，以考核地方官吏的政绩。虽然在这一时期的数据分析已经初具规模，但由于社会生产力水平低，数据分析工作仍然停留在以登记和简单计算工作为主的阶段。

19世纪以来，数据分析为社会发展创造了巨大的价值。一方面，数据和信息成为重要资源，人们对数据表现出强烈的需求，数据分析也逐渐受到重视。另一方面，统计学理论的发展和计算机技术的兴起使得数据分析能够在社会各行各业得以普遍运用。数据分析技术主要建立在统计学和计算机技术基础之上，并随着统计学和计算机技术的发展而不断丰富。

时至今日，数据分析技术已经与我们的日常生活息息相关，如工厂产品合格率的检测、医疗机构新药的药效测试、学生考试成绩的分析以及企业未来业绩增长的预测等场景。在上述场景运用数据分析技术，就能够为控制产品质量、判断新药价值、提高学生成绩以及改进企业经营策略提供相应的决策依据，这也是数据分析的价值所在。

1.1.2 数据分析技术的相关概念

1. 数据的概念

数据分析的"数据"是人们通过观察、实验或计算得出的结果。数据和信息是不可分离的。数据是信息的表现形式和载体，信息是数据的内涵。数据本身没有意义，需要利用数据分析技术来获取数据中所包含的有价值的信息。

数据总体说来可以分为两种类型。第一种是定性数据，也称分类数据。它是一种非数值型数据，一般表现为几种有限的类别。例如，消费者对产品的满意度评价可分为十分满意、满意和不满意三类；企业管理层对经营决策的意见表现为同意、不同意和弃权三类；学生的考试成绩可以用优、良、中、及格、不及格来衡量等情形。对于定性数据，我们通常采用数据分析技术中的频数分析，统计各类别出现的次数，将定性数据进行量化，如分别统计对产品十分满意、满意和不满意的消费者人数。

数据的第二种类型是定量数据，即数值型数据，它是按照一定的测量单位对事物量化的结果，如某电商网站 1 月份销售额 150 000 元、某商品 1 月份销售量 755 件、网站 1 月份访问量 1 050 人次、1 月份客服人员人均在线时长 8 小时/天等。对于定量数据，可采用数据分析技术中较常使用的比较分析，如计算不同产品或不同期间数据之间的绝对值和相对值。

拓展阅读

大数据

近年来，随着互联网的发展，"大数据"一词快速地渗透进我们社会的各个方面。早在 1980 年，著名未来学家阿尔文·托夫勒便在《第三次浪潮》一书中，将大数据热情地赞颂为"第三次浪潮的华彩乐章"。不过，大约从 2009 年开始，"大数据"才成为互联网信息技术行业的流行词汇。所谓"大数据"是指数据规模非常巨大，大数据的核心在于为客户挖掘数据中蕴藏的价值。

大数据一般具有以下四方面的特点：第一，数据体量巨大，从 TB 级别跃升到 PB 级别。第二，数据类型繁多，除了符号、文字、数字，还有网络日志、视频、图片、地理位置信息等。第三，价值密度低，在海量的数据中，真正有用的信息很少，需要进行筛选、挖掘和分析。以视频为例，在连续不间断的监控过程中，可能有用的数据仅仅只有一两秒。第四，处理速度快，这一点也是和传统的数据分析技术有着本质的不同。

通过对大数据进行分析，可以帮助企业更好地适应变化，做出更加明智的决策。

---

2. 变量的概念

如果数据分析所用到的数据只有一个固定的值，那么分析是没有意义的。我们通常需要分析的是一组变化的数据，如企业各年度的营业收入、班上同学的身高，这些数据不是一成不变的，我们称之为变量。

一般来说，变量与数据是一一对应的，即定性数据的变量为分类变量，包括有序分类变量和无序分类变量。有序分类变量是可以进行比较的，如喜欢的程度——喜欢、一般、不喜欢；

而无序分类变量，由于变量值之间没有顺序差别，仅作分类，不能进行比较或者比较是没有意义的，如血型分为 A 型、B 型、AB 型、O 型。

定量数据对应的变量为数值型变量，该类变量最大的特点是可用于加法、减法、求平均值等运算。数值型变量按连续性可分为离散型变量和连续型变量两类。离散型变量指变量值可以按一定顺序——列举，通常以整数位取值的变量，如员工人数、工厂数、机器台数等。而连续型变量是与离散型变量相对应的，在一定区间内可以任意取值的变量，如生产零件的规格尺寸、人的身高、体重等。

3. 总体与样本

由于数据分析技术与统计学关系密切，因此在学习数据分析技术之前，需要了解统计学中的两个重要概念：总体和样本。

总体是指我们根据分析目的而确定的分析对象所包含的所有个体的集合。例如分析某工厂刚生产的一批零件的合格率，那么这批零件就构成一个总体，其中的每一个零件就是该总体中的一个个体。

一般来说，总体具有同质性、大量性和差异性三个特点。同质性是指在总体中的每个个体都必须在某一方面具有共同的属性，总体中的数据具有同质性是我们进行分析的基础，只有在同质性的基础上才能对总体进行分析，归纳和总结出总体的规律性。大量性是指总体的个体数量要足够多，只有总体中的个体数量足够多，所进行的分析才有意义，才能抵消个别极端个体对总体的影响，从而能够更加真实地揭示总体的本质和规律性，保证研究结果的可靠性。差异性是指总体中的每个个体在同质性的基础上，又有一个或若干个可变的属性。正是因为存在差异性，分析才更加有意义。在总体的三个特征中，同质性是基础，大量性是必要条件，差异性是前提。

样本是与总体相对应的概念，总体具有大量性的特点，总体中所包含的个体通常是大量的甚至是无限的。在实际的研究过程中，出于成本效益的考虑，一般不会对总体中的每个个体进行研究，而是利用一些特定的方法从总体中抽取部分个体组成样本进行研究，并根据样本结果推断总体的情况。样本中包含的个体数量又称为样本容量。例如，从全校 10 000 名学生中抽取 1 000 名学生进行视力测试，则样本容量就是 1 000。样本是总体的代表，我们对样本进行研究的主要目的是通过分析样本的结果去推断总体的情况。

在传统的数据分析过程中，我们一般只能对样本数据进行研究与分析，然后利用样本结果推断总体的情况。随着大数据时代的到来，我们不仅拥有了大量的数据，而且可以利用计算机技术对这些数据进行全面的深度挖掘，使得样本的范围进一步扩大，甚至接近总体。

4. 数据分析的概念

数据分析是指为了提取有用信息和形成结论而采用适当的统计分析技术对收集来的大量数据加以详细研究和概括总结的过程。

理解数据分析的概念可以从以下三个方面来把握。一是数据分析的目的。数据分析的关键之处就在于要有针对性，根据客户的不同需求进行针对性分析。二是数据分析技术的选择。数据分析技术包括描述性统计分析、方差分析、相关与回归分析及时间序列分析等。不同的方法适用的情况不同，在实际使用过程中，可结合具体情况进行选择。三是对结果的解读，运用适当的方法对所收集到的数据进行分析，最终会得到一系列的结果，需要对结果加以概括和总结，并最终得出分析结论。

> **拓展阅读**
>
> **啤酒与尿布**
>
> "啤酒与尿布"的故事发生在20世纪90年代的美国沃尔玛超市。沃尔玛的超市管理人员分析销售数据时发现了一个令人难以理解的现象：在某些特定的情况下，啤酒与尿布这两件看上去毫无关系的商品会经常出现在同一个购物篮中，这种独特的销售现象引起了管理人员的注意，经过后续调查发现，这种现象出现在年轻的父亲身上。
>
> 在美国有婴儿的家庭中，一般是母亲在家中照看婴儿，年轻的父亲前去超市购买尿布。父亲在购买尿布的同时，往往会顺便为自己购买啤酒，这样就会出现啤酒与尿布这两件看上去不相干的商品经常会出现在同一个购物篮的现象。如果这个年轻的父亲在卖场只能买到两件商品之一，则他很有可能会放弃购物而到另一家商店，直到可以同时买到啤酒与尿布为止。
>
> 沃尔玛超市发现了这一独特的现象，开始在卖场尝试将啤酒与尿布摆放在相同的区域，让年轻的父亲可以同时找到这两件商品，并很快地完成购物；而沃尔玛超市也可以让这些客户一次购买两件商品，从而获得了很好的商品销售收入。

1.1.3 数据分析的作用

当前，数据分析是互联网时代的热搜词。对于企业而言，数据已经成为一种新型的战略资产。数据分析能够为企业的经营管理提供决策支持。在当今竞争日益激烈的市场中，企业要想站稳脚跟，保持竞争优势，必须要对数据保持高度敏感。对市场上的各种信息及时有效地进行收集，并运用科学的方法分析所收集到的数据，深挖数据背后的信息，可以帮助企业识别一些潜在的投资机会，规避投资风险，发现企业在经营管理过程中存在的问题，提高企业的管理水平，从而使得企业在激烈的竞争中立于不败之地。总的说来，对于企业而言，数据分析的作用主要体现在以下三个方面。

1. 企业管理者能够更加全面客观地了解企业自身情况

在以往信息技术手段欠发达的情况下，一般企业常用的数据资料只能反映出企业在某个部分、某个时间段的实际情况，并且这些数据是经过层层处理之后得到的，很难发现其背后潜在的问题与风险，从而使企业的真实情况得不到反馈。在信息技术手段不断发展的今天，在大数据、智能化、移动互联网、云计算、物联网等新兴技术的支撑下，企业能够较为全面地收集企业各个方面的数据，并对其进行深入的研究分析，从而为企业的管理者提供更为客观、系统、全面、实时的数据分析报告，全方位地反映企业的真实运营情况。

数据分析在企业运营过程中还发挥着"医生"的作用，一方面为企业日常经营活动提供体检服务，对经营过程中可能出现的问题进行预警，将问题处理在萌芽状态，防患于未然；另一方面为企业日常运营过程提供"巡诊就诊"服务，找出企业日常运营中存在的问题。

2. 提高管理者决策的科学性

企业从成立到发展、壮大直至最终走向破产，这整个过程中都是企业管理者所做决策的结果，管理者的决策决定着企业的发展方向。在市场经济的大背景下，企业之间的竞争非常激烈并且形势复杂多变，好的、正确的决策往往需要管理者能够充分地把握市场经济规律。比如，企业的创建与否、进入什么行业、生产哪种产品或服务、产品或服务如何定位、是否扩大产能、是否研发新产品等，每一次决策都给企业带来巨大的机遇和挑战，而决策失误会给企业带来灭顶之灾。

数据分析能够通过对相关数据资料进行有针对性的研究与分析，挖掘隐藏在数字和报表后面的深层次内容，能充分挖掘出数据的本质及内涵。比如，企业管理者能够通过收集相关产品的市场前景、目前市场份额、产品受众、产品技术的更新换代速度及自身的竞争力等相关数据，进行数据的研究与分析，为选择生产哪种产品提供决策支持。管理者通过对数据分析结果的认知和把握，能够更加客观地制定相关的企业决策和发展计划，实现更为科学的管理。

3. 企业能够发现机会、创造新的价值

企业在对企业内外部数据进行分析时，可以利用数据查找发现人们思维上的盲点，即平时不能且不会发现的信息，进而发现新的业务机会，开拓新领域，开发新业务。另外，对海量数据进行分析可以预测行业未来的发展趋势，从而提前采取应对措施，提前抓住机遇，占领市场。

创造新的价值主要是指在数据价值的基础上形成新的商业模式，将数据价值直接或间接转化为盈利模式。例如阿里巴巴、腾讯等企业就利用其拥有的广泛用户数据，分别成立了芝麻信用、腾讯征信等新的业务关联企业，而这些征信企业进而衍生出相关"刷脸"业务，将其扩展到租车、租房等领域，为企业创造出新的价值。

【练一练】

某淘宝店2020年3月份的销售情况如图1-1~图1-3所示。图1-1~图1-3分别反映了该店铺3月份的买家访问量、商品销售量及淘宝转化率。试分析该淘宝店可能存在的经营问题。

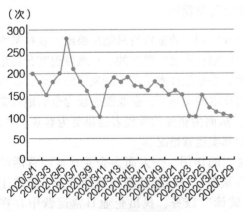

图1-1 买家访问量

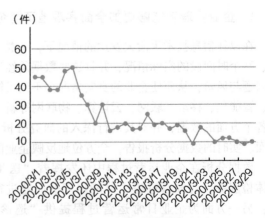

图1-2 商品销售量

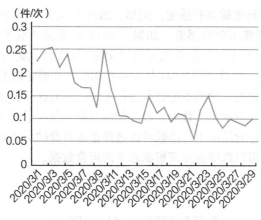

图1-3 淘宝转化率

> **拓展阅读**
>
> **亚马逊的"信息公司"**
>
> 全球哪家公司从数据中发掘出了最大价值？答案可能非亚马逊莫属。作为一家"信息公司"，亚马逊不仅从每个用户的购买行为中获得信息，还将每个用户在其网站上的所有行为都记录下来：页面停留时间、用户是否查看评论、每个搜索的关键词、浏览的商品等。这种对数据价值的高度敏感和重视，以及强大的挖掘能力，使得亚马逊早已远远超出了它的传统运营范围。
>
> 亚马逊首席技术官沃纳·沃格尔（Werner Vogels）在德国汉诺威消费电子、信息及通信博览会（CeBIT）上进行了关于大数据的演讲，向与会者描述了亚马逊在大数据时代的商业蓝图。长期以来，亚马逊一直通过大数据分析，尝试定位客户和获取客户反馈。沃格尔认为有的企业在商业上不断犯错，原因是它们没有足够的数据对运营和决策提供支持，从支撑新兴技术企业的基础设施到移动设备，亚马逊的触角已延伸到更为广阔的领域。
>
> 对于亚马逊来说，大数据意味着大销售量。数据可以显示出什么是有效的、什么是无效的，新的商业投资项目必须要有数据的支撑。对数据的长期专注让亚马逊能够以更低的售价提供更好的服务。

1.2 数据分析思维与分析技术

1.2.1 数据分析思维

"数据分析思维"是一种将数据转化为商业价值的思维方式。相较于数据分析技术，数据分析思维处在更高的层次之上，对数据分析技术具有重要的指导作用。因此，在学习数据分析技术之前，大家要重视对数据分析思维的掌握。下面介绍几种常用的数据分析思维。

1. 对比思维

对比思维是数据分析最基本、最常用的思维方式。单独看一个数据可能不会有太大感觉，然而和另外一个数据对比起来就会有感觉。例如，2019年天猫"双十一"活动当天的成交额2 684亿元，单独看起来可能不会有感觉，如果与2018年天猫"双十一"活动当天的成交额2 135亿元，2017年天猫"双十一"活动当天的成交额1 682亿元进行对比呢？或者对比2019年京东"双十一"活动当天的成交额2 044亿元呢？相信你的感觉会变得有所不同。

基于对比思维，我们介绍一种简单的数据分析方法——对比分析法。所谓对比分析法，是通过实际数与基数的对比来揭示实际数与基数之间的差异，从而了解经济活动的成绩和问题的一种分析方法。在企业的经营活动中，基数可以选择企业自身的历史数据，也可以选择同行业竞争对手的相关数据，还可以选择企业理想状态下的运营数据。

> **拓展阅读**
>
> **雷军与董明珠的"10亿赌约"**
>
> 2013年12月12日，在央视财经频道主办的第十四届中国经济年度人物颁奖盛典上，雷军与董明珠就发展模式再次展开激辩，并定下10亿元的天价赌约。雷军称五年内小米的营业额将超过格力电器。如果超过的话，雷军希望董明珠能赔偿自己一元钱。董明珠则回应称，如果超过愿意赔10亿元。
>
> 2019年4月28日晚间，格力电器披露2018年报，2018年实现营业收入1 981.2亿元，同比增长33.61%；格力电器以总营收1 981.2亿元击败小米1 749亿元，董明珠正式赢得与雷军五年前定下的"10亿赌约"。

2. 分解思维

分解思维是指一种将研究对象进行科学的分离或分解，使研究对象的本质属性和发展规律从复杂现象中暴露出来，从而使研究者能够理清研究思路，抓住主要矛盾，以获得新思路或新成果的思维方式。例如分析产品的销售额时，可以把产品的销售额分解为产品销量和产品销售单价，通过分析产品销量和销售单价的变化情况来分析产品的销售额。

基于分解思维，我们介绍另一种常用的数据分析方法——因素分析法。所谓因素分析法，就是根据分析对象与其各影响因素之间的关系，确定各个影响因素对分析对象的影响方向和程度的分析方法。

> **拓展阅读**
>
> **经典财务分析法——杜邦分析**
>
> 1912年，杜邦公司的销售人员法兰克·唐纳德森·布朗为了向公司管理层阐述公司运营效率问题，写了一份报告。他在报告中写道"要分析用公司自己的钱赚取的利润率"，并且将这个比率进行拆解。拆解的结果可以描述为：净资产收益率＝销售净利率×总资产周转率×权益乘数，即把影响股东获利能力的因素拆解为企业的盈利能力、营运能力及偿债能力三个因素。
>
> 这份报告中体现的分析方法后来被杜邦公司广泛采用，被称为"杜邦分析法"。布朗也从此平步青云，做到CEO，迎娶白富美，成为杜邦家族的女婿。

3. 结构化思维

结构化思维是指一个人在面对工作任务或者难题时能从多个侧面进行思考，深刻分析导致问题出现的原因，系统制定行动方案，并采取恰当的手段使工作得以高效开展，取得高绩效。如果你能够习惯用结构化的方式进行思考，你的思维能力、沟通能力、学习能力都将获得大幅度的提升。

例如，一家公司的线下门店生意突然下滑，该采取什么措施？如果你不会结构化思维，你可能会这样说："打折促销或是推出一个新产品来吸引客户。"而具有结构化思维的人会这样表达："我将从直接竞争对手、顾客、供应商、替代性产品及潜在新进公司五个方面来分析这一问题。"

> **拓展阅读**
>
> **SWOT 分析法**
>
> 所谓 SWOT 分析，即基于内外部竞争环境和竞争条件下的态势分析，就是将与研究对象密切相关的各种主要内部优势、劣势和外部的机会与威胁，通过调查列举出来，并依照矩阵形式排列，然后用系统分析的思想，把各种因素相互匹配起来加以分析，从中得出一系列相应的结论，而结论通常带有一定的决策性。运用这种方法，可以对研究对象所处的情景进行全面、系统、结构化的研究，从而根据研究结果制定相应的发展战略、计划及对策等。SWOT 分析矩阵如表 1-1 所示。
>
> 表 1-1 SWOT 分析矩阵
>
> | 内部因素
外部因素 | 优势（Strengths） | 劣势（Weaknesses） |
> | --- | --- | --- |
> | 机会（Opportunities） | SO 策略：发挥优势，利用机会 | WO 策略：利用机会，克服劣势 |
> | 威胁（Threats） | ST 策略：发挥优势，回避威胁 | WT 策略：克服劣势，回避威胁 |

4. 假设思维

假设思维是根据已知的科学原理和一定的事实材料对事物存在的原因、普遍规律或因果性做出推测性分析的思维方式。相较于其他思维方式，掌握这种思维方式需要具备一定的理论功底和实践经验，才能在繁杂无序的数据中获取有价值的信息。

与假设思维密切相关的是一种高级的数据分析方法——推断性分析。推断性分析根据样本数据来推断总体样本数量特征，它是在对样本数据进行描述统计分析的基础上，对研究总体的数量特征做出推断。

> **拓展阅读**
>
> **新药的疗效检验**
>
> 某医药企业最新研制的可降低血压的药品进入了临床试验阶段。为考察新药的疗效是否高于传统药物，该企业随机抽取了 100 名病例，并随机分为两组，分别给予新药和传统药物进行治疗。

> 经过一段时间的药品治疗后，医药企业开始收集和整理两组病例的血压水平数据，并使用推断性分析方法来推断两组病例治疗后的血压水平是否具有显著差异，从而判断新降压药的疗效是否高于传统药物。

5. 动态思维

动态思维是指一种运动的、调整性的、不断优化的思维方式。具体地讲，它是根据不断变化的环境、条件来改变自己的思维程序、思维方向，对事物进行调整、控制，从而达到优化的思维目标。企业的经营活动会不断发生变化，你需要从更长的时间跨度或者更高的角度去看待数据的变化。

基于动态思维，我们介绍一种常用的数据分析方法——趋势分析法。所谓趋势分析法，就是通过对有关指标的各期对基期的变化趋势的分析，从中发现问题的一种分析方法。

> **拓展阅读**
>
> **"野蛮生长"的拼多多**
>
> 2018年7月26日晚，拼多多正式在纳斯达克上市，并且在上市首日的交易中大涨40.53%，市值达到了295.78亿美元。
>
> 这距离它成立不到三年时间，这三年中拼多多的体量以创纪录的速度扩张着：其应用于2015年9月上线，2016年上线一年时已拥有约8 000万用户，2017年3月用户破亿，而到了2018年一季度，其总用户数已飙至2.95亿。2017年拼多多网站成交金额达1 412亿元人民币，在体量上俨然已有成为继阿里、京东之后中国第三大电商的态势。

综上，大家要重视对比思维、分解思维、结构化思维、假设思维及动态思维的培养，不仅会对后续数据分析技术的学习产生事半功倍的效果，还有利于提升自己对数据的敏感度。尝试运用上述思维方式来分析生活中发生的事情，你可能会得到意想不到的收获。

1.2.2 数据分析技术

数据分析技术是统计学与计算机技术结合的产物。本书将重点介绍描述性统计分析、假设检验、方差分析、相关与回归分析、时间序列五种基本数据分析技术，并通过 Excel 软件和 SPSS 软件实现具体操作。

1. 描述性统计分析

描述性统计分析主要是利用统计表、统计图等，对所收集的数据进行处理、分析，以概括、表述事物整体状况以及事物间的关联、类属关系。通过描述性统计处理可以简单地用几个统计值来表示一组数据的集中性和离散性（波动性大小）。集中性主要是通过平均数、中位数、众数等统计指标来反映。例如，某个班级的语文成绩的众数表示取得该分数的人数最多。离散性可以通过方差、标准差等统计量来反映。例如，一组数据的方差或标准差越大，表示数据越分散，平均值对总体数据的代表性越差。

接下来,我们用一个简单的例子来理解什么是描述性统计分析。

【例1-1】 某校2019级财务管理01班30位同学期末考试科目是"投资理财"、"管理学原理",现对两门课程的成绩进行分析,数据分析结果如下:

1)两门课程平均分如表1-2所示。

表1-2 两门课程平均分

课程名称	投资理财	管理学原理
平均分	65.9	66.3

2)两门课程成绩分布情况如图1-4和图1-5所示。

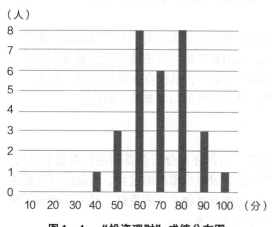

图1-4 "投资理财"成绩分布图

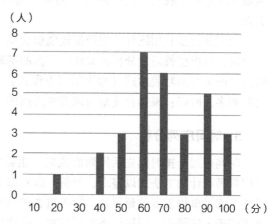

图1-5 "管理学原理"成绩分布图

从以上分析看出,两门课程的平均分相差不大,但"投资理财"课程的成绩分布较为集中,大部分学生成绩在60~80分之间,且整个分布较为对称,而"管理学原理"课程的成绩分布相对分散。

【想一想】 根据你的理解,财务管理01班同学哪门课程的整体学习情况较好一些?

2. 假设检验

一般情况下,我们在进行数据分析时,出于对成本效益的考虑,研究对象不会是整个总体,而是从总体中按照一定的方法抽取样本进行研究,利用样本的研究结果推断总体。假设检验(又称统计假设检验),是抽样推断中的一项重要内容,是用来判断样本与总体之间是否存在显著差异的统计推断方法。其基本原理是:先对总体的特征做出某种假设,然后利用样本资料采用特定的统计方法计算出有关检验的统计量,然后判断估计值与总体实际值是否存在显著差异,进而推断所做假设应该被拒绝还是接受。常用的假设检验方法有 u 检验法、t 检验法、χ^2 检验法(卡方检验)、F 检验法等。

3. 方差分析

方差分析,又称"变异数分析",主要用于两个及两个以上样本均数差别的显著性检验。方差通常是表示偏差程度的量。方差分析以因变量的方差为基础,研究众多的控制变量中哪些对因变量有显著性影响。例如，影响企业盈利能力的因素很多，通过方差分析可以找出其中最主要的影响因素，进行针对性改善，最终提高企业的盈利能力。

4. 相关与回归分析

事物之间存在着大量的相互联系、相互依赖、相互制约的数量关系。这种关系可分为两种类型。一类是相关关系，在这种关系中，变量之间存在着不确定、不严格的依存关系；另一类是函数关系，它反映事物之间存在严格的依存关系，也称确定性的依存关系。

相关分析是对两个或多个具备相关性的变量进行分析，确定它们之间是否具有相关性以及相关程度大小的一种统计分析方法。通过相关性分析可以测量变量之间的紧密程度，判断相关关系的性质、方向。相关性并不等于因果性，也不是简单的个性化，相关关系所涵盖的范围和领域几乎包括了我们生活中的方方面面。例如，企业的盈利能力与其经营管理水平就是相关关系。

回归分析是利用统计学原理描述随机变量间相互依赖的定量关系的一种重要方法。所谓回归分析，是指在整理、分析大量观察数据的基础上，利用数理统计方法建立因变量与自变量之间的回归关系函数表达式（称为回归方程式）。在回归分析中，根据自变量的个数，分为一元回归和多元回归；根据自变量与因变量之间的关系，分为线性回归和非线性回归。

5. 时间序列分析

时间序列是按时间先后排列而成的一组数字序列。时间序列分析就是利用这组数字序列，应用数理统计的方法加以整理、分析，以对未来事物的发展做出预测的过程。时间序列分析主要是考虑了事物发展的延展性，根据过去的数据，可以推断事物未来的发展。时间序列分析通常应用于天气预报、国民经济宏观控制、企业经营管理等方面。

1.3 数据分析流程

在学习具体的数据分析技术之前，需要对数据分析的整个流程有基本的认知。典型的数据分析流程一般包括确定分析目标、收集数据、数据预处理、数据分析、分析结果展示、撰写分析报告六个步骤。

1. 确定分析目标

在进行数据分析之前，数据分析人员应该和客户沟通，了解数据分析的内容及客户的需求，明确分析目的，制定客户需求分析表，编制数据分析方案。数据分析成败的关键在于对数据分析目标的把握。对不同的数据分析目标，选择的分析方法是不同的。只有深刻理解客户的需求，明确分析目标，才能选择正确、合适的分析方法，得出正确的结论。

2. 收集数据

俗话说"巧妇难为无米之炊"，没有数据，再强大的分析方法也无用武之地。数据是数据分析的基础，数据的质量决定了分析结果的可靠性。为了全面、客观地反映真实情况，必须准确、及时、有效、有针对性地收集数据。一般来说，数据收集的方法包括观察法、访谈法、问卷调查法和数据库获取法。

3. 数据预处理

一般情况下，我们收集的原始数据是杂乱无章的，不能满足数据分析的要求，因此需要对收集到的数据进行初步加工、整理，以保证数据的一致性和有效性，便于开展进一步的数据分析，这个过程就称为数据预处理。例如，检查数据的数量是否满足分析的最低要求，检查是否存在缺失值和明显错误的数据，进行计量单位转换等。对数据进行预处理是数据分析前必不可少的阶段。

4. 数据分析

数据分析是根据分析目标，选择适当的分析技术和分析工具对预处理过的数据进行分析，得出结果的过程。在数据分析过程中，主要是对分析方法的运用。数据分析大多是通过特定的分析软件来完成的，Excel 以其简单、易于理解的优势成为常用的数据分析工具。还有一些专业的分析软件，如 SPSS、EViews、SAS、Stata 等能够提供更为强大的分析功能。

5. 分析结果展示

为了使数据分析结果更加直观，便于理解，数据分析结果可以以多种形式展现。一般情况下，数据分析结果主要是通过统计表和统计图来呈现。常用的数据展现统计图有直方图、饼状图、折线图等。

6. 撰写分析报告

数据分析的最后一个步骤是撰写分析报告，这是对整个分析过程的一个呈现，形成书面记录。撰写分析报告主要是把分析目的、分析思路、分析方法及分析结果通过文字、表格、图形等方式呈现，以方便需求者的使用和阅读。一份好的分析报告应该主次分明、结构清晰、方便理解，为使用者提供有用的信息，有助于其做出决策。

知识拓展

人口普查

人口普查，是指在国家统一规定的时间内，按照统一的方法、统一的项目、统一的调查表和统一的标准时点，对全国人口普遍地、逐户逐人地进行的一次性调查登记。

人口普查是当今世界各国广泛采用的搜集人口资料的一种最基本的科学方法，是提供全国基本人口数据的主要来源。从 1949 年至 2019 年，我国分别在 1953 年、1964 年、1982 年、1990 年、2000 年与 2010 年进行过六次全国性人口普查。

人口普查就是按现行人口普查政策进行有针对性的数据统计和数据分析。人口普查工作包括对人口普查资料的搜集、数据汇总、资料评价、分析研究、编辑出版等全部过程，这个过程也就是典型的数据分析流程。

1.4 数据分析工具

古人云："工欲善其事，必先利其器。"要学好数据分析，就必须熟练运用数据分析工具。强大的数据分析软件是一名数据分析师的得力助手。当前的数据分析软件市场百花齐放，其中最引人瞩目的五大数据分析软件分别是 Excel、SPSS、SAS、R 和 Python。这五大分析软件各有优缺点，适用于不同的数据样本，本书将选择 Excel 和 SPSS 两款软件来介绍数据分析技术。

1. Excel 软件

Excel 是美国微软公司为使用 Windows 和 Mac 操作系统的计算机编写的一款电子表格软件。直观的界面、出色的计算功能和图表工具，再加上成功的市场营销，使 Excel 成为广受欢迎的个人计算机数据处理软件。

Excel 作为一款广受用户欢迎的电子表格软件，具有强大的数据计算与分析功能。Excel 的主要功能之一就是进行数据处理与分析，即利用 Excel 跟踪数据，生成数据分析模型，编写公式对数据进行计算，以多种方式透视数据，并以各种具有专业外观的图表来显示数据，对数据进行分析，得出分析结果。利用 Excel 进行数据分析除了需要掌握其基本操作，还需要综合应用 Excel 提供的函数及分析工具库等。其中，分析工具库提供了描述性分析、方差/协方差分析、相关系数、t 检验、回归分析等高级分析功能。图 1-6 列示了 Excel 软件的主要功能。

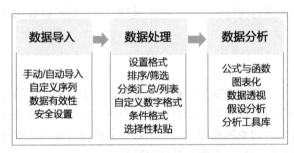

图 1-6　Excel 软件的主要功能

自微软于 1994 年推出 Excel 5.0 之后，Excel 软件就开始成为其所适用操作平台上的电子表格软件中的霸主。作为微软公司 Office 办公软件套装的重要组件之一，Excel 软件的版本在不断升级与改进，功能也越来越强大。

Excel 作为一款强大的办公软件，简单易学，应用广泛。与其他数据处理软件相比，Excel 整体界面简洁明了，既能对数据进行储存、整理与分析，又可以实现数据与图表之间的转换，很大程度上满足了用户对于数据分析方面的基本要求。但当数据分析的样本量达到"万"以上级别时，运行效率较低，因此 Excel 软件适用于小样本的数据分析。

2. SPSS 软件

SPSS 是世界上最早的统计分析软件，是由美国斯坦福大学的三位研究生于 1968 年研究开发成功的。

SPSS 软件集数据录入、整理、分析功能于一身。用户可以根据实际需要和计算机的功能选择模块，以降低对系统硬盘容量的要求，有利于该软件的推广应用。SPSS 的基本功能包括数据管理、统计分析、图表分析、输出管理等。SPSS 数据分析过程包括描述性统计分析、均值比较、构建一般线性模型、相关分析、回归分析、构建对数线性模型、聚类分析、数据简化、生存分析、时间序列分析、多重响应等几大类，每类中又包含多个小类，如回归分析中又分线性回归分析、曲线估计、logistic 回归、probit 回归、加权估计、两阶段最小二乘法、非线性回归等。此外，SPSS 软件允许用户自由选择不同的方法及参数。SPSS 也有专门的绘图系统，可以根据数据绘制各种图形。

SPSS 的优势是提供菜单和代码操作、界面友好、分析操作方便，统计分析功能齐全。另外，SPSS 作为专业的统计分析软件，对“万”甚至“十万”样本量级别的数据集能够应付自如。因此，相比于 Excel，它更适合用于大样本量的数据分析；劣势是它的数据录入和整理方式不够灵活，一般是在 Excel 中将数据整理好后再导入 SPSS 中进行分析。SPSS 软件的操作界面如图 1－7 所示。

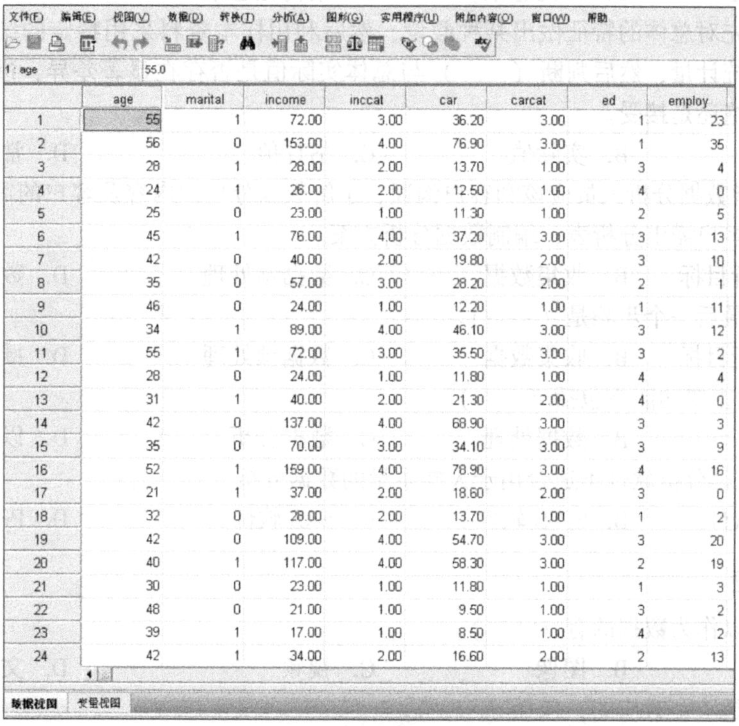

	age	marital	income	inccat	car	carcat	ed	employ
1	55	1	72.00	3.00	36.20	3.00	1	23
2	56	0	153.00	4.00	76.90	3.00	1	35
3	28	1	28.00	2.00	13.70	1.00	3	4
4	24	1	26.00	2.00	12.50	1.00	4	0
5	25	0	23.00	1.00	11.30	1.00	2	5
6	45	1	76.00	4.00	37.20	3.00	3	13
7	42	0	40.00	2.00	19.80	2.00	3	10
8	35	0	57.00	3.00	28.20	2.00	2	1
9	46	0	24.00	1.00	12.20	1.00	1	11
10	34	1	89.00	4.00	46.10	3.00	3	12
11	55	1	72.00	3.00	35.50	3.00	3	2
12	28	0	24.00	1.00	11.80	1.00	4	4
13	31	1	40.00	2.00	21.30	2.00	4	0
14	42	0	137.00	4.00	68.90	3.00	3	3
15	35	0	70.00	3.00	34.10	3.00	3	9
16	52	1	159.00	4.00	78.90	3.00	4	16
17	21	1	37.00	2.00	18.60	2.00	3	0
18	32	0	28.00	2.00	13.70	1.00	1	2
19	42	0	109.00	4.00	54.70	3.00	3	20
20	40	1	117.00	4.00	58.30	3.00	2	19
21	30	0	23.00	1.00	11.80	1.00	1	3
22	48	0	21.00	1.00	9.50	1.00	3	2
23	39	1	17.00	1.00	8.50	1.00	4	2
24	42	1	34.00	2.00	16.60	2.00	2	13

图 1－7　SPSS 软件的操作界面

总的来说，Excel 与 SPSS 两款软件在操作上都较为简单并且功能强大，非常适合作为数据分析技术初学者的入门级软件。后续课程内容中的数据分析技术都将借助这两款软件来实现。

同步测试

一、单项选择题

1. 以下变量中，属于分类变量的有（　　）。

   A. 身高　　B. 性别　　C. 学生人数　　D. 体重

2. 定量数据对应的变量为数值变量，数值变量按连续性可分为离散型变量和连续型变量两类，以下属于离散型变量的有（　　）。
   A．身高　　　　　B．性别　　　　　C．学生人数　　　　D．体重
3. 总体是指根据分析目的而确定的分析对象所包含的所有个体的集合，因此总体的特点有（　　）。
   A．同质性　　　　B．大量性　　　　C．差异性　　　　　D．以上三者均是
4. （　　）是根据已知的科学原理和一定的事实材料对事物存在的原因、普遍规律或因果性做出推测性分析的思维方式。
   A．假设思维　　　B．对比思维　　　C．结构化思维　　　D．动态思维
5. 数据分析思维中最基本、最常用的思维方式是（　　）。
   A．假设思维　　　B．对比思维　　　C．结构化思维　　　D．动态思维
6. 假设检验是先对总体的特征做出某种假设，然后利用样本资料采用特定的统计方法计算出有关检验的统计量，然后判断（　　）与总体实际值是否存在显著差异，进而推断所做假设应该被拒绝还是接受。
   A．变量　　　　　B．实际值　　　　C．估计值　　　　　D．常量
7. （　　）是指数据分析人员应该和客户沟通，了解数据分析的内容及客户的需求，明确分析目的，制定客户需求分析表，编制数据分析方案。
   A．确定分析目标　B．收集数据　　　C．数据预处理　　　D．数据分析
8. 数据分析的最后一个步骤是（　　）。
   A．确定分析目标　B．收集数据　　　C．数据预处理　　　D．撰写分析报告
9. Excel软件的主要功能不包括（　　）。
   A．数据导入　　　B．数据处理　　　C．数据分析　　　　D．以上均不是
10. 以下哪种数据分析软件不适合用于大样本量的数据分析（　　）。
    A．Excel软件　　 B．SPSS软件　　　C．SAS软件　　　　D．Python软件

二、多项选择题

1. 以下内容可以作为数据的有（　　）。
   A．数字　　　　　B．图像　　　　　C．视频　　　　　　D．文字
2. 变量与数据是一一对应的，包括（　　）。
   A．有序分类变量　B．离散型变量　　C．无序分类变量　　D．连续性变量
3. 在回归分析中，根据自变量的个数，可分为（　　）。
   A．一元回归　　　B．多元回归　　　C．线性回归　　　　D．非线性回归
4. 结构化思维是指分析问题时从问题的多个侧面进行思考，SWOT分析方法是该思维的典型运用，该方法分析与研究对象密切相关的（　　）。
   A．内部优势　　　B．内部劣势　　　C．外部机会　　　　D．外部威胁
5. 在描述性统计分析中，以下哪些统计量可以用来表示一组数据的离散性（　　）。
   A．众数　　　　　B．方差　　　　　C．标准差　　　　　D．平均数

三、判断题

1. 定量数据也称数值型数据，该类数据一般表现为几种有限的类别。（　　）
2. 连续型变量是指在一定区间内可以任意取值的变量，如生产零件的规格尺寸、人的身高、体重等。（　　）

3. 在大数据时代，各种高新技术使得数据分析所使用的样本范围扩大，接近总体。（   ）
4. 数据分析需要根据分析目的收集数据，选择适合的数据分析技术对数据进行分析，但不需要对分析结果进行解读。（   ）
5. 数据对当前企业来说是一项企业资产。（   ）
6. 企业在分析产品的销售额时，可以把产品销售额分解为产品销量和销售单价，通过分析产品销量和销售单价的变化情况来分析产品的销售额，这是分解思维的运用。（   ）
7. 方差分析，又称"变异数分析"，主要用于一个及一个以上样本均数差别的显著性检验。（   ）
8. 时间序列分析主要是考虑了事物发展的延展性，根据过去的数据，可以推断事物未来的发展。（   ）
9. 俗话说"巧妇难为无米之炊"，没有数据，再强大的分析技术也无用武之地。（   ）
10. SPSS 相比于 Excel，它的优点是数据录入和整理方式灵活。（   ）

四、简答题

1. 简述数据分析的基本流程。
2. 常用的数据分析技术有哪些？
3. 简述常见的数据分析思维方式及其适用场景。

同步实训

某公司生产的手机产品 2020 年 1~3 月部分销售数据如表 1-3 所示，完整数据见本书配套数据 Data01-01。请结合数据内容并运用本章所学知识完成以下内容：

1. 试使用对比思维、分解思维及动态思维对表 1-3 中的数据进行初步分析，列举你能得到的结论。
2. 如果要对数据做进一步的分析，你打算采用哪些数据分析技术？

表 1-3　某品牌手机 2020 年 1~3 月部分销售数据

（金额单位：元）

单据日期	店面编号	手机型号	颜色	单价	数量	总金额
2020/1/1	门店 1	A001	红色	2 498.00	4	9 992.00
2020/1/1	门店 1	A002	雪白色	2 798.00	4	11 192.00
2020/1/1	门店 1	A003	金色	2 498.00	6	14 988.00
2020/1/1	门店 1	A003	黑色	2 298.00	5	11 490.00
2020/1/1	门店 1	A004	雪白色	1 998.00	1	1 998.00
2020/1/1	门店 1	A005	黑色	1 998.00	2	3 996.00
2020/1/1	门店 1	A001	金色	2 298.00	4	9 192.00
2020/1/1	门店 1	A003	金色	2 298.00	3	6 894.00
2020/1/1	门店 2	A003	蓝色	2 498.00	4	9 992.00
2020/1/1	门店 2	A003	红色	2 498.00	5	12 490.00

(续)

单据日期	店面编号	手机型号	颜色	单价	数量	总金额
2020/1/1	门店1	A001	雪白色	2 298.00	1	2 298.00
2020/1/1	门店2	A004	红色	1 998.00	4	7 992.00
2020/1/1	门店2	A003	黑色	2 498.00	4	9 992.00
2020/1/1	门店2	A001	蓝色	2 498.00	5	12 490.00
2020/1/1	门店2	A006	红色	2 998.00	4	11 992.00
2020/1/2	门店3	A003	黑色	2 498.00	3	7 494.00
2020/1/2	门店3	A001	黑色	2 498.00	1	2 498.00
…	…	…	…	…	…	…

第 2 章
需求分析

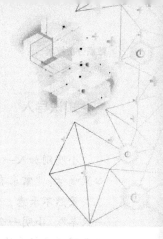

📉 职业能力目标

专业能力：
- 通过分析项目情况，理解项目分析目标
- 掌握项目背景情况，明确项目定位
- 熟悉项目流程，合理设计分析方向

职业核心能力：
- 具备良好的职业道德，诚实守信
- 具备互联网思维能力和数据产品思维能力
- 具有基于数据的敏感性，有一定的设计和创新能力
- 具备创新意识，在工作或创业中灵活应用
- 具备自学能力，能适应行业的不断变革和发展

📉 本章知识导图

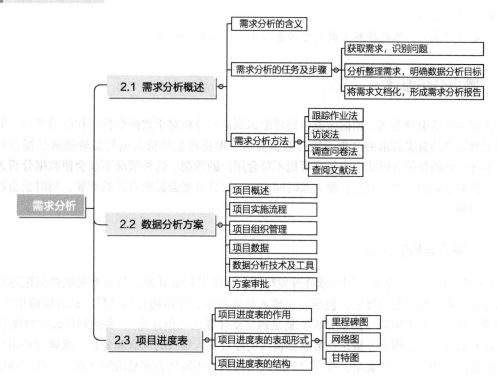

> 知识导入

如何练就需求分析的火眼金睛？

小明刚加入一个项目组，项目经理安排他做需求分析。小明一听需求分析就有点不乐意，心里嘀咕："需求有什么分析的啊？客户要什么给什么呗，简直是浪费我这个人才！"

虽然不乐意，但毕竟工作还是要做，很快小明接到了第一个需求，客户打电话来说"我要一只羊"，小明一听就觉得太简单了，简单地写了一下需求"××客户需要一只羊"，然后就交给同样是新手的小李去处理，小李也觉得很简单，直接抓了一只羊就送过去了！

结果客户的投诉很快就来了，项目经理找到小明，黑着脸训斥小明，但小明还觉得委屈，因为他觉得自己就是按照客户要求做的。事后，项目经理安排项目组老张指导小明。

老张是一位资深员工，处理过几年的客户需求。小明诚惶诚恐地向老张请教如何分析客户需求，没想到老张简单地给出了一个出人意料的答案"5W+1H+8C"，简称"518"。

小明好奇地问："什么是5W+1H+8C？"

老张开始侃侃而谈："5W 就是 Who、When、Where、What、Why，1H 就是 How，8C 指的是8个约束和限制，即 Constraints，包括性能 Performance、成本 Cost、时间 Time、可靠性 Reliability、安全性 Security、合规性 Compliance、技术性 Technology、兼容性 Compatibility。"

以"Who"和"What"展开来说，Who 就是需求利益相关人，我们按照需求的生命周期流程来分类，包括购买者、管理者、使用者及评估者；而 What 就是需求的最终输出，即客户希望得到什么东西，如一份文件、一个报表还是一辆车。

经过老张的一番讲解和点拨之后，小明觉得如醍醐灌顶，终于了解了需求分析的基本理论方法。后来，小明把"羊"的需求按照"5W+1H+8C"方法又分析了一遍，这次受到了项目经理和客户的赞扬。

亲爱的同学们，你能按照上面的方法也帮小明重新分析一遍么？

2.1 需求分析概述

读完本章的引导案例，相信大家也同样意识到需求分析对于数据分析工作的重要性。如果在不了解用户的真实需求的前提下进行数据分析，即便数据分析人员具备较强的数据分析能力，最终得到的数据分析结论也很有可能不符合用户的预期。这种情况不仅会使数据分析人员付出很多不必要的人力、财力、物力及时间成本，而且可能会影响自己的声誉，同时也会给用户带来烦恼。

2.1.1 需求分析的含义

"需求分析"一词最早运用于软件开发行业，具体讲就是开发人员对要解决的问题进行详细的分析，弄清楚问题的要求，包括需要输入什么数据，要得到什么结果，最后应输出什么。可以说，在软件工程中的"需求分析"就是确定要计算机"做什么"，要达到什么样的效果。

在数据分析中，需求分析是指数据分析人员经过深入细致的调研和分析，准确理解用户和项目的需求、功能等具体要求，将用户非形式的需求表述转化为完整的需求定义，从而确定必须做什么的过程。

需求分析就是分析客户想要的是什么，如果投入大量的人力、物力、财力、时间，做出来的数据分析最后却不能满足客户的要求，使得项目必须重新做，这种返工是所有人都不愿看到的。有时，客户或需求方并不明白需求分析的重要性，于是只做一个简单的说明，仅涉及想要什么样的结果，不做充分的需求说明，结果很可能做出来的东西不符合预期。

数据分析人员要想很好地完成一个项目（即数据分析人员提供的分析结果就是客户想要的，甚至在满足客户必要的需求时，还能给客户提供额外的有价值的信息），必须能够准确地理解客户的意图，并且在客户需求的挖掘上能依据客户的描述，满足客户隐含的、深层次的需求，这个过程充分显示了对客户需求分析的重要性。

2.1.2 需求分析的任务及步骤

需求分析的任务就是解决"做什么"的问题，就是要全面地理解客户的各项要求，并准确地表达所接受的客户需求。具体说来，就是要了解客户、了解数据、了解客户的需求。

> **拓展阅读**
>
> **养殖场搭建项目**
>
> 假如你是一名建筑工程师，有个北方的客户找你建设一座绿色生态的养殖场，此时就需要你与客户进行沟通，来确定客户想要的养殖场是什么样子，对养殖场有什么要求。这时我们应该注意以下三点：
>
> **1. 准确理解并描述客户所建养殖场需要的功能**
>
> 客户说："我的养殖场要养鸡、鸭、鱼、猪，要有圈养区、散养区，定位为绿色生态循环养殖……"客户滔滔不绝地讲了很多，你也需要根据自己的理解再向客户陈述一遍，以便确认你是否正确理解了客户的需求。
>
> **2. 帮助客户挖掘需求**
>
> 等你梳理完客户所说的想法，你发现客户没有讲养殖场面积有多大、各种家禽家畜的计划养殖规模等问题。于是，你向客户提问："你的养殖场批准的区域面积多大？养殖规模是多少？"客户急忙说："我差点给忘记了，养殖场的面积为30亩（1亩=666.6平方米），计划养殖鸡、鸭各5 000只，猪1 000头……，但先期技术不够成熟，先少养点。"顾客又说："请您根据您的专业看看我还有没有遗漏的地方没有讲到？您给提出来，谢谢！"
>
> **3. 分析客户需求的可行性**
>
> 客户临走时说："资金充足，请1个月建成。"你一听，心想这不行啊，现在是2月初，客户所在地正是大雪封山的时候，气温比较低，不适合建房。于是，你向客户建议，现在气温比较低，建房比较困难，成本高并且会影响质量，4月份比较合适，现在可以开始进行实地勘测，做好区域规划，先开始部分项目，最终客户同意了你的建议。

【想一想】请根据上述案例，试描述需求分析的任务有哪些？

要想很好地完成需求分析的任务，就要遵循科学的需求分析步骤，从而使需求分析工作更高效。需求分析步骤一般可分为三步：第一步是获取需求，识别问题；第二步是分析整理需求,明确数据分析目标;第三步是将需求文档化,形成需求分析报告。

第一,获取需求,识别问题。数据分析要紧紧围绕客户的需求来进行,因此必须掌握客户到底想要什么,必须弄清客户的需求,这是需求分析乃至数据分析全过程中最重要的基础和开端。数据分析人员要从客户的背景、基本情况、目的、时间要求、最终成果等多个方面去识别问题,掌握信息,获取需求。

第二,分析整理需求,明确数据分析目标。数据分析人员从客户那里获取的需求信息或问题是杂乱的、冗余的、表面的,因此数据分析人员必须对获取的信息或问题加以分析整理,提炼出关键、核心的需求信息,挖掘出客户深层次的需求,最终明确数据分析的目标。只有明确了目标,才能指导数据分析的方向。

第三,将需求文档化,形成需求分析报告。获取需求后要将其描述出来,即形成需求分析报告。

2.1.3 需求分析方法

需求分析是一个非常重要的过程,它完成的好坏直接影响到后续数据分析的质量。一般情况下,客户并不熟悉数据分析的相关知识,而数据分析人员对相关的业务领域也不甚了解,客户与数据分析人员之间对同一问题理解的差异和习惯用语的不同往往会为需求分析带来很大的困难。所以,数据分析人员和客户之间充分和有效的沟通在需求分析的过程中至关重要。

有效的需求分析通常具有一定的难度,一方面是因为交流存在障碍,另一方面是因为客户通常对需求的描述不完备、不准确和不全面,并且还可能不断地变化。数据分析人员不仅需要在客户的帮助下抽象现有的需求,还需要挖掘隐藏的需求。因此,数据分析人员应采取科学的需求分析方法。在实践中,需求分析方法有多种,如跟踪作业法、访谈法、调查问卷法、查阅文献法等。

1. 跟踪作业法

为了深入地了解客户需求,有时候数据分析人员还会以观察者或是员工的身份直接参与到工作项目中去,跟踪项目的开展,记录项目过程。在亲身实践的基础上,更直接地体会客户面临的问题,了解客户的需求,这种需求获取方法就是跟踪作业法。通过跟踪作业得到的信息会更加准确和真实,但是这种方法比较费时间。

跟踪作业中,数据分析人员可以参与实践,也可以观察者的身份进行观察记录,发现客户面临的问题,掌握客户的需求,此方法也可称为观察法。

对某名牌专卖店的暗访调查

某品牌在重庆市区开设了30多家专卖店。为了督促各专卖店提高服务质量,该品牌经常派出调研员对专卖店进行暗访、调查,作为评比考核的依据。表2-1是该品牌专门设计的调查评比表格(部分)。

表 2-1 调查评比表格（部分）

调查项目	等级	评分标准
1. 营业员的态度		
Ⅰ. 顾客进店时，营业员的反应	优 良 中 差	有营业员立即面对顾客热情自然地打招呼 有营业员面对顾客打招呼，但不自然、不热情 有营业员打招呼，但不面对顾客 不打招呼
Ⅱ. 营业员衣着、胸牌、发饰、妆容情况	优 良 中 差	衣着统一，佩戴胸牌，发饰整洁，妆容自然 四项中有一项欠缺 四项中有二项欠缺 四项中有三项以上欠缺或其中一项严重欠缺
Ⅲ. 营业员工作状态：是否各就各位，无倚靠、聊天、干私事情况	优 良 中 差	营业员各就各位，无倚靠、聊天、干私事现象 四项中有一项欠缺 四项中有二项欠缺 四项中有三项以上欠缺或其中一项严重欠缺
Ⅳ. 服务用语情况：普通话、礼貌用语、面带笑容、热情友好	优 良 中 差	礼貌用语、面带笑容、普通话接待顾客 四项中有一项欠缺 四项中有二项欠缺 四项中有三项以上欠缺或其中一项严重欠缺
Ⅴ. 当顾客只想看看时，营业员有没有转变态度	优 良 中 差	营业员态度热情，并适当推荐一些特色商品 营业员态度热情，但未推荐商品 营业员态度有较大变化，也未推荐商品 营业员板起面孔
Ⅵ. 收银员的态度、工作状态	优 良 中 差	态度亲切、和蔼，唱收唱付，并说"谢谢" 态度一般，并说"谢谢" 态度一般，不说"谢谢" 态度差
2. 营业员的销售技巧	…	…

2. 访谈法

访谈法是指数据分析人员与特定的客户代表进行座谈，进而了解客户意见的方法，是最直接的需求获取方法。访谈法根据访谈对象结构的不同可分为集体访谈和个别访谈，集体访谈也称座谈会法。为了使访谈有效，数据分析人员应熟练掌握访谈的步骤。

第一，事前准备，设计访谈提纲。在进行访谈之前，数据分析人员首先要确定访谈的目的，明确想从访谈对象那里引出什么，知道什么；尽量了解对方的工作背景、实际情况及目的；事先准备好要问的问题，设计出访谈提纲。拟定访谈提纲最主要的是明确哪些是必须要问的问题和你最想问的三个问题是什么。另外，在访谈之前需要与访谈对象进行沟通，讲明目的，使对方有思想准备，并要约定访谈时间。

第二，访谈过程中，数据分析人员要恰当地进行提问；准确捕捉信息，及时收集有关资料；在合适的时间适当地做出回应。另外，数据分析人员还要注意态度诚恳，并保持虚心求教的姿态，同时还要对重点问题进行深入的讨论。由于被访谈的客户身份可能多种多样，数据分析人员要根据客户的身份特点进行提问，给予启发。当然，进行详细的记录也是访谈过程中必不可少的工作，一般还要录音或录像。

第三，访谈完成后，数据分析人员要对访谈获取的信息进行总结，列明已解决的和有待进一步解决的问题，获取需求。

【练一练】

任务背景：以班上同学作为访谈对象，以平板电脑的功能需求作为访谈内容，试设计一个访谈提纲并展开实际访谈，最后根据访谈内容整理出一份平板电脑功能需求报告。

3. 调查问卷法

调查问卷法，是通过调查问卷的形式来进行需求分析的一种方法。数据分析人员通过调查问卷进行需求获取并对问卷内容进行汇总、统计和分析，便可以得到一些有用的信息。

调查问卷法是一个效率非常高的方法。对于调研者来说，不必跑到工作现场，也不必跟一个又一个客户一遍又一遍地沟通，只需要编写调查问卷、分析回答的内容就可以获得大量的有用信息；而对于被调研者而言，不需要打断自己的工作，可以合理安排回答的时间，还可以更仔细充分地思考。越是大规模的调研，越能体现这种方法的优越性。

采用调查问卷法时，最重要的就是调查问卷的设计。问卷的基本结构一般包括四个部分：标题、说明信、调查内容和结束语。

(1) 标题

问卷的标题概括说明调查的主题，使被调查者对所要回答什么方面的问题有一个大致的了解。问卷的标题应该简明扼要、醒目突出，易于引起被调查者的兴趣。例如："企业员工劳动保障调查问卷""中国大学生消费情况调查问卷""校园网络购物现状调查"等。

(2) 说明信

说明信是调查者与被调查者之间进行沟通的媒介，目的在于引起被调查者对调查的重视，消除顾虑，激发参与意识，争取被调查者的支持与合作。说明信的内容应包括：对被调查者的问候语、主持调查的机构、调查人员身份、调查目的、被调查者意见的重要性、调查结果用途、个人资料保密原则、调查所需时间及填表说明等。说明信的语气要谦虚、诚恳、平易近人，文字要简明、通俗、有可读性，一般放在问卷标题后面。

(3) 调查内容

问卷的调查内容也就是问卷的正文部分，同时也是问卷设计的关键部分，是被调查者所要了解的基本内容。它主要是以提问的形式提供给被调查者，主要包括调查询问的问题、回答问题的方式以及对回答方式的指导和说明等。这部分内容设计的好坏直接影响整个调查的价值。调查问卷的问题类型总的来说可以分为开放式问题、封闭式问题、混合式问题三类。

开放式问题是指问题对每一应答者（被调查者）是相同的，但事先不设计任何备选答案，被调查者可以自由地围绕提出的问题，写下一些描述性的情况和意见。例如，您认为目前手机通话收费存在哪些主要问题?

　　封闭式问题是指问题不仅对每一位应答者相同,而且每一个问题都事先列出了若干个备选答案,由被调查者在其中选择符合实际情况的答案。提问时语言应当通俗易懂,尽量避免使用一些专业性或抽象的语言;用词应能清楚明了地反映问题的设计意图;避免诱导性、否定式提问;不直接提敏感性问题等。

　　混合式问题又称半开放半封闭式问题,是一种介于开放式问题和封闭式问题之间的问题设计方式,即在一个问题中,只给出一部分答案,被调查者可从中挑选,另一部分答案则不给出,要求被调查者根据自身实际情况自由作答。半开放半封闭式问题应用较少,因为很多场合下,可以将它一分为二。

　　一般在设计调查问卷时,要合理地控制开放式问题和封闭式问题的比例以及它们的顺序。开放式问题的回答不受限制,自由灵活,能够激发被调查者的思维,使他们能尽可能地阐述自己的真实想法,但对开放式问题进行汇总和分析的工作会比较复杂。而封闭式问题便于对问卷信息进行归纳与整理,但是会限制被调查者的思维。问题的顺序也要有一定的逻辑关系,一般对于被调查者来说,熟悉的、简单易懂的问题放在前面,比较生疏、较难回答的问题放在后面;把能引起被调查者兴趣的问题放在前面,把容易引起紧张和顾虑的问题放在后面;把封闭式的问题放在前面,把开放式的问题放在结尾。

（4）结束语

　　结束语是问卷的最后一部分,用来表达对被调查者的感谢。例如,"对于您所提供的协助,我们表示真诚的感谢!为了保证资料的完整与详实,请您再花一分钟,翻一下自己填过的问卷,看看是否有填错、填漏的地方。谢谢!""您的问卷调查做完了,感谢您能在百忙之中抽出时间帮助我们的调查工作,谢谢您的积极参与!祝您学习和生活愉快!"

封闭式问题的类型

1. 单项选择式

单项选择式,只允许选择一个选项。其中特别的是两项选择题,也称是非题,一般只设两个选项,如"是"与"否""有"与"没有"等。

　　例:①您家里现在有吸尘器吗?

　　　　有□　　　　无□

　　　　②您所获得的最高学历是?

　　　　A. 高中　　B. 大专　　C. 本科　　D. 硕士　　E. 博士　　F. 其他

2. 多项选择式（多项选择题）

多项选择题是从多个备选答案中择一个或几个。这是各种调查问卷中采用最多的一种问题类型。由于所设答案不一定能表达出填写问卷人所有的看法,所以在问题的最后通常可设"其他"项目,以便被调查者表达自己的看法。

　　例:您认为在为中老年人选购家庭医疗产品时什么最重要?（多选）

　　　　质量□　　功能□　　品牌□　　便利性□　　售后服务□

　　　　材质□　　安全性□　　外观□　　重量□　　宣传□　　其他□

3. 填入式问题

填入式问题一般针对只有唯一答案（对不同人有不同答案）的问题。

  例：您的工作年限是＿＿＿＿年。

    您的出生日期是＿＿＿＿年＿＿＿＿月＿＿＿＿日。

4. 排序式问题

排序式问题，又称序列式问题，是列出若干项目，要求被调查者按一定原则进行排序。

  例：假设你购买一辆新车，请按照重要程度对下列因素进行排序。最重要的因素填1，次要因素填2，依此类推。如果该因素不重要，则不填。
    □油耗 □空间 □价格 □安全性 □品牌 □召回率

5. 态度评比测量题

态度评比测量题是将消费者态度分为多个层次进行测量，其目的在于尽可能多地了解和分析被调查者群体客观存在的态度。

  例：老年人产品在设计时适合采用暖色调。
    坚决不同意□ 不同意□ 不同意也不反对□ 同意□ 坚决同意□
    注意：设中性层次（中间层次）；左右两端的层次数最好相等

6. 矩阵式问题

矩阵式问题，是将若干同类问题及几组答案集中在一起排列成一个矩阵，由被调查者按照题目要求选择答案。矩阵式问题可以采取表格式矩阵形式，也可以采取非表格式矩阵形式。

  例：您对本款产品的质量水平如何评价？（在每一行的适当方框中打"√"）

	很满意	比较满意	不满意	很不满意
a. 制冷速度	□	□	□	□
b. 噪声	□	□	□	□
c. 耗电量	□	□	□	□
d. 遥控器	□	□	□	□

矩阵式问题可以节省问卷篇幅，同类问题集中排列，回答方式相同，也节省了阅读和填写时间。但是这种集中排列方式较复杂，容易使被调查者产生厌烦情绪。

7. 比较式问题

比较式问题，是将若干可比较的事物整理成两两对比的形式，由被调查者进行比较后选择。比较式问题适用于对质量和效用等问题做出评价。应用比较法要考虑被调查者对所要回答问题中的商品品牌等项目是否相当熟悉，否则将会导致空项发生。

  例：请比较下列不同品牌的可乐饮料，哪种更好喝？
    黄山□ 天府□ 天府□ 百龄□ 百龄□ 奥林□
    奥林□ 可口可乐□ 可口可乐□ 百事可乐□ 百事可乐□ 黄山□

> **8. 过渡式问题（相倚式问题）**
>
> 有些问题只适用于样本中的一部分对象，而某个被调查者是否需要回答这一问题常要依据他对前面某个问题的回答结果而定，这样的问题即相倚问题。
>
> 例：《金融学院社团发展情况调查问卷》
>
> Q9. 您经常参加社团的活动吗？
>
> 1. 经常（跳到 Q11 题）   2. 偶尔   3. 从不
>
> Q10. 您较少参加社团活动的最主要原因是？
>
> 1. 没时间   2. 自己本身不感兴趣
>
> 3. 活动不吸引人   4. 其他（请注明）_____
>
> Q11. 您认为您所在社团目前收取的会费水平是否合理？
>
> 1. 合理   2. 不合理   3. 不知道

4. 查阅文献法

查阅文献法是指采用科学的方法搜集文献资料，摘取有用信息，进行整理分析，并通过对文献的研究形成对事实的科学认识，从而了解事实，探索事物现象的调查方法。查阅文献法不与调查对象直接接触，而是间接地通过查阅文献获得信息，一般又称为非接触性调查。查阅文献法具有获取资料比较方便，既省时又省力，还能节约开支的优点，是比较经济的调查方法。但由于各类文献资料不可能都十分齐全，时效性差，有些资料也会因为笔者的主观倾向性而不真实等，因此该方法有局限性。

【想一想】

1. 文献的获取渠道有哪些？
2. 关于国民经济数据的资料在哪里获取？请获取一份。

2.2 数据分析方案

做任何事情之前，想要达到预期的效果，按时、按质、按量地完成工作，都必须有个提前计划，即实施方案。实施方案是指对某项工作，从目标要求、工作内容、方式方法及工作步骤等方面做出全面、具体而又明确安排的计划类文书，是应用写作的一种文体。实施方案中最常用到的是项目实施方案。

项目实施方案也称项目执行方案，是指为完成某项目而进行的活动或努力工作过程，是企事业单位项目能否顺利和成功实施的重要保障和依据。项目是指一系列独特的、复杂的并相互关联的活动，这些活动有着一个明确的目标或目的，必须在特定的时间、预算、资源限定内，依据规范完成。项目参数包括项目范围、质量、成本、时间、资源。项目实施方案是指将项目所实现的目标效果、项目前中后期的流程和各项参数做成系统而具体的方案，来指导项目的顺利进行。

数据分析项目也需要在项目开始之前做一份项目实施方案，称为数据分析方案。数据分析方案的内容主要包括项目概述、项目实施流程、项目组织管理、项目数据、数据分析技术及工具、方案审批等。

1. 项目概述

项目概述通常介绍项目的基本情况，包括项目名称、客户名称、客户单位性质及背景介绍、数据分析目标、项目期限等信息。

2. 项目实施流程

项目实施流程通常介绍整个数据分析过程，即从与客户对接开始直到项目完成为止的全过程的计划安排。数据分析项目实施流程一般包括项目启动阶段、需求分析阶段、数据收集阶段、数据分析阶段、反馈沟通阶段、数据分析校正阶段、项目验收阶段。数据分析项目实施流程如图2-1所示。

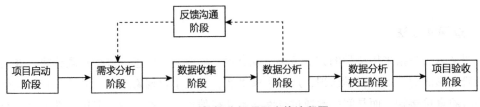

图2-1 数据分析项目实施流程图

3. 项目组织管理

项目组织管理部分主要介绍数据分析项目所涉及的人、财、物、时间的安排，如项目负责人、项目组成员及分工、资金预算、物资调配、项目各流程的时间安排等。

4. 项目数据

不同项目所需数据不同，数据来源也不尽相同，因此在此部分需要说明数据分析所用到的数据类型、数据特征、数据量、数据来源等信息。

5. 数据分析技术及工具

对不同特征的数据，需使用不同的数据分析技术及不同的数据分析工具，因此在此部分需要说明该数据分析项目采用的数据分析技术及应选择的数据分析工具。

6. 方案审批

该部分一般以项目所属部门及企业负责人两个层级的审批意见为主。

不同的数据分析项目使用不同的方案结构，实际操作时需要根据项目的复杂程度酌情增减。数据分析方案可以用文本形式展现，也可用表格形式展现。相对于文本，表格形式较为简单固定、清晰明了，节约成本，更适用于企业档案管理要求。表2-2是一个简单的数据分析方案模板。

表2-2　××项目数据分析方案

方案编号：_____

一、项目概述	
项目负责人	
项目名称	
客户名称	
客户单位性质	
数据分析目标	
项目时间	
项目背景介绍：	
二、项目实施流程（详细写明各流程安排）	
三、项目组织管理（请写明人、财、物、时间安排）	
四、项目数据	
五、数据分析技术及工具	
六、方案审批	
部门意见： 签字（盖章）： 年　月　日	
公司意见： 签字（盖章）： 年　月　日	

2.3 项目进度表

在数据分析项目进行过程中,要确保项目的顺利开展,及时提交客户所需的结果,需要对项目实施进展情况进行管理。项目进度管理是指在项目实施过程中,对各阶段的进展程度和项目最终完成的期限所进行的管理。首先,要在规定的时间内,拟定出合理且经济的进度计划;其次,在执行该计划的过程中,要经常检查实际进展是否按计划进行,若出现偏差,便要及时找出原因,采取必要的补救措施或调整、修改原计划,直至项目完成。

项目实施的进展情况即项目进度。在现代项目管理中,项目进度是一个综合概念,它将项目任务、工期、成本等因素有机地结合起来,全面把控项目的开展情况。项目进度一般采用表格或图示法表示,称为项目进度表。项目进度表应包括每一具体活动或任务的计划开始日期和期望完成日期。

2.3.1 项目进度表的作用

在项目的开展过程中,项目进度表主要有以下三个作用:

1. 有利于管理者管理控制项目实施

编制项目进度表其实就是进行项目计划的过程,需要分解项目阶段,梳理各阶段需要完成的任务,有利于项目负责人掌握整个项目的总体框架与熟悉项目实施流程,使项目管理更高效。想象一下,建房子时,建筑商给了一个项目:"房子,160天。"这么粗略的项目,任何人包括建筑商自己在内,都难以了解首先该做的是哪些事,或者哪些工作项目最耗时。如果建筑商可以提供每个阶段的具体的工作内容,参与者就能够更清楚何时该完成哪些任务,同时更有利于项目管理者和主要参与者来管理项目的实施。

项目实施过程中,项目管理者可根据项目进度表实时掌握项目进展情况,如果实际情况与项目进度表有差异,可以及时查找原因。如果是客观原因导致进度滞后,可及时与客户沟通,更改进度计划,保证项目顺利完成,保障双方利益。

2. 有利于项目团队成员团结一致完成工作任务

项目进度表中要显示项目实施的各阶段、各阶段子任务及任务的时间周期,这样各团队成员能明确知道自己的工作是什么,什么日期要做好什么事情。项目进度表可以理解为团队或组织中的成员之间的一个"合约"。"合约"上确认每个成员下周、下个月或是明年要交出什么东西。鼓励参与项目的每个人,将其自身工作任务视为整体的一部分,尽力完成工作并与他人配合。项目进度表对于项目而言,具有重要的推进作用。如果妥善运用,项目进度表会督促每个成员仔细思考必须做的工作,以及如何与其他人正在做的工作相互配合。这在无形中会使团队成员间的关系更加紧密,有利于形成团队核心能力,促进项目按时、按质、按量完成。

3. 有利于企业内部各部门之间相互协调

项目的实施涉及人、财、物的消耗,因此项目进度表有利于内部各部门之间的协调,如财务部门准备资金、采购部门准备材料等。一个项目签订合同后,并不需要把整个项目需要的资金和物资一次性准备好,这样会造成项目成本的增加,应该根据项目的开展情况,逐步准备资金和物资,这时各部门可以根据项目进度表掌握项目进展情况,提前准备资金与物资,在保证项目正常开展的情况下尽量减少成本的耗费。

项目越大越复杂,项目进度表就越显得重要。对于大项目而言,团队成员间的相互依赖程度越高,决策和时间对其他成员的冲击可能也就越大。一个小团队的进度延后不是好消息,但如果发生了,落后半天也只代表几个人要多花半天的精力加班赶进度而已,是有可能赶上来的。但如果是大项目,有几十或上百个人,落后一天会很快产生连锁反应,问题会以各种意想不到的方式出现,团队想赶进度也很难。从这个角度来说,项目进度表非常重要,当然它只是一些文字和数字的表格,最重要的还是要有人善于利用它们作为管理和驱动项目的工具。

2.3.2 项目进度表的表现形式

项目进度表的表现形式有多种,常见的有里程碑图、网络图、甘特图等。

1. 里程碑图

里程碑图是指以项目中某些重要事件的完成时间点或开始时间点作为基准所形成的图,是一个战略计划或项目框架,以中间产品或可实现的结果为依据。它显示了项目为达到最终目标而必须达到的条件或状态序列,描述了项目在每一阶段应达到的状态。图2-2是某公司某项目的进度里程碑图。

图2-2 项目进度里程碑图

阿里巴巴的发展历程

阿里巴巴国际交易市场:阿里巴巴国际交易市场创立于1999年,为全球领先的小企业电子商务平台,旨在打造以英语为基础、任何两国之间的跨界贸易平台,并帮助全球小企业拓展海外市场。阿里巴巴国际交易市场服务全球240多个国家和地区数以百万计的买家和供应商,展示超过40个行业类目的产品。

1688:创立于1999年,现为中国领先的小企业国内贸易电子商务平台。1688早年定位为B2B电子商务平台,后来逐步发展成为网上批发及采购市场,其业务重点之一是满足淘宝系平台卖家的采购需求。

淘宝网:成立于2003年5月,是中国最受欢迎的C2C购物网站,致力于向消费者提供多元化且价格实惠的产品。根据Alexa(专门发布网站世界排名的网站)的统计,淘宝网是全球浏览量最高的20个网站之一。2020年1月,2020年全球最具价值500大品牌榜发布,淘宝排名第37位。

支付宝：成立于2004年12月，是国内领先的第三方网上支付平台，致力为上亿计的个人及企业用户提供安全可靠、方便快捷的网上支付和收款服务。支付宝是中国互联网商家首选的网上支付方案，它提供的第三方信用担保服务，让买家可在确认所购商品满意后才将款项支付给商家，降低了消费者网上购物的交易风险。

支付宝与多家金融机构包括全国性银行、各大地区性银行以及Visa和MasterCard合作，为国内外商家提供支付方案。除淘宝网和天猫外，支持使用支付宝交易服务的商家已经涵盖了网上零售、虚拟游戏、数码通信、商业服务、机票、公用事业等行业。支付宝同时提供有助于全球卖家直销到中国消费者的支付方案，支持14种主要外币的支付服务。

天猫：中国领先的平台式B2C购物网站，致力于提供优质的网购体验。2012年1月11日，淘宝商城正式宣布更名为"天猫"，自行运营。自推出以来，天猫已发展成为日益成熟的中国消费者选购优质品牌产品的平台。根据Alexa的统计，天猫是中国浏览量最高的B2C零售网站。经过飞速发展，至2019年"双十一"，天猫成交额超过2684亿元。

阿里云计算：2009年9月创立，现为云计算与数据管理平台开发商，其目标是打造互联网数据分享第一服务平台，并提供以数据为中心的云计算服务。阿里云计算致力于向淘宝系平台卖家以及第三方用户提供完整的互联网计算服务，包括数据采集、数据处理和数据存储，以助推阿里巴巴集团及整个电子商务生态系统的成长。

全球速卖通：创立于2010年4月，是全球领先的消费者电子商务平台之一，集结不同的小企业卖家提供多种价格实惠的消费类产品。全球速卖通服务数百万来自220多个国家和地区的注册买家，覆盖20多个主要产品类目，其目标是向全球消费者提供具有特色的产品。

聚划算：是中国全面的品质团购网站，由淘宝网于2010年3月推出，于2011年10月成为独立业务，其使命是结合消费者力量，以优惠的价格提供全面的优质商品及本地生活服务。

一淘：是中国全面覆盖商品、商家及购物优惠信息的网上购物搜索引擎，由淘宝网于2010年10月推出，于2011年6月成为独立业务。一淘旨在为网上消费者打造"一站式的购物引擎"，协助他们做购买决策，并更快找到物美价廉的商品。一淘的功能和服务包括商品搜索、优惠及优惠券搜索、酒店搜索、返利、淘吧小区等。

阿里音乐集团：2015年7月15日，阿里巴巴集团宣布成立阿里音乐集团，高晓松出任董事长，宋柯出任CEO。虾米音乐和天天动听组成阿里集团在无线互联时代的音乐矩阵，是国内领先的音乐类App。

阿里体育集团：2015年9月9日，阿里巴巴宣布成立阿里体育集团。新成立的阿里体育集团由阿里巴巴集团控股，新浪和云锋基金共同出资。

阿里巴巴文化娱乐集团：2016年10月正式组建阿里巴巴文化娱乐集团，包括阿里影业、优酷、UC、阿里音乐、阿里文学、阿里游戏、大麦网等业务版块，其中阿里影业是以互联网为核心驱动，拥有内容生产制作、互联网宣传发行、IP授权及综合运营、院线票务管理及数据服务的全产业链娱乐平台，其旗下淘票票是国内最大的在线票务平台之一。2017 年 9 月 26 日,阿里巴巴文化娱乐集团宣布正式成立游戏事业群,下设开放平台事业部和互动娱乐事业部。

物联网:2018 年 3 月 28 日,阿里巴巴集团资深副总裁、阿里云总裁胡晓明在 2018 杭州·云栖大会深圳峰会上宣布:阿里巴巴将全面进军物联网领域。

【练一练】请用里程碑图展示阿里巴巴的发展历程。

2. 网络图

网络图是由箭线和节点按照一定规则组成的、用来表示工作流程的、有向有序的网状图形。网络图是活动排序的结果,它可以展示各个项目活动之间的关系。通过网络图可以识别关键活动,并能确定某一活动进度的变化对后续工程和总工期的影响。网络图分为单代号网络图和双代号网络图两种形式。

单代号网络图(PDM)是由一个节点表示一项工作,以箭线表示工作顺序的网络图,如图 2-3 所示。

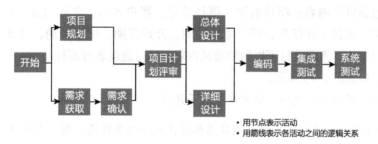

图 2-3 单代号网络图图例

双代号网络图(ADM)是由一条箭线与其前后两个节点来表示一项工作的网络图,如图 2-4 所示。另外,还可以给网络图加上时间信息,我们称之为时标网络图。

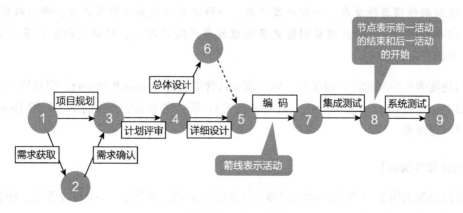

图 2-4 双代号网络图图例

3. 甘特图

甘特图又称横道图、条状图，通过条状图来显示特定项目的顺序以及项目随着时间进展的情况。甘特图的横轴表示时间，纵轴表示项目，线条表示每项活动的起止时间和实际完成情况。它直观地表明了计划何时进行，以及进展与要求的对比；便于管理者弄清项目的剩余任务，评估工作进度。甘特图的优点是简单、明了、直观，易于编制，它适用于规模较小、项目复杂程度不高或是项目比较紧急的情况。即使在大型的工程项目中，它也可用于高级管理层了解全局及基层安排的进度。

在甘特图中，我们可以看出各项活动或任务的开始和终止时间。在绘制各项活动的起止时间时，需要考虑它们之间的先后顺序。但是，甘特图中没有显示各项活动之间的内在联系，也没有指出影响项目寿命周期的关键所在，对于复杂的项目来说，甘特图就稍显不足。

2.3.3 项目进度表的结构

项目进度表是根据不同项目绘制的，可以相对简单，也可以根据需要绘制得复杂详细，但总体来说需要包括以下内容：项目名称、项目编号、客户名称、合同约定、日期、项目负责人、项目验收员、项目工作任务、预计需要时间、开始日期、结束日期、具体进度（日期）、制定人及制定日期等。不同项目可以酌情增减内容。项目进度表有多种形式，下面我们学习甘特图的绘制，具体如图2-5所示。

在具体绘制项目进度表之前，需要注意以下几点：

1）划分任务阶段和子任务，根据项目总体情况划分项目阶段，明确各阶段的子任务；
2）确认好项目工期，只有与客户确认了项目的起始时间和项目交付时间，才能谈得上进度计划；
3）合理安排时间，根据项目工期合理确定各阶段及各子任务的开始时间及结束时间，在此一定要注意各任务的逻辑、顺序关系；
4）绘制两份项目进度表，一份给客户看，一份给内部数据分析人员看，做到内紧外松。内部时间紧凑些，为项目预留更多处理潜在风险的时间，外松是向客户争取更多的时间。

项目进度表的绘制软件有很多种，如微软项目管理软件 Microsoft Project、项目管理进度表制作工具 PowerDesigner、Excel、Word 或者 Auto CAD 等。在本书中，我们学习运用 Excel 软件来绘制项目进度表。

【Excel 软件演示】

此处以创建如图2-5所示的项目进度表为例进行介绍。从图2-5中可以看出，项目进度表包括两个部分，一部分是 Excel 数据表格，另一部分是 Excel 图。

第 2 章
需求分析

XXX项目进度表

一、项目基本情况

项目名称：	XXX建设项目	项目编号：	A0021
客户名称：	星辉有限责任公司	合同到期日：	2020/12/31
项目负责人：	张伟	项目审核人：	王军

二、项目进度表

项目阶段	任务	开始时间	已完成	未完成	天数	结束时间
项目接洽	项目谈判	2020/11/1	4	0	4	2020/11/5
前期工程	报批、报建	2020/11/8	7	0	7	2020/11/15
规划设计	项目图纸规划设计	2020/11/6	6	0	6	2020/11/12
土建施工	深基础施工	2020/11/12	5	0	5	2020/11/17
	浅基础施工	2020/11/18	7	0	7	2020/11/25
设备安装	配电装置	2020/11/15	5	0	5	2020/11/20
	盘柜安装	2020/11/20	5	5	10	2020/11/30
	电缆敷设及接线	2020/11/20	3	0	3	2020/11/23
	监控及保护系统	2020/12/2	0	11	11	2020/12/13
模拟调试	保护装置实验调试	2020/12/14	0	2	2	2020/12/16
	整组模拟实验	2020/12/18	0	1	1	2020/12/19
竣工验收	一、二次设备验收	2020/12/20	0	2	2	2020/12/22
	整组传动实验	2020/12/23	0	2	2	2020/12/25
	试运行	2020/12/26	0	1	1	2020/12/27
	移交	2020/12/28	0	3	3	2020/12/31

制作人： 今天 2020/11/25

项目进度表

图 2-5 项目进度表（甘特图）

具体操作步骤如下：

步骤 1：新建"×××项目进度表"工作簿，将"Sheet1"工作表重命名为"项目进度表"；在 A1:G5 单元格区域输入项目基本情况，如图 2-6 所示。

	A	B	C	D	E	F	G
1	XXX项目进度表						
2	一、项目基本情况						
3	项目名称:	XXX建设项目			项目编号:		A0021
4	客户名称:	星辉有限责任公司			合同到期日:		2020/12/31
5	项目负责人:	张伟			项目审核人:		王军

图 2-6 输入项目基本情况

步骤 2：在 A6:G24 单元格区域输入项目进度表的内容，如图 2-7 所示。

图2-7 输入项目进度表的内容

步骤3：下面进行表格设计。选中A1:G1单元格区域，单击"开始"选项卡上"对齐方式"中的"合并后居中"按钮，分别将A2:G2、B3:D3、E3:F3、B4:D4、E4:F4、B5:D5、E5:F5、A6:G6、A11:A12、A13:A16、A17:A18、A19:A22区域进行合并居中。

步骤4：调整字体和对齐方式。将A1单元格的字体设为宋体、16号、加粗；将A2、A6单元格的字体设为宋体、12号、加粗；将A7:G7单元格区域的字体设为宋体、11号、加粗、居中；选中G3:G5单元格区域，设为居中对齐；选中A8:A19单元格区域，设为居中对齐、垂直居中，如图2-8所示。

步骤5：设计表格边框。分别选中A3:G5、A7:G22单元格区域，单击"开始"选项卡"字体"组"边框"按钮右侧的下拉按钮，在展开的下拉列表中选择"所有框线"选项，如图2-9所示；选中A7:G7单元格区域，单击"字体"组"填充颜色"按钮右侧的下拉按钮，在展开的下拉列表中，选择任意颜色进行填充。表格格式设计完成后的效果如图2-10所示。

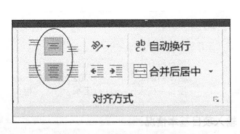

图2-8 设置文字对齐方式

图2-9 设置表格边框

	A	B	C	D	E	F	G
1			XXX项目进度表				
2	一、项目基本情况						
3	项目名称：		XXX建设项目		项目编号：		A0021
4	客户名称：		星辉有限责任公司		合同到期日：		2020/12/31
5	项目负责人：		张伟		项目审核人：		王军
6	二、项目进度表						
7	项目阶段	任务	开始时间	已完成	未完成	天数	结束时间
8	项目接洽	项目谈判					
9	前期工程	报批、报建					
10	规划设计	项目图纸规划设计					
11	土建施工	深基础施工					
12		浅基础施工					
13	设备安装	配电装置					
14		盘柜安装					
15		电缆敷设及接线					
16		监控及保护系统					
17	模拟调试	保护装置实验调试					
18		整组模拟实验					
19	竣工验收	一、二次设备验收					
20		整组传动实验					
21		试运行					
22		移交					
23							
24	制作人：					今天	

图 2-10 表格设计完成后的效果

步骤 6：输入各任务的开始时间和结束时间。同时选中 C8：C22、G8：G22 单元格区域，右击，在弹出的快捷菜单中选择"设置单元格格式"命令，在弹出的"设置单元格格式"对话框的"数字"选项卡下，选择"分类"中的"日期"类型，单击"确定"按钮；按图 2-5 中的数据输入各任务的开始时间和结束时间。

步骤 7：计算各任务完成所需要的天数。在 F8 单元格输入公式"＝G8-C8"，接着利用填充柄填充计算各任务完成所需天数。

步骤 8：计算各任务已完成天数。在 G24 单元格输入公式"＝TODAY（）"获取今天的日期"2020-11-25"，在 D8 单元格输入公式"＝IF（＄G＄24-C8＞F8，F8，MIN（F8，MAX（＄G＄24-C8，0）））"，再利用填充柄填充计算其他各任务已完成的天数。

【技能点 1】IF 函数为条件判断函数，用来判断是否满足某个条件，如果满足返回一个值，如果不满足则返回另一个值。其语法格式如下：

IF(Logical_test,Value_if_true,Value_if_false)

其中：Logical_ test 是任何可能被计算为 true 或 false 的数值或表达式，它用比较运算符（＝，＞，＜，＞＝，＝＜，＜＞）连接；

Value_if_true 是 Logical_test 为 true 时的返回值，如果忽略则返回 true；

Value_if_false 是 Logical_test 为 false 时的返回值，如果忽略则返回 false。

【技能点 2】MIN 函数为统计函数，用来返回一组数值中的最小值，忽略逻辑值及文本，其语法格式如下：

MIN(number1,[number2],…)

其中：number1，number2，…，number1 是可选的，后续数字是可选的。要从中查找最小值的 1~255 个数字、空单元格、逻辑值或文本数值。

【技能点 3】MAX 函数为统计函数，用来返回一组数值中的最大值，忽略逻辑值及文本。其语法格式如下：

MAX(number1,[number2],...)

其中：number1，number2,...，number1 是可选的，后续数字是可选的。要从中查找最大值的 1~255 个数字、空单元格、逻辑值或文本数值。

步骤9：计算各任务的未完成天数。在 E8 单元格输入公式"=F8-D8"，再利用填充柄填充计算其他各任务未完成的天数。

步骤10：选中 C8:C22 单元格区域，右击，在弹出的快捷菜单中选择"设置单元格格式"命令，选择"数字"选项卡下"分类"中的"常规"类型。

步骤11：选中 B7:E22 单元格区域，单击"插入"选项卡"图表"组的"条形图"按钮，在下拉列表中选择"堆积条形图"选项，结果如图 2-11 所示。

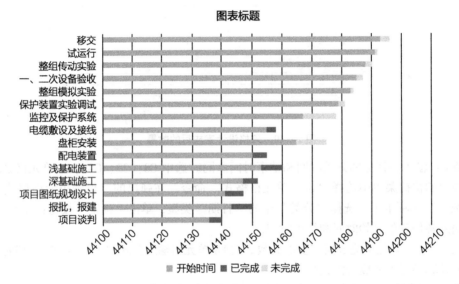

图 2-11 制作堆积条形图

步骤12：从图 2-11 可以看出，纵坐标值顺序排列和项目进度表任务列中的数据顺序不一致，需要进行逆序设置。单击"图表"区域，依次选择"图表工具"→"设计"→"添加图表元素"→"坐标轴"→"更多轴选项"选项，如图 2-12 所示。

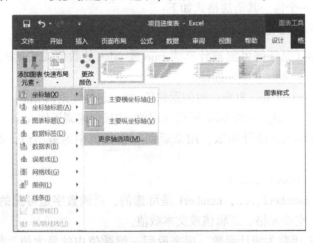

图 2-12 设置坐标轴

此时将弹出"设置坐标轴格式"对话框,一般情况下,当前出现的是横坐标轴的格式设计选项,单击图表中的"纵坐标轴"区域,相应的"设置坐标轴格式"对话框将变为纵坐标格式设计选项,选择"坐标轴选项"下的"逆序类别"单选按钮,如图 2-13 所示。

步骤 13:调整横坐标的最小值和最大值。单击图表中"横坐标轴"区域,表格右侧将弹出"设置坐标轴格式"对话框,根据原始数据适当调整横坐标轴值边界,将最小值设为"44136",将最大值设为"44196",如图 2-14 所示。

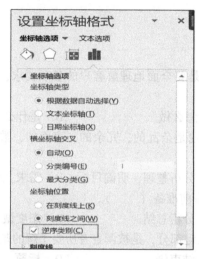 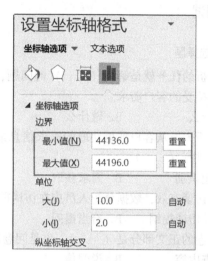

图 2-13 设置纵坐标值逆序排列图　　　　图 2-14 设置横坐标轴值边界

步骤 14:选中 C8:C22 单元格区域,右击,在弹出的快捷菜单中选择"设置单元格格式"命令,弹出"设置单元格格式"对话框,将数据格式设置为"日期"。选中图例中的"开始时间",在"设置图例格式"对话框的"填充"中选择"无填充"。单击"图表工具"→"设计"选项卡→"图表布局"组→"添加图表元素"下拉按钮,从下拉菜单中选择"图例"放置位置为"右侧"。双击图表区域的"图表标题",编辑为"项目进度表"。适当调整"绘图区"与"图表区"的大小,让整个图更加美观,结果如图 2-15 所示。

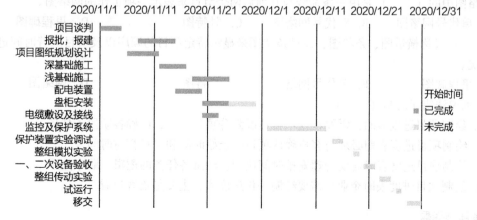

图 2-15 制作完成的项目进度表

以上为运用 Excel 制作动态的项目进度表（甘特图）的步骤。随着项目进程的变化，时间会自动更新，项目进度图也会自动更新，便于管理。项目进度表的格式是多样的，可以根据不同项目的不同要求进行设置，如可以给每个项目任务增加项目负责人、资源及成果形式等信息，以便于项目进度更好地推进。

同步测试

一、单项选择题

1. 需求分析的任务就是解决（　　）的问题，就是要全面地理解客户的各项要求，并准确地表达所接受的客户需求。
   A. 为什么　　　　B. 做什么　　　　C. 怎么做　　　　D. 是什么
2. 数据分析人员从客户那里获取的需求信息或问题是杂乱的、冗余的、表面的，数据分析人员必须进行（　　）。
   A. 问题识别　　　B. 需求获取　　　C. 分析整理，明确目标　　D. 需求文档化
3. 为了使访谈有效，数据分析人员应在访谈前做事前准备（　　）。
   A. 设计访谈提纲　B. 恰当提问　　　C. 分析总结　　　D. 态度诚恳
4. 调查问卷的正文部分是（　　），也是问卷的关键部分，是被调查者所要了解的基本内容。
   A. 调查内容　　　B. 说明信　　　　C. 结束语　　　　D. 标题
5. 数据分析项目能够按时按质完成，必须依靠（　　）来分配数据分析项目所涉及的人、财、物、时间等。
   A. 客户　　　　　B. 项目组织管理　C. 项目审批领导　D. 数据分析人员
6. 项目实施进度一般采用表格或图示方法表示，称为（　　）。
   A. 项目计划　　　B. 单代号网络图　C. 甘特图　　　　D. 项目进度表
7. 项目进度表的作用包括（　　）。
   A. 有利于管理者管理控制项目实施　　　B. 有利于项目团队成员团结一致
   C. 有利于企业内部各部门之间相互协调　D. 以上三项均是
8. 网络图中的（　　）是由一条箭线与其前后两个节点来表示一项工作的网络图。
   A. 单代号网络图　B. 双代号网络图　C. 甘特图　　　　D. 里程碑图
9. （　　）又称横道图、条状图，通过条状图来显示特定项目的顺序以及项目随着时间进展的情况。
   A. 里程碑图　　　B. 单代号网络图　C. 甘特图　　　　D. 网络图
10. 下列说法错误的是（　　）。
    A. 绘制项目进度表时，需要根据项目情况划分项目阶段，明确各阶段子任务
    B. 绘制项目进度表前必须与客户确认项目的起始时间和项目交付时间
    C. 绘制项目进度表时需要合理安排时间比例，注意各任务的逻辑、顺序关系
    D. 绘制项目进度表时企业只需要绘制一份进度表，主要是给客户看

二、多项选择题

1. 访谈法根据访谈对象可分为（　　）。

A．集体访谈　　　　B．结构性访谈　　　　C．个别访谈　　　　D．非结构性访谈
2．调查问卷的基本结构一般包括（　　）。
　　A．标题　　　　　B．说明信　　　　　　C．调查内容　　　　D．结束语
3．调查问卷的说明信部分应该包括（　　）内容。
　　A．主持调查的机构　B．填表说明　　　　C．个人资料保密原则　D．调查结果用途
4．数据分析项目实施流程一般包括（　　）。
　　A．需求分析阶段　B．数据收集阶段　　C．数据分析阶段　　D．项目验收阶段
5．甘特图作为项目进度表的一种形式，适用于（　　）的项目。
　　A．规模较小、项目复杂程度不高　　　　B．比较紧急
　　C．规模比较大　　　　　　　　　　　　D．复杂

三、判断题

1．需求分析是数据分析过程中必不可少的环节。　　　　　　　　　　　　　（　　）
2．需求分析只需获取客户基本的、必要的需求，对客户的潜在需求不关注。　（　　）
3．跟踪作业法中，数据分析人员只能以亲身参与实践获取客户需求。　　　　（　　）
4．访谈开始前应事先做好准备，设计好访谈提纲。　　　　　　　　　　　　（　　）
5．调查问卷中只能采用开放式、封闭式、混合型问题三者中的一种问题类型。（　　）
6．开放式问题是事先给每个问题列出若干个备选答案。　　　　　　　　　　（　　）
7．在项目数据分析方案中，必须要说明数据分析所用到的数据类型、数据特征、数据量、数据来源等信息。　　　　　　　　　　　　　　　　　　　　　　　　　　　　　（　　）
8．数据分析项目能够顺利进行，必须协调人员安排、资金调配、所需物资及时间等多方面资源。　　　　　　　　　　　　　　　　　　　　　　　　　　　　　　　　　　（　　）
9．里程碑图是指以项目中某些重要事件的开始时间点和完成时间点作为基准所形成的图，是一个战略计划或项目框架，以中间产品或可实现的结果为依据。　　　　　　　（　　）
10．项目进度表的结构是固定不变的，不能自行设计。　　　　　　　　　　（　　）

四、简答题

1．请简述需求分析的基本步骤。
2．请简述需求分析的主要方法以及它们的适用范围。
3．数据分析方案的主要内容有哪些？

同步实训

美特斯邦威集团公司于1995年创建于中国浙江省温州市，主要研发、生产、销售美特斯·邦威品牌休闲系列服饰。假如你们小组成员是该公司的数据分析人员，请以在校学生为调查对象，完成一份关于休闲服饰的需求报告。具体要求如下：

1．使用问卷星设计调查问卷；
2．根据项目进度制作甘特图；
3．对回收问卷进行整理并形成需求分析报告。

第 3 章
数据库创建

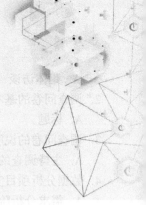

职业能力目标

专业能力：
- 理解数据的结构并设计数据库
- 掌握数据库的录入方法
- 掌握数据文件的导入方法
- 掌握数据的预处理方法
- 理解处理缺失值的方法和意义

职业核心能力：
- 具备良好的职业道德，诚实守信
- 具备积极主动的服务意识和认真细致的工作作风
- 具备创新意识，在工作或创业中灵活应用
- 具备自学能力，能适应行业的不断变革和发展

本章知识导图

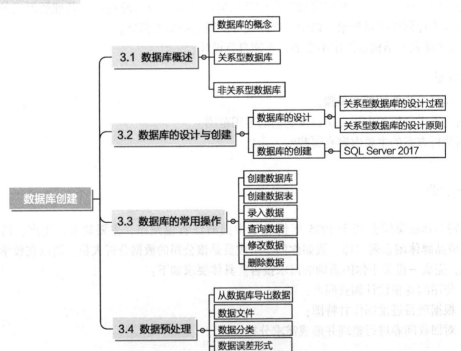

> 知识导入

数据库与我们的生活

在信息高度密集的今天，数据库在我们生活中的应用随处可见，如学生档案管理、银行客户信息管理、淘宝网店以及学校图书馆管理等应用场景。在这些应用场景中需要存储非常大的信息量，这都离不开数据库的支持。

以学校图书馆管理为例，在没有使用数据库时，人们使用的是传统的人工方式管理图书馆的日常工作，借书和还书过程主要依靠手工。一个最典型的手工处理借书过程：读者将要借的书和借阅证交给工作人员，工作人员将每本书上附带的描述书的信息的卡片和读者的借阅证放在一个小格栏里，并在借阅证和每本书所附的借阅条上填写借阅信息，这样借书过程就完成了。这种管理方式存在着诸多缺点，如手续烦琐、工作量大、效率低下、出错率高等。

在使用数据库技术以后，图书馆中的书籍信息、读者信息及借阅记录等信息都被存储在数据库中。在现代化的图书管理系统中，人们可以快速地在大量图书中查询所需的图书信息。图书馆工作人员通过扫描读者的借阅证及被借阅的图书，能够在图书管理系统中快速生成读者的借阅记录，极大地提高了工作效率，能够更加方便快捷地为读者提供服务。

那么，数据库是如何管理数据信息的呢？数据分析人员如何使用数据库中的数据信息呢？本章的内容将会回答这些问题。

3.1 数据库概述

数据库（Database）可视为电子化的文件柜——存储电子文件的处所。它是以一定方式储存在一起、能与多个用户共享、具有尽可能小的冗余度、与应用程序彼此独立的数据集合。用户可以对数据集合中的数据进行新增、查询、更新、删除等操作。接下来要重点介绍两种不同类型的数据库。

3.1.1 关系型数据库

关系型数据库是指采用关系模型来组织数据的数据库，其以行和列的形式存储数据，以便于用户理解。关系型数据库这一系列的行和列被称为表，一组表组成了数据库。用户通过查询来检索数据库中的数据，而查询是一个用于限定数据库中某些区域的执行代码。关系模型可以简单地理解为二维表格模型，而一个关系型数据库就是由二维表及其之间的关系组成的一个数据组织。

在关系模型中，数据结构表示为一个二维表。二维表中每一行称为一个记录，或称为一个元组。二维表中每一列称为一个字段，或称为一个属性。表中的每一个元组和属性都是不可再分的，且元组的次序是无关紧要的。二维表在生活中的应用广泛，如销售清单、工资表、人员花名册、价格表、物料清单等。图3-1中反映了两种不同数据结构的销售清单，左侧的销售清单属于非二维表结构。如果要把销售清单中的信息存储在关系型数据库中，就必须把非二维表结构转化为二维表结构。

销售时间	Q3R	Q3T	Q5N
2020/3/15	10	8	
2020/3/16	6		7
2020/3/17		40	
2020/3/18	30	10	20
2020/3/19	10		
2020/3/20	8		
2020/3/21			6
2020/3/22			6

销售时间	型号	数量
2020/3/15	Q3R	10
2020/3/15	Q3T	8
2020/3/16	Q3R	6
2020/3/16	Q5N	7
2020/3/17	Q3T	40
2020/3/18	Q3R	30
2020/3/18	Q3T	10
2020/3/18	Q5N	20
2020/3/19	Q3R	10
2020/3/20	Q3R	8
2020/3/21	Q5N	6
2020/3/22	Q5N	6

图 3-1 非二维表结构转化为二维表结构

3.1.2 非关系型数据库

非关系型数据库通常用来解决某些特定的需求，如数据缓存、高并发访问。其主要通过键值对（Key - Value）的形式存储数据。Key 是查找每条数据地址的唯一关键字，Value 是该数据实际存储的内容。例如，键值对（"20191234"，"张三"），"20191234" 是该数据的唯一入口，而"张三"是该数据实际存储的内容。非关系型数据库能够提供非常快的查询速度、大数据存放量和高并发操作，对于云计算的发展有很好的适应性。

主流的关系型数据库有 Oracle、MySQL、Microsoft SQL Server、Microsoft Access 等，每种数据库的语法、功能和特性也各具特色。MongoDB、CouchDB 等数据库是非关系型数据库的代表，能够支持海量数据访问。本章内容主要基于关系型数据库展开。

3.2 数据库的设计与创建

3.2.1 数据库的设计

1. 关系型数据库的设计过程

关系型数据库的设计过程可大体分为四个时期，如图 3-2 所示。

1）用户需求分析时期，主要是了解和分析用户对数据的功能需求和应用需求，是整个设计过程的基础，事关整个数据库应用系统设计的成败。

2）数据库设计时期，主要是将用户需求进行综合、归纳与抽象，形成一个独立的数据模型，可用实体-联系模型来表示，然后将其转换为已选好的关系型数据库管理系统所支持的一组关系模式并为其选取一个适合应用环境的物理结构，包括存储结构和存取方法。

3）数据库实现时期，包括数据库结构创建阶段和应用行为设计与实现阶段，是根据数据库的物理模型创建数据库、创建表、创建索引等。

4）数据库运行与维护时期，数据库应用系统经过试运行后即可投入正式运行。

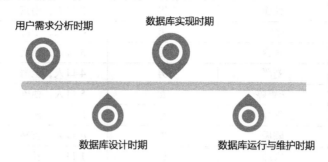

图 3-2　关系型数据库设计过程的四个时期

2. 关系型数据库的设计原则

在关系型数据库的设计过程中，要遵循以下几个原则。

（1）命名规范化

在概念模型设计中，实体、属性及相关表的结构要统一。例如在数据库设计中，指定学生 Student 专指本科生，相关的属性有学号、姓名、性别、出生年月等，且每个属性的类型、长度、取值范围等都要确定。这样就能保证在命名时不会出现同名异义或异名同义、属性特征及结构冲突等问题。

（2）数据的一致性和完整性

在关系型数据库中可以采用域完整性、实体完整性和参照完整性等约束条件来满足其数据的一致性和完整性，用 check、default、null、主键和外键约束来实现。

（3）减少数据冗余

数据库中的数据应尽可能地减少冗余，这就意味着重复数据应该尽可能少。例如：若一个部门职员的电话存储在不同的表中，假设该职员的电话号码发生变化，冗余数据的存在就要求对多个表进行更新操作，若某个表被忽略，就会造成数据不一致的情况。所以在数据库设计中一定要尽可能地减少冗余。

（4）范式理论

在关系型数据库设计时，一般是通过满足某一范式来获得一个好的数据库模式，通常认为 3NF 在性能、扩展性和数据完整性方面达到了最好的平衡，因此，一般数据库设计要求达到 3NF，消除数据依赖中不合理的部分，最终实现一个关系仅描述一个实体或者实体间一种联系的目的。

第一范式（1NF）：要求数据库表的每一列都是不可分割的原子数据项。

下面用一张学生信息表（见表 3-1）举例说明。

表 3-1 学生信息表

学号	姓名	性别	家庭信息	学校信息
20200001	李雷	男	3 口人，北京	硕士，研二
20200002	杜锋	男	2 口人，南京	本科，大四
20200003	张君	男	4 口人，上海	本科，大三
20200004	林希	男	3 口人，河南	硕士，研一
20200005	刘严	男	4 口人，上海	本科，大一
20200006	李婷婷	女	5 口人，西安	硕士，研三
20200007	王视	男	2 口人，南京	大专，大二
20200008	陈辰	男	4 口人，吉林	博士，博一
20200009	宋源	男	1 口人，长沙	博士，博三

在表 3-1 中，"家庭信息"和"学校信息"列均不满足原子性的要求，故不满足第一范式。现将表 3-1 调整为符合第一范式的学生信息表，如表 3-2 所示。

表 3-2 符合第一范式的学生信息表

学号	姓名	性别	家庭人口	户籍	学历	所在年级
20200001	李雷	男	3 口人	北京	硕士	研二
20200002	杜锋	男	2 口人	南京	本科	大四
20200003	张君	男	4 口人	上海	本科	大三
20200004	林希	男	3 口人	河南	硕士	研一
20200005	刘严	男	4 口人	上海	本科	大一
20200006	李婷婷	女	5 口人	西安	硕士	研三
20200007	王视	男	2 口人	南京	大专	大二
20200008	陈辰	男	4 口人	吉林	博士	博一
20200009	宋源	男	1 口人	长沙	博士	博三

第二范式（2NF）：在 1NF 的基础上，非码属性必须完全依赖于候选码（在 1NF 基础上消除非主属性对主码的部分函数依赖）。

下面用一张订单表（见表 3-3）举例说明。

表 3-3 订单表

订单号	产品号	产品数量	产品折扣	产品价格	订单金额	订单时间
2020003	205	100	0.9	8.9	2 870	20200103
2020003	206	200	0.8	9.9	2 870	20200103
2020005	207	200	0.75	10	2 000	20200203
2020006	207	400	0.85	12	4 800	20200206
2020007	207	1000	0.88	14	14 000	20200209
2020008	210	240	0.95	8	12 255	20200423
2020008	211	300	0.75	8	12 255	20200423
2020008	212	350	0.8	15.9	12 255	20200423

在表 3-3 中，同一个订单中可能包含不同的产品，因此主键必须由订单号和产品号联合组成，但可以发现，产品数量、产品折扣、产品价格与订单号和产品号都相关，但是订单金额和订单时间仅与订单号相关，与产品号无关，这样就不满足第二范式的要求，需要调整为两张表，如表 3-4 和表 3-5 所示。

表 3-4　符合第二范式的订单表 1

订单号	订单金额	订单时间
2020003	2 870	20200103
2020003	2 870	20200103
2020005	2 000	20200203
2020006	4 800	20200206
2020007	14 000	20200209
2020008	12 255	20200423
2020008	12 255	20200423
2020008	12 255	20200423

表 3-5　符合第二范式的订单表 2

订单号	产品号	产品数量	产品折扣	产品价格
2020003	205	100	0.9	8.9
2020003	206	200	0.8	9.9
2020005	207	200	0.75	10
2020006	207	400	0.85	12
2020007	207	1000	0.88	14
2020008	210	240	0.95	8
2020008	211	300	0.75	8
2020008	212	350	0.8	15.9

第三范式（3NF）：在 2NF 的基础上，任何非主属性不依赖于其他非主属性（在 2NF 基础上消除传递依赖）。

第三范式需要确保数据表中的每一列数据都和主键直接相关，而不能间接相关。下面还是以一张学生信息表举例说明。在表 3-6 中，所有属性都完全依赖于学号，所以满足第二范式，但是"班主任性别"和"班主任年龄"直接依赖的是"班主任姓名"，而不是主键"学号"。现将表 3-6 调整为符合第三范式的学生信息表，如表 3-7 所示。

表 3-6　学生信息表

学号	姓名	性别	家庭人口	班主任姓名	班主任性别	班主任年龄
20200001	李雷	男	3 口人	陈洁	女	35
20200002	杜锋	男	2 口人	陈洁	女	35
20200003	张君	男	4 口人	陈洁	女	35
20200004	林希	男	3 口人	李丽	女	32
20200005	刘严	男	4 口人	李丽	女	32
20200006	李婷婷	女	5 口人	王安	男	29
20200007	王视	男	2 口人	南林	男	34
20200008	陈辰	男	4 口人	南林	男	34
20200009	宋源	男	1 口人	王安	男	29

表3-7 符合第三范式的学生信息表

学号	姓名	性别	家庭人口	班主任姓名	班主任性别	班主任年龄
20200001	李雷	男	3口人	陈洁	女	35
20200002	杜锋	男	2口人	陈洁	女	35
20200003	张君	男	4口人	陈洁	女	35
20200004	林希	男	3口人	李丽	女	32
20200005	刘严	男	4口人	李丽	女	32
20200006	李婷婷	女	5口人	王安	男	29
20200007	王视	男	2口人	南林	男	34
20200008	陈辰	男	4口人	南林	男	34
20200009	宋源	男	1口人	王安	男	29

3.2.2 数据库的创建

在掌握数据库的设计过程和设计原则之后，我们就可以动手创建数据库。数据库的创建需要在数据库软件中进行操作，下面我们在微软公司的数据库软件SQL Server 2017中完成数据库的创建。

【练一练】

步骤1：连接数据库服务器。

选择"开始"→"程序"→"SQL Server Management Studio"命令，在"连接到服务器"界面中选择服务器名称和验证方式，单击"连接"按钮进入"对象资源管理器"界面。"连接到服务器"界面和"对象资源管理器"界面分别如图3-3和图3-4所示。

图3-3 "连接到服务器"界面

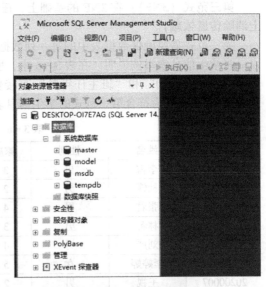

图3-4 "对象资源管理器"界面

步骤2：创建数据库。

右击"对象资源管理器"界面中的"数据库"，在弹出的快捷菜单中选择"新建数据库"命令，进入"新建数据库"界面，填写数据库名称"Test"，单击"确定"按钮，完成数据库的创建。操作过程和创建结果分别如图3-5和图3-6所示。

 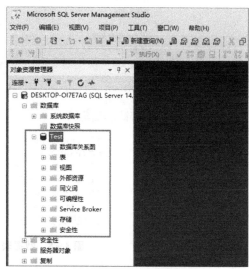

图3-5　创建数据库的操作过程　　　　图3-6　数据库"Test"的创建结果

步骤3：创建数据表。

右击"对象资源管理器"界面"Test"数据库中的"表"，在弹出的快捷菜单中选择"新建数据表"命令，进入"新建数据表"界面，填写数据表名称，填写列名和数据类型，然后单击"保存"按钮。下面以表3-2中的数据为例，在数据库中创建一个数据表，并命名为"StudentInfo"，操作过程和创建结果分别如图3-7和图3-8所示。

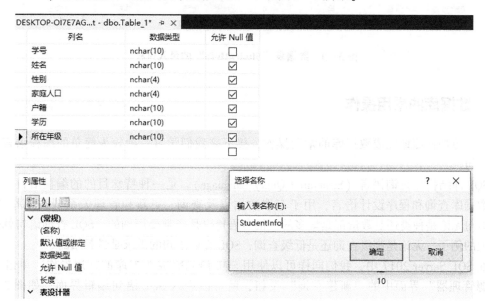

图3-7　创建数据表的操作过程

图 3-8 数据表 "StudentInfo" 的创建结果

步骤 4：在数据表中录入数据。

右击"对象资源管理器"界面中的"StudentInfo 数据表"，在弹出的快捷菜单中选择"编辑前 200 行"命令，就可以在数据表中录入表 3-2 中的数据。数据录入过程如图 3-9 所示。

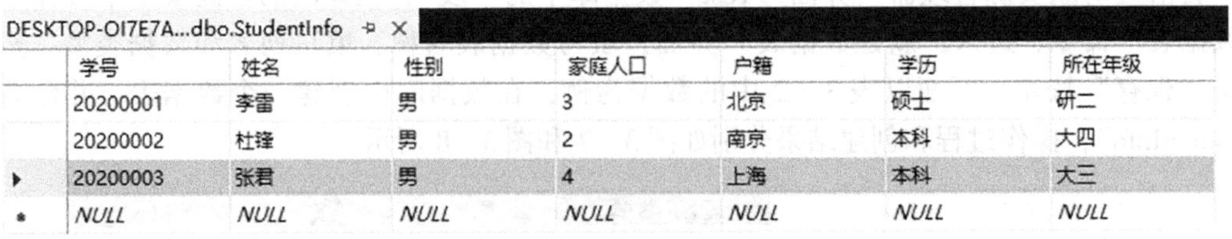

图 3-9 数据表 "StudentInfo" 的录入过程

3.3 数据库的常用操作

为了更加便捷地完成数据库的常用操作，接下来我们学习一种较为简单的编程语言——SQL 语句。

SQL 即结构化查询语言（Structured Query Language），是一种特殊目的的编程语言。它是一种数据库查询和程序设计语言，用于存取数据以及查询、更新和管理关系型数据库系统。SQL 语句无论是种类还是数量都是繁多的，很多语句也是经常要用到的，SQL 查询语句就是一个典型的例子，无论是高级查询还是低级查询，SQL 查询语句的需求是最频繁的。

在 SQL Server 2017 中，我们同样可以使用 SQL 语句完成数据库的常用操作。单击"对象资源管理器"界面中的"新建查询"按钮，就可以进入 SQL 语句编辑界面，如图 3-10 所示。

第3章
数据库创建

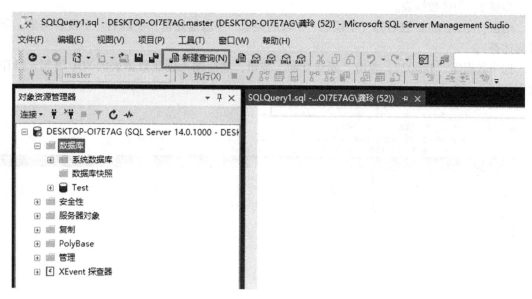

图 3-10　SQL 语句编辑界面

步骤 1：创建数据库。

语法：create database 数据库名称。

在 SQL Server 2017 的"对象资源管理器"界面中单击"新建查询"按钮，进入 SQL 语句编辑界面。输入创建数据库的 SQL 语句，单击"执行"按钮，SQL 语句编辑栏下方的消息栏显示"命令已成功完成"，数据库"Test 02"创建成功。操作过程如图 3-11 所示。

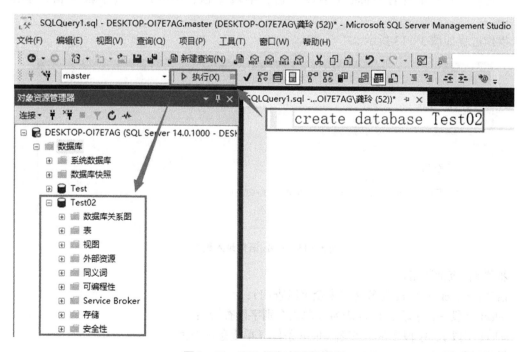

图 3-11　SQL 语句创建数据库

步骤2：创建数据表。

语法：create table 表名称（字段名、字段名类型、字段描述符，字段名、字段名类型、字段描述符）。

选中数据库"Test02"，单击"新建查询"按钮，然后输入创建数据表的SQL语句，操作过程如图3-12所示。

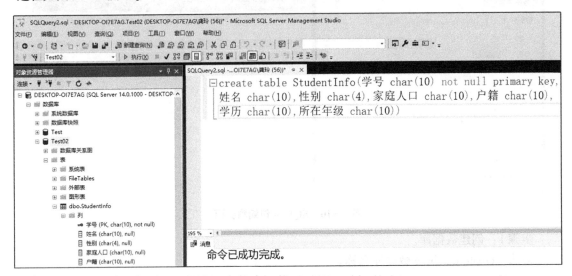

图3-12　SQL语句创建数据表

步骤3：录入数据。

语法：insert into 表名 values（字段1值，字段2值，……），（字段1值，字段2值，……）。

操作过程如图3-13所示。

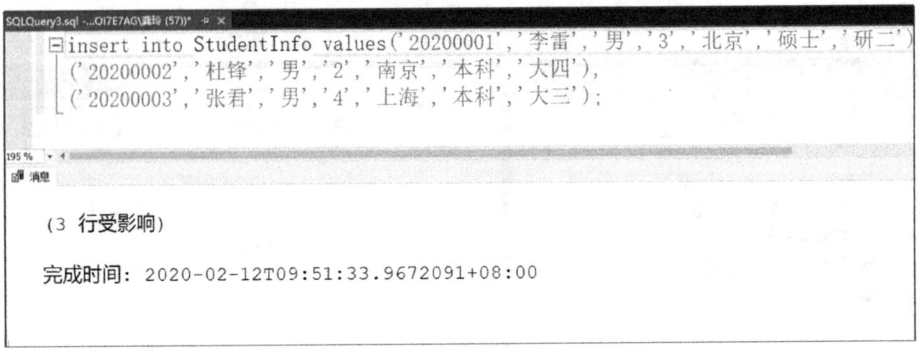

图3-13　SQL语句录入数据

步骤4：查询数据。

语法：select * from 表名（单表全字段查询）；

select 字段一，字段二 from 表名（单表个别字段查询）；

select 字段1，字段2 from 表名 where 条件（单表条件查询）。

操作过程如图3-14～图3-16所示。

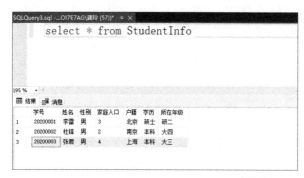

图 3-14 单表全字段查询

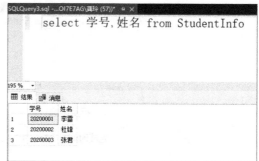

图 3-15 单表个别字段查询

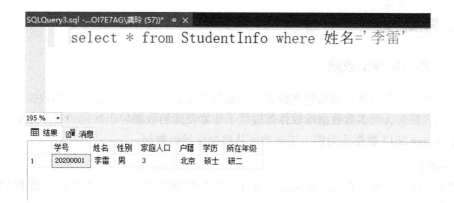

图 3-16 单表条件查询

步骤 5：修改数据。

语法：update 表名 set 更改的字段名 = 值 where 条件。

操作过程如图 3-17 所示。

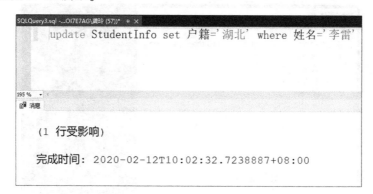

图 3-17 数据修改

步骤 6：删除数据。

语法：delete from 表名 where 条件。

操作过程如图 3-18 所示。

SQL 语句的功能十分强大，这里只列举出一些常用的语法。有兴趣的同学可以在网上搜索更为全面的 SQL 语句语法知识进行学习。

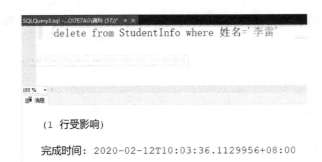

（1 行受影响）

完成时间：2020-02-12T10:03:36.1129956+08:00

图 3－18　数据删除

3.4　数据预处理

3.4.1　从数据库导出数据

数据库的主要作用是存储和管理数据，那么数据库是否支持将数据库中的数据导出到数据分析软件呢？目前，大多数数据库软件都提供了非常便捷的数据导出功能。接下来我们还是以微软 SQL Server 2017 数据库为例，讲解如何从数据库导出数据。

【练一练】

步骤1：打开"SQL Server Management Studio"管理工具，找到需要导出数据的表，如图 3－19所示。

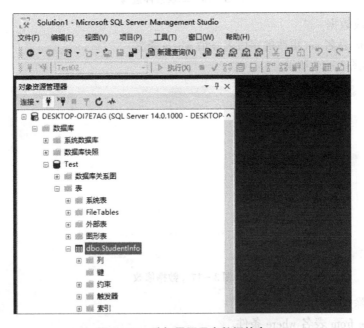

图 3－19　选择需要导出数据的表

步骤2：使用 SQL 语句查询该数据表中的所有数据，操作过程如图 3－20 所示。

第 3 章
数据库创建

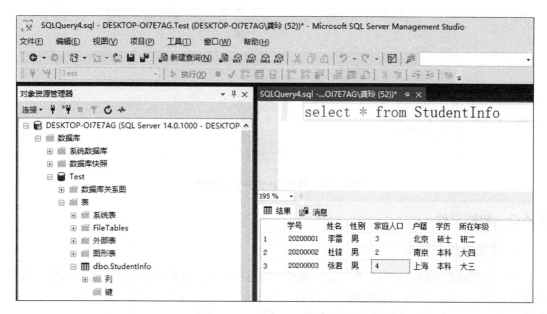

图 3-20　用 SQL 语句查询数据表中的全部数据

步骤 3：在查询结果的空白处右击，从弹出的快捷菜单中选择"将结果另存为"命令，在弹出的"保存网格结果"对话框中将保存类型设为"CSV"，再单击"保存"按钮。操作过程如图 3-21 所示。

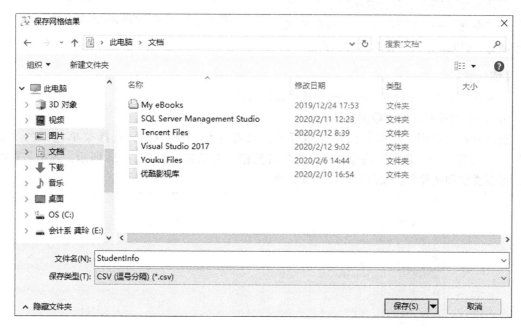

图 3-21　数据导出为 CSV 文件

步骤 4：数据导出后，我们直接使用 Excel 软件打开导出文件，数据库中查询的数据结果都在文件里了。导出文件的内容如图 3-22 所示。接下来我们就可以使用 Excel 软件对导出的数据进行整理。

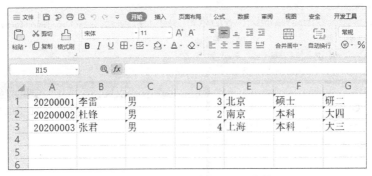

图 3-22　用 Excel 打开 CSV 文件

3.4.2　数据文件

1. 数据文件的导入

在数据预处理阶段，我们常常需要对数据文件进行处理，数据文件的建立可以利用文件菜单中的命令来实现。SPSS 软件提供了三种创建数据文件的方法，分别是新建数据文件、直接打开已有数据文件以及使用数据库导入数据文件。

方法 1：新建数据文件。

打开 SPSS 软件后，选择菜单栏中的"文件"→"新建"→"数据"命令，可以创建一个新的数据编辑窗口，如图 3-23 所示。

图 3-23　使用 SPSS 新建数据文件

【练一练】

使用新建数据文件的方式打开一个新的数据编辑窗口。

方法 2：直接打开已有数据文件。

这种方式很常用，数据是已经存储好的，只需打开 SPSS 软件，选择菜单栏中的"文件"→"打开"→"数据"命令，弹出"打开数据"对话框，如图 3-24 所示，选中需要打开的数据类型和文件名，双击即可打开该文件。

图 3-24　使用 SPSS 直接打开数据文件

方法3：使用数据库导入数据文件。

这种方式是将本来存储在数据库中的数据文件导入 SPSS，需要在打开 SPSS 软件后，选择菜单栏中的"文件"→"打开"→"数据库"命令，弹出"数据库向导"对话框，如图 3-25 所示，通过该对话框，用户可以选择需要打开的文件类型，并按照界面上的提示进行相关操作。

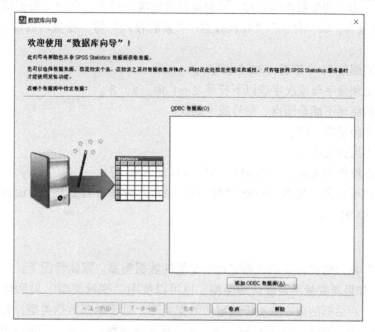

图 3-25　使用 SPSS 数据库向导

2. 数据文件的属性

用户可以在创建了数据文件后，单击数据浏览窗口左下方的"变量视图"选项卡，进入数据结构定义窗口，如图 3-26 所示，用户可以在该窗口中设定或修改文件的各种属性。在这个窗口可以看到整个数据文件的结构，一个完整的 SPSS 文件的结构包括变量名称、变量类型、变量名标签、变量值标签等内容。

	名称	类型	宽度	小数	标签	值	缺失	列	对齐	度量标准
1	age	数值(N)	4	0	年龄	无	无	8	右(R)	度量(S)
2	marital	数值(N)	4	0	婚姻状态	{0, 未婚}...	无	8	右(R)	度量(S)
3	income	数值(N)	8	2	家庭收入（千）	无	无	8	右(R)	度量(S)
4	inccat	数值(N)	8	2	收入级别	{1.00, < $25...	无	8	右(R)	有序
5	car	数值(N)	8	2	首车价格	无	无	8	右(R)	度量(S)
6	carcat	数值(N)	8	2	首车价格级别	{1.00, 经济...	无	8	右(R)	有序
7	ed	数值(N)	4	0	受教育水平	{1, 未完成高...	无	8	右(R)	度量(S)
8	employ	数值(N)	4	0	当前工作受雇年...	无	无	8	右(R)	度量(S)
9	retire	数值(N)	4	0	是否已经退休	{0, 未退休}...	无	8	右(R)	度量(S)
10	empcat	数值(N)	4	0	当前工作受雇年...	{1, 少于5年}...	无	8	右(R)	有序
11	jobsat	数值(N)	4	0	工作满意程度	{1, 很不满意}...	无	8	右(R)	度量(S)
12	gender	字符串	2	0	性别	{f, 女}...	无	8	左(L)	名义
13	reside	数值(N)	4	0	家庭人口	无	无	8	右(R)	度量(S)
14	news	数值(N)	4	0	订阅报纸	{0, 订阅}...	无	8	右(R)	度量(S)

图 3-26　SPSS 的变量视图

数据文件中的一列数据称为一个变量，每个变量都有一个变量名；数据文件中的一行数据称为一个观测量。

(1) 变量名

"变量视图"窗口的变量名即名称，是变量存取的唯一标志。在定义数据属性时应首先给出每列变量的变量名，如"性别""收入级别""家庭收入"等。变量名的设定应遵循以下 7 条基本规则：

1) 长度不能超过 64 个字符（32 个汉字）。
2) 首字母必须是字母或汉字或以下符号之一：@、#、$。
3) 变量名的结尾不能是圆点、句号或下划线。
4) 变量名必须是唯一的。
5) 变量名不区分大小写。
6) 保留字不能作为变量名，如 ALL、NE、EQ 和 AND 等。
7) 如果用户不指定变量名，SPSS 软件会以 VAR 开头来命名变量，后面跟 5 个数字，如 VAR00001、VAR00019 等。

(2) 类型

"变量视图"窗口的类型是用于界定每个变量的数据类型。默认情况下，假定所有新变量都为数值变量，如果新变量不是默认的类型，也可以使用"变量类型"对话框来更改数据类型。"变量类型"对话框的内容取决于选定的数据类型。对于某些数据类型，有关于宽度和小数位数的，可在变量视图界面进行设置。选中某个变量的属性单元格，再单击单元格右侧出现的按钮，如图 3-27 所示。弹出如图 3-28 所示的"变量类型"对话框，选择相应的单选按钮，再单击"确定"按钮即可完成设置。对于其他数据类型，只需从可滚动的示例列表中选择一种格式即可。

图 3-27 设置数据类型

图 3-28 设置变量类型

【选项解释】

数值：同时可定义数值的宽度，即整数部分 + 小数点 + 小数部分的位数，默认为 8 位，定义小数位数，默认为 2 位。

逗号：变量值显示为每3位用逗号分隔，并用句点作为小数分隔符的数值变量。数据编辑器为逗号变量接受带或不带逗号的数值，或以科学计数法表示的数值。值的小数指示符右侧不能包含逗号。

点：变量值显示为每3位用句点分隔，并带有逗号作为小数分隔符的数值变量。数据编辑器为点变量接受带或不带点的数值，或以科学计数法表示的数值。值的小数指示符右侧不能包含句点。

科学计数法：需要同时定义数值宽度和小数位数，在数据编辑窗口中数值以指数形式显示。例如，定义数值宽度为9，小数位数为2，则12345678显示为1.23E+004。

日期：用户可从系统提供的日期格式中选择合适的类型。例如，若选择"mm/dd/yy"，则2019年1月11日显示为"011119"。

美元：用户可从系统提供的形式列表中选择合适的类型，并定义数值宽度和小数位数，格式为带有前缀"$"的数值。

设定货币：一种数值变量，其值以自定义货币格式中的一种显示，自定义货币格式是在"选项"对话框的"货币"选项卡中定义的。定义的自定义货币字符不能用于数据输入，但显示在数据编辑器中。

字符串：字符串变量的值不是数值，因此不能用在计算中。字符串值可以包含任何字符，可包含的最大字符数不超过定义的长度。字符串变量区分大小写字母，此类型又称为字母数值变量。

(3) 宽度

"变量视图"窗口的宽度是指在数据窗口中变量列所占的单元格的列宽度，一般用户采用系统默认选项即可。值得注意的是，如果变量宽度大于变量格式宽度，此时数据窗口中显示变量名的字符数不够，变量名将被截去尾部不能完全显示，被截去的部分用"*"代替。

(4) 小数位

"变量视图"窗口的小数位是用于设置数值变量的小数位数，当变量为非数值型时无效，默认小数位数为2。

(5) 标签

"变量视图"窗口的标签是对变量名含义的进一步解释说明，它可以增强变量名的可视性和统计结果的可读性。有时用户会处理大规模数据，变量数目繁多，此时对每个变量的含义加以标注，类似于加个备注或标签，有利于用户弄清每个变量代表的实际含义。变量名标签可用中文，总长度可达120个字符。当然，也可以不加标签，但建议最好给出变量名的标签。

(6) 值

"变量视图"窗口的值是对变量的可能取值的含义做进一步说明，是取值的各个选项。变量值标签对于原本是数值型变量，而用来表示非数值型变量时尤其有用。例如婚姻状态的表达形式，用0表示未婚，1表示已婚，在婚姻状态对应的单元格里单击如图3-29所示的按钮，再在弹出的值标签窗口添加取值的含义，如图3-30所示。

图 3-29 打开值设置按钮

图 3-30 值标签的添加

(7) 缺失值

"变量视图"窗口的缺失值是指在统计分析中，收集到的数据可能会出现这样的情况：一种是数据中出现明显的错误和不合理的情形；另一种是有些数据项漏填了。在"变量视图"窗口，单击【缺失】栏任一单元格右侧按钮，在弹出的如图 3-31 所示的对话框中可以选择 3 种缺失值定义方式。

(8) 列

"变量视图"窗口的列主要用于定义列宽，单击其向上和向下的按钮可选定列宽度，系统默认宽度为 8。

图 3-31 缺失值定义

(9) 对齐

"变量视图"窗口的对齐主要用于定义变量对齐方式，和在 Word 里使用的对齐方式一样，用户可以选择左（左对齐）、右（右对齐）和居中（居中对齐），系统默认变量右对齐。

(10) 度量标准

"变量视图"窗口的度量标准主要用于定义变量的测度水平，用户可以选择度量（定距型数据）、有序（定序型数据）和名义（定类型数据）。

【练一练】

根据配套资源中的数据 Data03-01，依据要求在 SPSS 软件中设计表格的属性，并保存为 Data04-01（第 4 章备用），相关操作如图 3-32~图 3-41 所示。

图 3-32 变量视图的属性要求

1）marital 婚姻状态值标签设置要求：0 代表未婚，1 代表已婚，设置如图 3-33 所示。

2）inccat 收入级别标签设置要求：1 代表小于 $25，2 代表 $25～$49，3 代表 $50～$74，4 代表大于 $75，设置如图 3-34 所示。

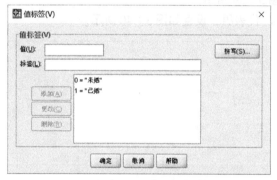

图 3-33 marital 值标签

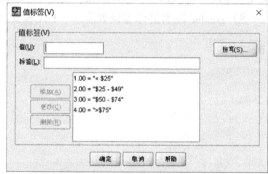

图 3-34 inccat 值标签

3）carcat 首车价格级别值标签设置要求：1 代表经济型，2 代表标准型，3 代表豪华型，设置如图 3-35 所示。

4）ed 受教育水平值标签设置要求：1 代表未完成高中教育，2 代表高中，3 代表大学，4 代表研究生，设置如图 3-36 所示。

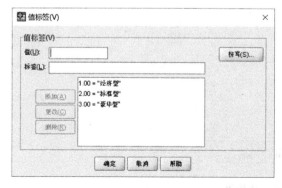

图 3-35 carcat 值标签

图 3-36 ed 值标签

5）retire 是否已经退休值标签设置要求：0 代表未退休，1 代表已退休，设置如图 3-37 所示。

6）empcat 当前工作受雇年限等级值标签设置要求：1 代表少于 5 年，2 代表 5~15 年，3 代表 15 年以上，设置如图 3-38 所示。

图 3-37　retire 值标签

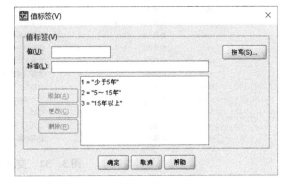

图 3-38　empcat 值标签

7）jobsat 工作满意程度值标签设置要求：1 代表很不满意，2 代表有些不满意，3 代表不确定，4 代表比较满意，5 代表很满意，设置如图 3-39 所示。

8）gender 性别值标签设置要求：f 代表女，m 代表男，设置如图 3-40 所示。

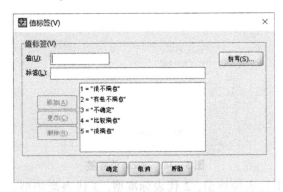

图 3-39　jobsat 值标签

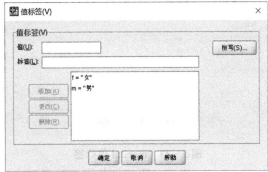

图 3-40　gender 值标签

9）news 订阅报纸值标签设置要求：0 代表订阅，1 代表没有订阅，设置如图 3-41 所示。

图 3-41　news 值标签

3.4.3 数据分类

不同类型的数据具有不同的性质，数据性质是选择数据分析方法的决定因素。因此，能对数据进行正确分类是进行数据分析并取得正确分析结果的基础。例如，从公司运营的角度出发，数据可以分为生产数据、销售数据和财务数据等；从政府关心的经济社会生活角度出发，数据可以分为人口数据、交通数据、物价数据和财政数据等。

从方便数据处理和分析的角度出发，常用的数据分类方式有三种，分别是从数据的结构类型、数据的连续性特征和数据的测量尺度三个角度出发对数据进行分类。

1．按数据的结构类型分类

数据按结构类型分类，可分为结构化数据和非结构化数据两种类型。这两种数据类型不仅存储形式不同，而且它们的数据处理和分析方法也有很大差别。按数据的结构类型分类位于所有数据分类的顶层，也就是说，这种数据分类方式能够覆盖所有的信息数据，也是经常使用的分类方式。

（1）结构化数据

结构化数据就是我们听到"数据"这个词语时，马上会想起的"数据"形象的数值。目前，发展最成熟的数据库的存储对象基本上是结构化数据，如企业的 ERP 系统、数字化校园的数据库、公共交通卡数据库和企业网络报销系统数据库等数据库基本上是面向结构化数据的，因为这些数据都是数值型且必须遵循特定的规则。

对存储在数据库中的结构化数据，能够很方便地进行检索、分析以及展示分析结果。结构化数据是进行数据分析的基本类型，大多数的数据分析方法面向的也都是结构化数据。

（2）非结构化数据

非结构化数据是相对于结构化数据而言的，它的存在形式千变万化，不一定是数值，它们没有统一的规制，包括视频、音频、图片、图像、文档和文本等形式。例如，医疗影像系统、视频监控系统和媒体资源管理系统等处理的都是非结构化数据。

在这些数据库中检索非结构化数据，主要通过数据信息的名称和关键词。目前，这类数据基本上无法直接进行数据分析，只能通过量化的方法，将非结构化的数据量化为结构化数据，然后才能进行数据分析。

例如人脸识别系统，它能够快速识别和采集图片中人的脸部特征数据，并与数据库中的其他人脸特征数据进行对比，从而判断图片里的人是否为目标人。人脸识别系统的分析模型会按照预先设计好的脸部模型对图片中人的脸部特征进行量化处理，形成结构化数据，然后将量化后的脸部结构化数据在数据库中进行检索，从而得出检索结果。

非结构化数据类型是互联网中增长速度最快的数据类型，所以非结构化数据的量化分析产业也是数据时代的发展热点。

在数据时代，虽然非结构化数据增长很快，但是，结构化数据依旧是数据分析的基本类型，大多数情况下，非结构化数据都需要量化为结构化数据以后才能进行有效的分析。

2．按数据的连续性特征分类

数据按照它们的连续性进行分类，可以分为离散型数据和连续型数据。离散型数据和连续型数据大量存在于社会生活中。

以一个生活案例来理解：大家平时逛超市会看到，超市里一般有两种蔬菜的销售方式。一种是散装销售，顾客自己挑拣装袋，然后按照蔬菜的重量计算价格，如 6 元/千克。另一种是包装销售，顾客不用挑拣装袋，只需按照蔬菜的包装单位计算价格，如 8 元/盒。

【想一想】通过下面的学习，思考这个例子中，什么是连续型数据？什么是离散型数据？

(1) 连续型数据

连续型数据的取值从理论上讲是不间断的，在任意区间内都可以取无限多个数值。也就是说，可以无限地细分到任意小数位。例如，购买价格便宜的蔬菜时，计算价格一般只需将重量精确到 0.1 千克即可，如 8.8 千克、1.6 千克等。但是如果购买的是人参、鹿茸等价格昂贵的中药材，那么就会将重量精确到克，也就是以 0.001 千克来计算价格。

因此，在本例中，商品重量是一种连续型数据，可以根据实际情况精确到任意小数位。

(2) 离散型数据

离散型数据与连续型数据不同，它们的数值是间断的。也就是说，只能取任意区间内的某些固定数值，最常见的离散型数据是计数数据。

例如，上面例子中提到的包装蔬菜的包装单位，人们在购买包装蔬菜时，可以购买 5 盒、9 袋，却不能要求商家将包装蔬菜拆散，然后购买 5.3 盒、9.2 袋。

离散型数据除了整数数值以外，也可以是小数数值，只不过两个数值之间不能无限取值。例如，三个好朋友下班后去 AA 制聚餐，最后的餐费是 200 元，平均每个人是 66.66 元，无法做到绝对平均，只能是有人稍微多出点，做到相对平均，这里每个人的餐费就是离散型数据。

连续型数据和离散型数据在数据的分布形态上有明显区别，而数据的分布形态特征是进行数据分析的重要切入点。可以用"点"和"线"的特点来形象理解，很多个点不连接排列，就相当于离散型数据；数值之间的距离可以无限小的线，就相当于连续型数据。因此，对数据进行正确的连续性质的分类是掌握数据分布特点，进而决定数据分析结果准确与否的重要条件之一。

3. 按数据的测量尺度分类

测量尺度可以形象地理解为一种测量工具，它可以用于测量事物，从而产生测量数据。运用测量尺度，每一个被测事物的某个特征都可以与测量尺度上的一个具体数值形成对应关系。根据测量尺度的不同，测量得到的数据可以分为四种类型：定类数据、定序数据、定距数据和定比数据。

(1) 定类数据

如果通过测量尺度测量事物的某个特征，得到的特征数据仅仅能够标记事物的不同类别，却不能说明事物的大小、高度或重量等其他量化特征属性，那么这样的数据被称为定类数据。

超市的管理者可以通过对商品进行品类管理，提高商品的检索和分析效率，并制订营销计划。例如，某个超市将所有的商品分成五类，如表 3-8 所示，在统计表中，商品的分类信息被表示为字母、汉字和数字三种形式，它们都能够达到对商品分类的目的。但是，由于计算机数据计算和存储的二进制特性，为了提高计算机的运行速度和计算结果的准确性，一般会将字母和汉字等分类信息数据转换成数值形式或额外添加数值标签，这些数值不代表大小信息，只代表类别信息。

表 3-8　产品分类表

字母代号	A	B	C	D	E
产品名称	零食	饮料	日化用品	生鲜	调料
数字标签	1	2	3	4	5

因此，定类数据的数值是没有数学意义上的大小关系，它们仅仅代表被测量事物分属在哪个不同的类别或范畴里。这些数值只能用于判断事物"等于"或"不等于"某个事物类型，不能进行加减乘除运算，运算的结果是没有意义的。

（2）定序数据

定序数据不但能够将被测事物进行分类，还能够比较被测事物的大小。例如，学校的老师在每次考试结束之后，都会按照学生的考试成绩高低将所有的学生进行排名。表 3-9 为对三个学生语、数、外考试成绩的总分进行排序，这里的总分排名就是定序数据。

表 3-9　成绩排名表

学号	姓名	总分	排名
012019010008	周小熏	291	1
012019010026	李鑫	287	2
012019010003	钱多多	285	3

因此，定序数据不但有判断被测事物"等于"或"不等于"某个事物类别的功能，而且还能将被测事物用"大于"或"小于"号连接起来，比较它们之间的大小或高低。

（3）定距数据

定距数据是我们生活中比较常见的数据类型，相较于定类数据和定序数据，定距数据才是对事物特征准确的描述。例如，一个班级的学生的考试成绩就是定距数据，表 3-9 中按照考试成绩总分将所有的学生进行排名，此外还能够将不同学生的考试成绩相减，得到的数值表示两个学生之间的成绩差距。

因此，定距数据不仅具备定类数据和定序数据的分类和排序作用，还能够进行数值加减，以描述数据之间精准的相加结果或数值差距。

（4）定比数据

定比数据和定距数据属于同一个层次，它可以看作特殊的定距数据。定比数据除具有定距数据的分类、排序和加减性质，还具有乘和除的数学特质。两者的区别在于是否存在绝对零点，定比数据和定距数据都包括数值 0，定距数据的 0 表示一个数值，而定比数据的 0 表示没有。

例如，在摄氏温度中，0℃ 表示海平面高度上水结冰的温度，温度属于定距数据；而销售额为 0，表示没有生意，没有卖出任何商品，所以销售额属于定比数据。

在实际的生产和生活中，数值 0 在大多数情况下都表示没有的含义，如长度、高度、利润、薪酬和产值等，所以在实际的数据分析中，使用最多的是定比数据。因为定距数据和定比数据只是在0的含义上有区别，故常看作一类，称为定距数据。

【想一想】通过对3.4.2数据文件属性的学习，结合自己的生活经验，讨论原始数据可能存在哪些问题？

3.4.4 数据误差形式

在数据预处理阶段，会对数据进行重新审查和校验，这一步主要的工作是删除重复信息、纠正错误信息，并保证数据的一致性。数据主要存在以下几类误差形式：

1. 缺失数据

这一类误差主要是一些应该有的信息缺失，如供应商的名称、分公司的名称、客户的区域信息缺失，业务系统中主表与明细表不能匹配。

2. 错误数据

这一类错误产生的原因是业务系统不够健全，在接收输入后没有进行判断而直接写入后台数据库。例如：数值数据输成全角数字字符、字符串数据后面有一个回车操作、日期格式不正确、日期越界等。

3. 重复数据

这一类数据，如二维表中会经常出现完全相同的两条或多条数据记录。

总而言之，数据预处理是一个反复的过程，不可能在几天内完成，需要不断地发现问题并解决问题。

3.4.5 缺失值的处理

缺失值的处理主要有以下几种方式：①大多数情况下，缺失的值必须手工填入（即手工清理）；②如果某些缺失值可以从本数据源或其他数据源推导出来，就可以用平均值、最大值、最小值或更为复杂的概率估计代替缺失的值，从而达到清理的目的；③将不匹配的数据过滤出来，按缺失的内容分别写入不同的Excel文件，并提交给客户，要求客户在规定的时间内补全，补全后再写入数据库。

【练一练】

【例3-1】表3-10是存在缺失值的学生信息表，将表格数据输入SPSS并完成缺失值处理。

表3-10 学生信息表

学号	姓名	性别	身高（厘米）	体重（公斤）	籍贯
12019020001	胡一费	女			四川
12019020002	张丹	女	160	48	云南
12019020003	范多多	女	165	50	重庆
12019020004	王强	男			贵州

（续）

学号	姓名	性别	身高（厘米）	体重（公斤）	籍贯
12019020005	李　静	女	158	44	重庆
12019020006	钱　宝	男			山东
12019020007	李　立	男	178	65	四川
12019020008	陈　彬	女	160	55	北京

在 SPSS 软件中，对于缺失值提供了两种处理方法：①缺失值分析；②缺失值替代。因此，下面分别使用两种方法演示缺失值的处理。

1. 缺失值分析

步骤1：打开 SPSS 软件，在“变量视图”窗口设计各个变量属性，在“数据视图”窗口输入表3－10中的数据，如图3－42所示。

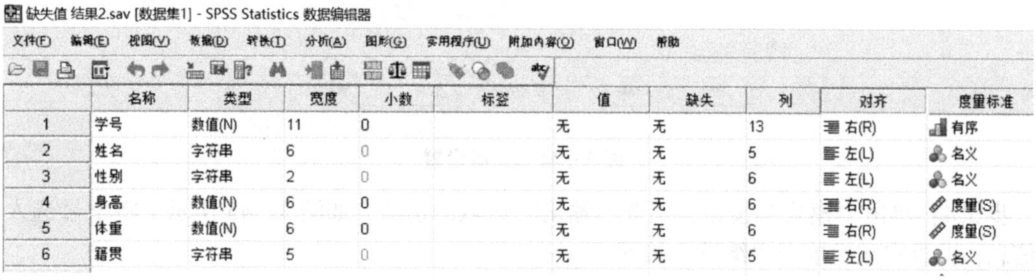

	名称	类型	宽度	小数	标签	值	缺失	列	对齐	度量标准
1	学号	数值(N)	11	0		无	无	13	右(R)	有序
2	姓名	字符串	6	0		无	无	5	左(L)	名义
3	性别	字符串	2	0		无	无	6	左(L)	名义
4	身高	数值(N)	6	0		无	无	6	右(R)	度量(S)
5	体重	数值(N)	6	0		无	无	6	右(R)	度量(S)
6	籍贯	字符串	5	0		无	无	5	左(L)	名义

图3－42　输入数据

步骤2：选择菜单栏中的“分析”→“缺失值分析”命令，如图3－43所示。

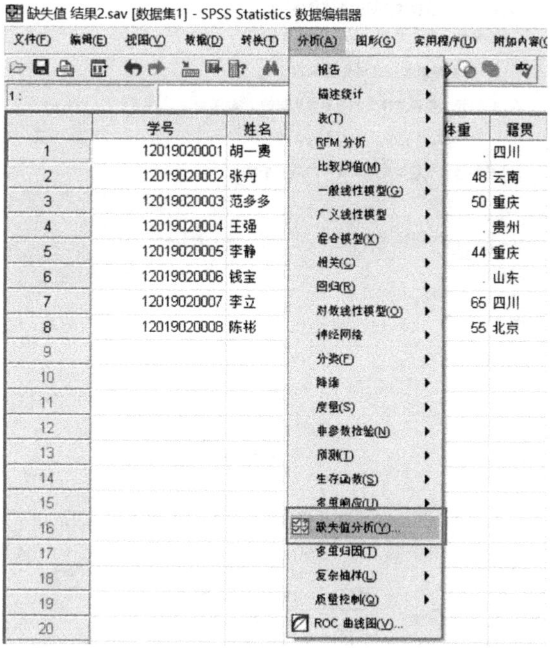

图3－43　缺失值分析

步骤3：在弹出的"缺失值分析"对话框中，将身高、体重选入定量变量，将学号选入分类变量，籍贯放入个案标签，如图3-44所示。

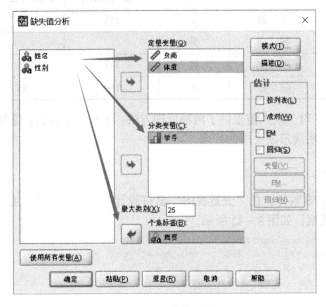

图3-44 变量设置

步骤4：单击"模式"按钮，勾选"输出"区域的选项，如图3-45所示，将学号选入附加信息，设置完成后单击"继续"按钮。

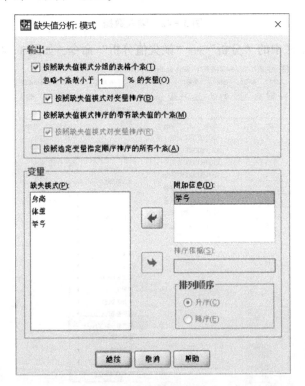

图3-45 模式设置

步骤5：单击"描述"按钮，在描述统计界面勾选选项，如图3-46所示，单击"继续"按钮。

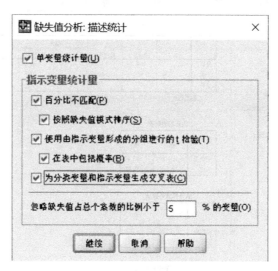

图3-46 描述统计设置

步骤6：在"缺失值分析"对话框勾选"估计"功能区的"回归"选项，如图3-47所示，勾选"回归"选项，设置完成后单击"确定"按钮。

图3-47 回归选项设置

步骤7：软件自动输出分析结果，如图3-48所示。

通过SPSS的缺失值分析，可以得出身高和体重两个变量分别存在3个缺失值，占比37.5%。分别对这3个缺失值对应的学号和籍贯进行交叉制表，便于看出是哪个学号和籍贯对应的身高和体重的值缺失，并对身高和体重进行了回归分析，回归分析将在后面章节详细讲解。

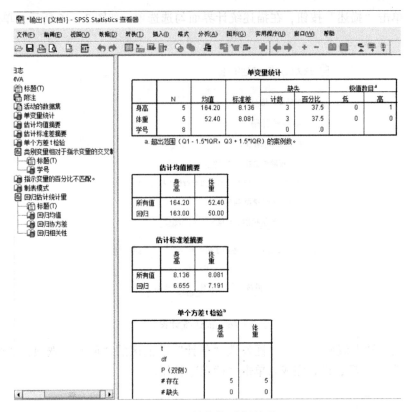

图 3-48 缺失值 分析结果

2. 缺失值替代

步骤 1：打开 SPSS 软件，选择菜单栏中的 "转换" → "替换缺失值" 命令，如图 3-49 所示。

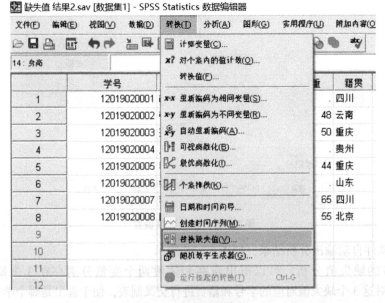

图 3-49 替换缺失值

步骤2：在弹出的"替换缺失值"对话框中，"新变量"列表框会自动出现新的身高和体重的变量名，如图3-50所示。

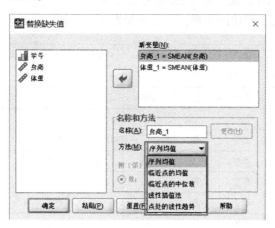

图3-50　"替换缺失值"对话框

步骤3：单击"方法"下拉按钮，可以看到软件提供了5种替换缺失值的方法，本案例选择"临近点的均值"，单击"确定"按钮，如图3-51所示。

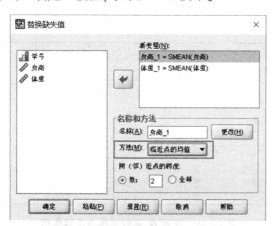

图3-51　设置替换缺失值的方法

步骤4：自动输出替换结果，如图3-52所示。

图3-52　替换缺失值结果

【练一练】

【例3-2】将表3-10的数据输入Excel并进行缺失值处理。

步骤1：录入数据后，新建两个列，列名分别为身高1和体重1，如图3-53所示。

学号	姓名	性别	身高(cm)	体重(kg)	籍贯	身高1	体重1
12019020001	胡一费	女			四川		
12019020002	张丹	女	160	48	云南		
12019020003	范多多	女	165	50	重庆		
12019020004	王强	男			贵州		
12019020005	李静	女	158	44	重庆		
12019020006	钱宝	男			山东		
12019020007	李立	男	178	65	四川		
12019020008	陈彬	女	160	55	北京		

图3-53 数据录入Excel

步骤2：使用IF函数，用均值替换缺失值，并利用公式填充新的身高列数据，如图3-54所示。

G2 fx =IF(D2="",AVERAGE($D$2:$D$9),D2)

	A	B	C	D	E	F	G	H
1	学号	姓名	性别	身高(cm)	体重(kg)	籍贯	身高1	体重1
2	12019020001	胡一费	女			四川	164.2	
3	12019020002	张丹	女	160	48	云南	160	
4	12019020003	范多多	女	165	50	重庆	165	
5	12019020004	王强	男			贵州	164.2	
6	12019020005	李静	女	158	44	重庆	158	
7	12019020006	钱宝	男			山东	164.2	
8	12019020007	李立	男	178	65	四川	178	
9	12019020008	陈彬	女	160	55	北京	160	

图3-54 使用IF函数替换身高缺失值

步骤3：同步骤2的做法一样，使用IF函数，用均值替换缺失值，替换结果如图3-55所示。

H2 fx =IF(E2="",AVERAGE($E$2:$E$9),E2)

	A	B	C	D	E	F	G	H
1	学号	姓名	性别	身高(cm)	体重(kg)	籍贯	身高1	体重1
2	12019020001	胡一费	女			四川	164.2	52.4
3	12019020002	张丹	女	160	48	云南	160	48
4	12019020003	范多多	女	165	50	重庆	165	50
5	12019020004	王强	男			贵州	164.2	52.4
6	12019020005	李静	女	158	44	重庆	158	44
7	12019020006	钱宝	男			山东	164.2	52.4
8	12019020007	李立	男	178	65	四川	178	65
9	12019020008	陈彬	女	160	55	北京	160	55

图3-55 使用IF函数替换体重缺失值

同步测试

一、单项选择题

1. 下列操作数据库的语句哪项是错误的（   ）。
   A. Createdatabasestudent
   B. Createtablestudent
   C. Insertintostudentvalues（name，age，sex）
   D. Select * instudent
2. SPSS 默认打开文件名为（   ）的文件。
   A. DOC
   B. XLS
   C. PDF
   D. SAV
3. 下列哪个命令能够创建数据库（   ）。
   A. Createdatabasea
   B. Insertdatabasea
   C. Deletedatabasea
   D. Selectdatabasea
4. 在数据中插入变量的操作要用到的菜单是（   ）。
   A. InsertVariable
   B. InsertCase
   C. GotoCase
   D. WeightCases
5. 在原有变量上通过一定的计算产生新变量的操作所用到的菜单是（   ）。
   A. SortCases
   B. SelectCases
   C. Compute
   D. CategorizeVariables
6. Transpose 菜单的功能是（   ）。
   A. 对数据进行分类汇总
   B. 对数据进行加权处理
   C. 对数据进行行列转置
   D. 按某变量分割数据
7. 针对出生婴儿性别状况的多年调查发现，新生婴儿男女性别比一直在50%左右摆动，但是对于某个家庭而言，是生男孩还是生女孩却具有偶然性。这说明新生婴儿性别状况属于（   ）。
   A. 非统计现象
   B. 统计现象
   C. 非随机现象
   D. 随机现象
8. 针对出生婴儿性别状况的多年调查发现，新生婴儿男女性别比一直在50%左右摆动，但是对于某个家庭而言，是生男孩还是生女孩却具有偶然性。这体现新生婴儿性别状况具有（   ）。
   A. 确定性
   B. 因果性
   C. 必然性
   D. 随机性
9. 为调查不同年龄段群体对某商品的偏好程度，把年龄划分为婴幼儿、青少年、成年、中年、老年，那么，年龄划分违背了变量取值的（   ）。
   A. 完备原则
   B. 互斥原则
   C. 整体原则
   D. 差异原则
10. 下列哪类变量能用折线图表示其分布状况（   ）。
    A. 定类变量
    B. 定序变量
    C. 定距变量
    D. 虚拟变量

二、多项选择题

1. 数据库技术所具备的特点是（   ）。
   A. 数据结构化
   B. 数据冗余少
   C. 有较高的数据独立性
   D. 数据联系弱
2. 关于冗余数据的叙述中，正确的是（   ）。
   A. 冗余的存在容易破坏数据库的完整性
   B. 冗余的存在给数据库的维护增加困难
   C. 不应该在数据库中存储任何冗余数据
   D. 冗余数据是指可由基本数据导出的数据
3. 下面属于实体的是（   ）。
   A. 人
   B. 聘任
   C. 一场球赛
   D. 学习成绩

4. 数据库系统必须提供的数据控制能力有（　　）。
   A. 安全性　　　　B. 可移植性　　　　C. 完整性　　　　D. 并发控制
5. 下列关于索引的描述中，正确的是（　　）。
   A. 索引必须在数据库建立时确定　　　　B. 索引可以加快数据检索
   C. 索引增加了额外的计算机开销　　　　D. 索引可以在列的组合上建立

三、判断题

1. MySQL 属于非关系型数据库。　　　　　　　　　　　　　　　　　　　　　（　　）
2. Select * fromstudent 可以查询 student 表中的所有字段数据。　　　（　　）
3. SQL 是数据库脚本文件的扩展名。　　　　　　　　　　　　　　　　　　（　　）
4. 在绘制统计表时，对于定序变量而言需要注意次序排列、变化趋势。　　（　　）
5. 缺失数据是数据误差形式的一种。　　　　　　　　　　　　　　　　　　（　　）
6. 直方图与条形图形状相同，没有本质区别。　　　　　　　　　　　　　　（　　）
7. 如果一个储户可以在多个银行存款，一个银行可以接受多个储户的存款，那么储户和银行两个实体之间的关系属于多对多关系。　　　　　　　　　　　　　　　　（　　）
8. 在拒绝原假设时出现的错误称为弃真错误。　　　　　　　　　　　　　　（　　）
9. 在数据库设计中，将 E－R 图转换成关系数据模型的过程属于物理设计阶段。（　　）
10. 数据库按某个关键字进行排序后会建立一个按关键字顺序排列的映射文件。（　　）

四、简答题

1. 简要阐述什么是关系型数据库及非关系型数据库。
2. 关系型数据库有哪些设计原则？
3. 如何根据结构类型将数据进行分类？

同步实训

1. 表 3－11 为公司财务部 8 月员工工资表，部分数据缺失。要求：使用 SPSS 中的两种方法处理缺失值，完整数据见配套资源 Data03－02。

表 3－11　财务部 8 月员工工资表

（单位：元）

姓名	基本工资	奖金	补助	加班费	社保扣款	应发工资
王乐平	4 000	300	650	49.4	40	3 859.4
刘二东	3 500	400	650	20.5	40	4 530.5
胡海乐			650	63.9	60	3 453.9
海涛	3 800	350	650	61.4	40	4 521.4
黎萍		200	650		40	3 740.7
张伯海	3 400	300	650	78.4	60	4 368.4
吴晓梅	3 400	350	650	0.0	60	4 340.0
郭英森	3 600	200	650	0.0	40	3 410.0

(续)

姓名	基本工资	奖金	补助	加班费	社保扣款	应发工资
武阿明	3 600	200	650	0.0	40	3 410.0
黄辉春		300	650		40	3 230.5
邓江东	2 900	200	650	30.7	40	3 740.7
华平纲	3 500	350	650	122.7	40	4 582.7
肖福平	4 000	200	650	76.7	40	3 786.7
曾阿龙	3 500	300	650	127.8	40	3 637.8
孙虎	3 500	300	650	0.0	60	4 290.0
廖丽芳	4 000	200	650	102.3	60	3 492.3

2. 表3-12是某图书机构在各大电商平台图书销售情况的部分数据，完整数据见配套资源Data03-03。具体要求如下：

(1) 创建数据库；

(2) 数据文件导入数据库；

(3) 数据文件导出数据库；

(4) 按开单日排序后，运用两种缺失值处理方法处理缺失值。

表3-12 电商平台图书销售量表

渠道名称	开单日期	会员卡号	会员名称	商品编号	数量	单价（元）	销售额
宁宁易购	2020/6/9	KH2004622	徐千祥	SSL-34	12	70	840
小喵旗舰店	2020/6/22	KH2002608	朱书红	SML-04T	12	58	696
汪汪旗舰店	2020/12/8	KH2032921	施志根	SGL-07	24	60	
小马旗舰店	2020/4/25	KH2004718	曹月萍	SSL-39	14	46	644
宁宁易购	2020/10/28	KH2002221	陈红卫	SSL-07N/1	17	77	1309
官方商城	2019/4/11	KH2004098	钟凌	SWL-05	16	95	1520
官方商城	2020/8/24	KH2006047	李洪杰	ESL-01	19	99	1881
…	…	…	…	…	…	…	…

第 4 章
描述性统计分析

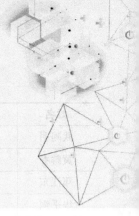

职业能力目标

专业能力：
- 理解描述性统计分析的基本概念
- 掌握频率分布分析的分析方法和结果解读
- 掌握描述性分析的分析方法和结果解读
- 掌握交叉表分析的分析方法和结果解读

职业核心能力：
- 具备良好的职业道德，诚实守信
- 具备积极主动的服务意识和认真细致的工作作风
- 具备创新意识，在工作或创业中灵活应用
- 具备自学能力，能适应行业的不断变革和发展

本章知识导图

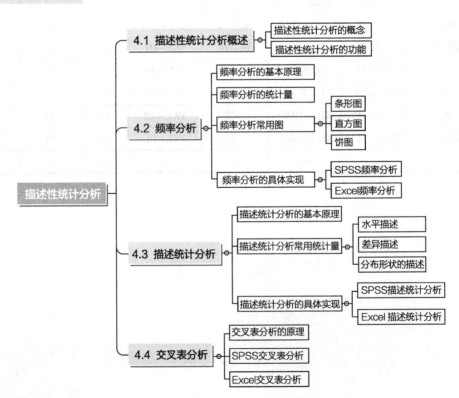

> 知识导入

生活中的统计故事

李老师是某学校的一名班主任,最近收到了班上 24 名同学的期末成绩,如表 4-1 所示。李老师工作经验非常丰富,很快制作了一张学生期末成绩分析表,如表 4-2 所示。

表 4-1 学生期末成绩表

学生序号	语文	数学	总分	学生序号	语文	数学	总分
1	88	51	139	13	91	41	132
2	93	30	123	14	78	34	112
3	92	27	119	15	95	37	132
4	92	43	135	16	85	93	178
5	82	61	143	17	100	43	143
6	88	83	171	18	101	45	146
7	98	53	151	19	102	12	114
8	103	110	213	20	86	27	113
9	77	10	87	21	98	52	150
10	79	53	132	22	91	122	213
11	89	44	133	23	86	40	126
12	97	49	146	24	79	18	97

表 4-2 学生期末成绩分析表

	成绩	109 以下	110~129	130~149	150~169	170 以上
成绩分数统计	人数	2	6	10	2	4
	比例	8.33%	25%	41.67%	8.33%	16.67%
试卷分析	平均分	及格率	优良率	最高分	最低分	
	139.5	70.83%	41.67%	213	87	

对比原始数据(表 4-1)和经过处理的数据(表 4-2),我们不难看出表 4-2 更能直观反映出成绩的分布情况。表 4-1 仅仅按学生编号将成绩数据简单列示,这样的统计表格无法提供太多有价值的信息,李老师也就很难直观掌握学生成绩的分布情况。而表 4-2 利用简单的描述性统计分析,分别统计每个成绩段的人数和所占比例,并计算出平均分、及格率、最高分和最低分等数据。请大家思考一下,李老师制作的成绩分析表运用了哪些统计量?

4.1 描述性统计分析概述

描述性统计分析是对一组数据的各种特征进行分析,以描述测量样本的各种特征及其所代表的总体的特征。它是统计学中最常用、最基础的分析方法。

描述性统计分析的功能主要有两方面:一方面由样本所计算推导出来的统计数据称为统计量,是描述原始数据特性的最佳指标。可描述中心位置、波动情况及数据集中一个观测值的相对位置;另一方面在进一步分析之前侦测隐藏在数据中的异常值。异常值来源于观测、录入数据时的错误,或者来源于一个稀有事件的发生,建立在描述性统计基础上的异常值侦测方法可以迅速锁定可疑观测值。

描述性统计分析的项目很多,依据变量属性的不同,可分为定性变量和定量变量。定性变量中有两类,一是类(或组)频数,是指落入这个类中的观测值的个数;二是类(或组)相对频率,是指落入这个类中的观测值的个数相对于观测值总数的比例。因此,频数和频率是描述定性变量的两个重要指标。定量变量中分为集中趋势的度量:均值、中位数、众数。变异程度的度量:极差、方差、标准差。分布形态的度量:偏度和峰度。如果数据的分布是对称的,则偏度系数为0;如果偏度系数明显不等于0,表明分布是非对称。若偏度系数大于1或者小于-1,被称为高度偏态分布。

4.2 频率分析

频率分析也可称为频率分布分析,主要通过频数分布表、条形图和直方图,以及集中趋势和离散趋势的各种统计量来描述数据的分布特征。例如分析不同消费者的购买频次分布、不同类型消费者每次消费金额分布情况等。

4.2.1 频率分析的基本原理

在进行频率分析时,需借助频数分布表进行,就是将原本没有组织的数据从高到低进行排列,将相同值的数据归并在一组。例如,在一组数据3、4、5、5、3、5、4、5、3中,最大的数值是5,我们就把所有值为5的数据合成一组,然后把4、3等数据同样进行合并。这样的做法使得我们能够很清楚地看到整个数据的分布情况。

频数也称为次数,是指同一观测值在一组数据中出现的次数,是一个绝对数。而频率则是每个小组的频数与总数值的比值,是一个相对数。其值越大,表明该组标志值对于总体水平所起的作用越大;反之亦然。用户在使用频率分析数据之前,还需要先了解频数分析中的统计量、参数、频率分析图表等一些频数分析的基础内容。

4.2.2 频率分析的统计量

使用频率分析时,有必要先了解分析时涉及的统计量,如图4-1所示。

1. 百分位值

四分位数表示将观测值分为4个大小相等的组,如25%、50%、75%。这三个数据点分别位

图4-1 频率分析统计量选项

于数据的 25%（第一四分位数）、50%（第二四分位数，也就是常用的中位数）和 75%（第三四分位数）的位置，如图 4-2 所示。例如：1、2、3、4……52，13 为第一个数据点，26 为第二个数据点，39 为第三个数据点。

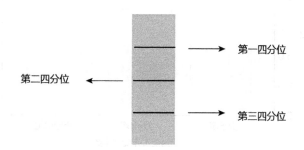

图 4-2　四分位数示意图

割点表示将观测值分为指定的 n 个大小相等的组，启用该复选框后在其后的文本框中输入组数值即可。

百分位数表示由用户随意指定单个百分位值，如指定 95%，表示将有 95% 的观测值大于该值。

2. 集中趋势

集中趋势用于描述分布位置，主要通过平均值、中位数和众数等表示。

3. 离散趋势

离散趋势反映了数据远离中心值的程度，用于测量数据中变异和展开程度的统计量。数据的离散程度越大，说明集中趋势值的代表性越低；反之，数据的离散程度越接近于 0，说明集中趋势值的代表性越高。离散趋势主要通过标准差、最大值、最小值、方差等统计量来表示。

4. 分布

分布用于描述分布形状和对称性，包括偏度系数、峰度系数等。

4.2.3　频率分析常用图

分析结果需要以合适的图表呈现，以便于使用者阅读理解，实现数据可视化。在图形的选择上，对于分类数据，需根据数据的特性和数据分析需求的不同而做出不同选择。所以，我们需掌握在频数分析时运用最多的三类图形。

1. 条形图

条形图是用宽度相同的条形的高度或长度来表示数据的图形，可直观地反映各种数据的大小，展示数据分布。例如，我们可以借助如图 4-3 所示的条形图，直观看出不同工龄的人员数量，年限少于 5 年（含 5 年）的人员最多，16 年以上的人员最少。

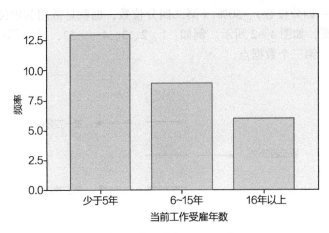

图4-3 条形图示例

我们做数据分析时,常将条形图用于表示离散型数据资料,即计数数据。单式条形统计图和复式条形统计图的相同点是都能让人清楚地看出数量的多少;不同点就是单式条形统计图用于展示一个物体的数量,而复式条形统计图用于比较多个物体的数量。

2. 直方图

如果需要了解连续变量的概率分布,可选择直方图。用长方形的高度代表对应组的频数与组距的比(因为组距是一个常数,为了画图和看图方便,通常直接用高度表示频数),这样的统计图称为频数分布直方图。例如,我们能通过如图4-4所示的直方图,对比出各收入级别人数的差异情况,观察它的变化趋势。

我们做数据分析时,常将直方图用于:①清楚显示各组频数分布情况;②清楚显示各组之间频数的差别。

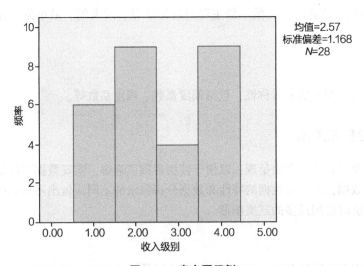

图4-4 直方图示例

条形图和直方图十分相似,有时不易区分。我们在使用两者时,需要注意条形图与直方图的区别,如表4-3所示。

表4-3 条形图与直方图的区别

项目	条形图	直方图
频数	用条形的高度表示频数的大小	用长方形的面积表示频数,当长方形的宽度相等的时候,把组距看成"1",用长方形的高度表示频数
数据	横轴上的数据是孤立的,是一个具体的数据	横轴上的数据是连续的,是一个范围
图形	各长方形之间有空隙	各长方形是靠在一起的,中间无空隙

3. 饼图

如果需要了解数据结构,则选择饼图。饼图用于显示一个数据系列中各项的大小与各项总和的比例,是表示各个项目比例的基础性图表。例如,通过饼图分析每月支出情况及每部分的占比,能直观看出生活支出占整个月度支出比重最大,具体如图4-5所示。

进行数据分析时,常将饼图用于:①展示数据系列的组成结构;②展示部分在整体中的比例。

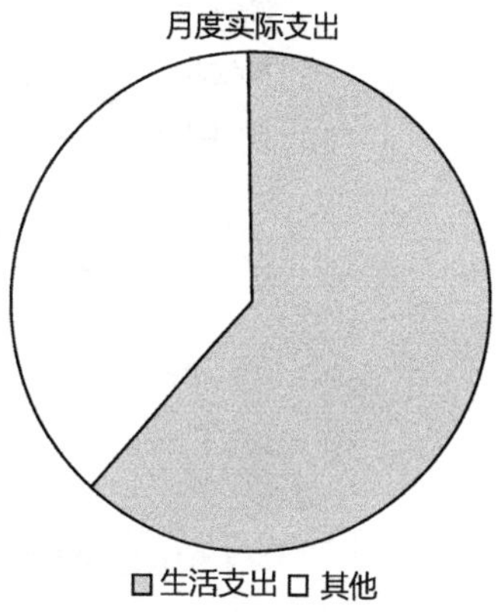

图4-5 饼图示例

4.2.4 SPSS 频率分析

SPSS 的许多模块均可完成频率分析,但专门为频率分析而设计的几个模块则集中在"分析"菜单中。

【练一练】

步骤1:打开主操作界面。选择菜单栏中的"分析"→"描述性统计"→"频率"命令,弹出"频率"对话框,如图4-6所示,这是频数分析的主操作界面。

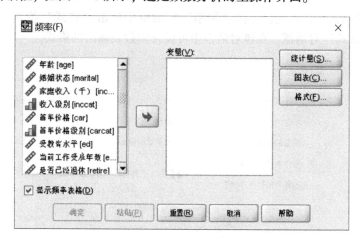

图4-6 "频率"对话框

步骤2:选择分析变量。在"频率"对话框左侧的候选变量列表框中,选取一个或多个待分析的变量,将其移入右侧的"变量"列表框中。

步骤3：输出频数分析表。在"频率"对话框的下方勾选"显示频率表格"选项，即可输出频数分析表。

步骤4：输出统计量。单击"统计量"按钮，打开如图4-7所示的对话框，选择要输出的统计量。

步骤5：图表设置。在"频率"对话框中还可以单击"图表""格式"等按钮。单击"频率"对话框中的"图表"按钮，弹出如图4-8所示的"频率：图表"对话框，在该对话框中可以设置图表类型和图表值。

图4-7 统计量选项设置　　　　　图4-8 图表选项设置

步骤6：输出格式、样式选择。在"频率"对话框中单击"格式"按钮，弹出如图4-9所示的"频率：格式"对话框，在该对话框中可设置频数表输出的格式。

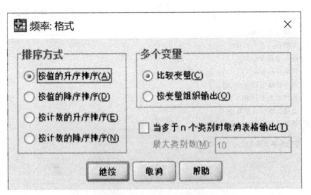

图4-9 格式选项设置

步骤7：完成操作。单击如图4-6所示的"频率"对话框中的"确定"按钮，结束操作，SPSS软件自动输出结果。

【练一练】

使用配套资源中的数据 Data04-01，文件中的数据为某公司所有员工的基本信息调查数据，要求运用频率分析法分析收入级别。

步骤1：打开 SPSS 软件，选择菜单栏中的"文件"→"打开"→"数据"命令，如图4-10 所示。

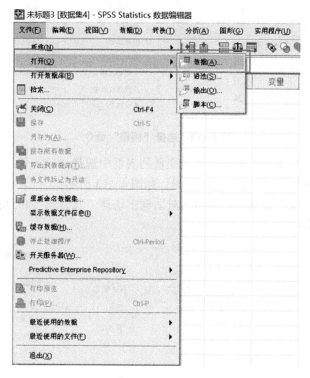

图4-10　打开已有数据

步骤2：在"打开数据"对话框中，选择数据文件 Data04-01，单击"打开"按钮，如图4-11 所示。

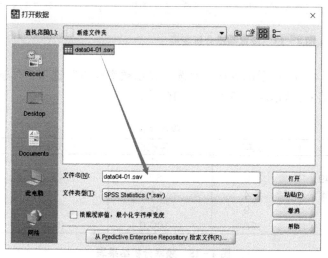

图4-11　打开频率分析数据源文件

步骤3：选择菜单栏中的"分析"→"描述统计"→"频率"命令，如图4-12所示，打开"频率"对话框。

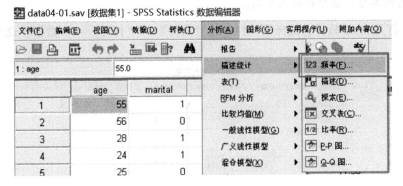

图4-12 选择"频率"命令

步骤4：在"频率"对话框左侧的候选变量列表框中选择"收入级别"，将其移入右侧的"变量"列表框中，作为频率分析的一个变量，如图4-13所示。

步骤5：单击"图表"按钮，在弹出的对话框中选择"直方图"单选按钮，单击"继续"按钮，如图4-14所示。

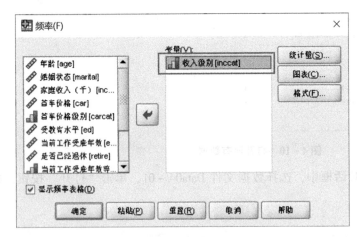

图4-13 设置频率分析变量

图4-14 设置图表选项

步骤6：在如图4-13所示的界面，勾选"显示频率表格"选项，再单击"确定"按钮，将会自动输出分析结果，如图4-15和图4-16所示。

收入级别

		频率	百分比	有效百分比	累积百分比
有效	<$25	6	21.4	21.4	21.4
	$25~$49	9	32.1	32.1	53.6
	$50~$74	4	14.3	14.3	67.9
	>$75	9	32.1	32.1	100.0
	合计	28	100.0	100.0	

图4-15 频率分析结果表

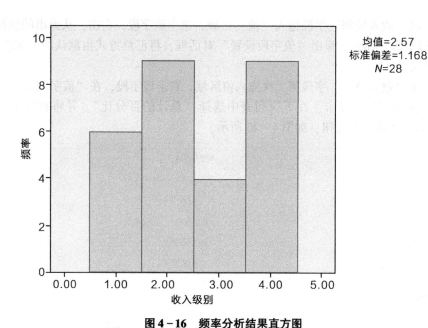

图 4-16　频率分析结果直方图

4.2.5　Excel 频率分析

【练一练】

步骤 1：打开配套资源中的数据 Data04-02，单击有效数据内任意单元格，然后单击"插入"选项卡→"表格"组→"数据透视表"按钮，弹出"创建数据透视表"对话框，确认表区域为有效数据范围，放置数据透视表的位置为新工作表，如图 4-17 所示。在新工作表中自动生成数据透视表。

步骤 2：在所生成的新数据透视表界面的右边数据透视表字段区域，将"收入级别"字段拖到下方的"行"区域内，如图 4-18 所示。

图 4-17　打开数据透视表功能

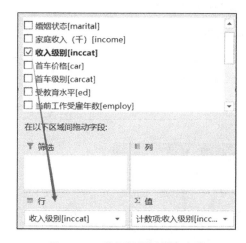

图 4-18　选择数据透视表字段

步骤3：将"收入级别"字段拖入"值"区域，选中该字段，右击，从弹出的快捷菜单中选择"值字段设置"命令，弹出"值字段设置"对话框，将汇总方式由默认的求和改为计数，如图4-19所示。

步骤4：将"收入级别"字段第二次拖入值区域，右击该字段，在"值字段设置"对话框中选择"值显示方式"选项卡，在下拉列表中选择"总计的百分比"，并将自定义名称改为"百分比"，单击"确定"按钮，如图4-20所示。

图4-19 设置字段汇总方式

图4-20 设置字段显示方式

步骤5：将"收入级别"字段第三次拖入值区域，右键单击该字段，在"值字段设置"对话框中选择"值显示方式"选项卡，在下拉列表中选择"列汇总的百分比"，并将自定义名称改为"累计百分比"，单击"确定"按钮，如图4-21所示。

步骤6：自动计算结果，如图4-22所示。

图4-21 设置字段显示方式

行标签	频率	百分比	累计百分比
$25-$49	9	32.14%	32.14%
$50-$74	4	14.29%	14.29%
<$25	6	21.43%	21.43%
>$75	9	32.14%	32.14%
总计	28	100.00%	100.00%

图4-22 数据透视表计算结果

将收入级别和频数列数据复制、粘贴到透视表外,不包含汇总列。选择新数据区域,单击"插入"选项卡→"图表"组→"数据透视图"按钮,弹出"插入图表"对话框,选择柱形图,单击"确定"按钮。然后选中图中的条形图标右击,在弹出的快捷菜单中选择"设置数据系列格式"命令,修改间隙宽度为1%,绘制分析图形,如图4-23所示。

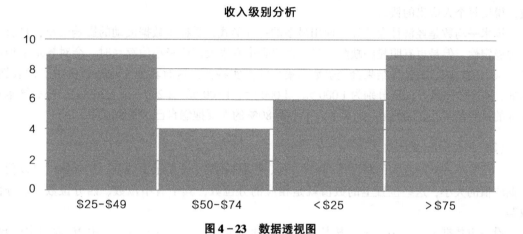

图4-23 数据透视图

4.3 描述统计分析

描述统计分析与频率分析一样,视为描述性统计分析中的一部分,主要是指对数据的集中趋势、数据离散程度及数据的分布形态等方面进行分析。

4.3.1 描述统计分析的基本原理

在数据分析时,描述统计分析过程输出的内容并不多,也没有统计图可以调用,但是该过程可以对数据进行标准化变换,并保存为新变量。

描述统计分析是为了解数据分布的数值特征而对数据进行的初步处理。有不少特定的统计量如最大值、最小值、均值、方差、标准差、偏度和峰度等可用于数据的描述统计分析。按照一组样本数据分布的数值特征可从以下三个方面进行描述:一是数据的水平,反映全部数值的大小;二是数据的差异,反映各数据间的离散程度;三是分布的形态,反映数据分布的偏态和峰度。

4.3.2 描述统计分析常用统计量

1. 水平描述

数据的水平是指其取值的大小,描述数据水平的统计量主要有平均数、中位数、分位数及众数等。

(1) 平均数

平均数也称均值，它是一组数据相加后除以数据的个数得到的结果。样本平均数是度量数据水平的常用统计量，在参数估计和假设检验中经常用到。设一组样本数据为 $x_1, x_2, \cdots, x_n$，样本量为 n，计算公式为：平均数 $= (x_1 + x_2 + \cdots + x_n)/n$，也称为简单平均数。比如，我们和朋友吃饭时的"AA 制"，就是我们日常生活中的平均数的计算。AA 制是平摊餐费的意思，它来源于英语单词"Algebraic Average"，字面意思是"代数平均"，也就是将总的餐费除以总人数，得出每个人应出的钱。

算术平均数是经济社会统计中使用最多的一种形式，受样本数据波动的影响最小，具有一定的稳定性，但是也有明显的缺陷。当数据集合中有极大值或极小值存在时，会对算术平均数产生很大的影响，其计算结果会掩盖数据集合的真实特征，这时算术平均数就失去了代表性。例如，有 5 个人的月工资分别为 1 000 元、1 000 元、1 100 元、1 200 元、5 700 元，那么算术平均数的计算结果为 2 000 元，这 5 个人中会有 80% 的人要抱怨自己"被涨工资"。

(2) 中位数和分位数

一组数据按从小到大的顺序排列后，可以找到排在某个位置上的数值，用该数值可以代表数据取值的大小，这些位置上的数值就是相应的分位数，其中有中位数、四分位数、百分位数等。

设一组数据 $x_1, x_2, \cdots, x_n$，按从小到大排列后为 $x_{(1)}, x_{(2)}, \cdots, x_{(n)}$，用 M_e 表示中位数。其计算公式为

$$M_e = x\left(\frac{n+1}{2}\right), \ n \text{ 为奇数}$$

$$M_e = \frac{1}{2}\left[x\left(\frac{n}{2}\right) + x\left(\frac{n}{2}+1\right)\right], \ n \text{ 为偶数}$$

中位数是一组数据排序后处于中间位置上的数值，如一组数据 $\{2, 4, 6, 8, 10\}$ 的中位数是 6。中位数是用中间位置上的值代表数据的水平。中位数的优势在于不受数据集合中个别极端值的影响，表现出稳定的特点。这一特点使其在数据集合的值分布有较大偏斜时，能够保持对数据集合的代表性。当一组数据的个别数据偏大或偏小时，用中位数来描述该组数据的集中趋势就比较合适。

例如，美国是在民生统计中运用中位数较多的国家。根据《美国统计年鉴》，2007 年美国每个家庭拥有的财产净值平均达 55.63 万美元，而财产净值的中位数仅是 12.03 万美元，由此可以推测美国贫富家庭之间财产净值的巨大差异。我国有关部门已经重视并开始在民生统计中引入和运用中位数。

(3) 众数

众数是一组数据中出现频数最多的数值，用 M_0 表示。一般情况下，只有在数据量较大时众数才有意义。从分布的角度看，众数是一组数据分布的峰值点所对应的数值。如果数据的分布没有明显的峰值，则众数可能不存在；如果有两个或多个峰值，也可以有两个或多个众数。

众数指标对定类数据、定序数据、定距数据和定比数据都适用，能表示由它们组成的数据集合的数据集中趋势。

例如，平日里我们参加选举活动时，都会让大家举手表决或者投票，哪个得票数最多，就

是竞选成功者，房地产行业关心哪种格局的房屋销售最好；饮料企业关心哪种口味的饮料销量最高；超市老板关心哪种商品销售最多等。

2. 差异描述

仅仅知道数据取值的大小是远远不够的，还需考虑数据之间的差异。数据之间的差异就是数据的离散程度。数据的离散程度越大，各描述统计量对该组数据的代表性就越差；数据的离散程度越小，各描述统计量的代表性就越好。

描述样本数据离散程度的统计量主要有极差、四分位差、方差和标准差以及测度相对离散程度的变异系数等。

（1）极差

极差是一组数据中最大值与最小值之差，表示整个数据集合能够覆盖的数值的距离。

例如，有$\{19, 20, 21\}$，$\{15, 20, 25\}$两个数据集合，第一个集合的极差为$21-19=2$，第二个集合的极差为$25-15=10$，对比后可以发现，虽然两个数据集合的算术平均值相同，但是第二个数据集合的极差远远大于第一个数据集合，所以第一个数据集合的离散程度更低，稳定性更强。

在使用极差分析数据时，由于极差只利用了一组数据两端的信息，因此极差虽然能够表示数据集合的波动（变异）大小，但是也有明显的缺陷。因为极差只与数据集合中的两个极值有关，对于两个极值以外的数值分布情况，极差不能给出任何信息，就这一点来说，极差只是一个比较粗糙的离散程度指标。此外，极差对极值非常敏感，不太可靠。因此，如果需要全面且精确地说明数据集合的离散程度，不宜使用极差指标进行描述。

（2）四分位差

四分位差是一组数据75%位置上的四分位数与25%位置上的四分位数之差，也称内距或四分间距。其计算公式为

$$\text{IQR} = Q_{75\%} - Q_{25\%}$$

四分位差反映了中间50%数据的离散程度：数值越小，说明中间的数据越集中；数值越大，说明中间的数据越分散。四分位差不受极值的影响。此外，由于中位数处于数据的中间位置，因此，四分位差的大小在一定程度上也说明了中位数对一组数据的代表程度。

（3）方差和标准差

方差是每个样本值与全体样本值的平均数之差的平方的平均数。方差开方后的结果称为标准差，它是一组数据与其平均数相比平均相差的数值。方差（或标准差）主要用于说明样本值与均值的偏离程度，是实际应用最广泛的测度数据离散程度的统计量。

设样本方差为S^2，样本方差的计算公式为

$$S^2 = \frac{\sum_{i=1}^{n}(x_i - \overline{x})^2}{n-1}$$

标准差的计算公式为

$$S = \sqrt{\frac{\sum_{i=1}^{n}(x_i - \overline{x})^2}{n-1}}$$

方差利用平方克服了离差和等于0的问题，但是同样有其局限性。因为方差的单位是数据单位的平方，夸大了数据集合的离散程度。因此，还可以取方差的算数平方根作为描述离散程度的指标，即标准差。根据具体应用的不同，还可以分为总体的方差和标准差以及样本的方差和标准差。

比如，在投资基金上，一般人比较重视的是业绩，但往往买进了近期业绩表现最佳的基金之后，基金表现反而不如预期，这是因为所选基金波动度太大，没有稳定的表现。衡量基金波动程度的工具就是标准差。标准差是指基金可能的变动程度。标准差越大，基金未来净值可能变动的程度就越大，稳定度就越小，风险就越高。

3. 分布形状的描述

对于不对称的分布，要想知道不对称的程度则需要计算相应的描述统计量。偏度系数和峰度系数则是对分布对称程度和峰值高低的一种度量。

(1) 偏度

偏度是指数据分布的不对称性。测度数据分布不对称性的统计量称为偏度系数，记作 SK，计算时通常采用下面的公式：

$$SK = \frac{n}{(n-1)(n-2)} \sum \left(\frac{x - \bar{x}}{s}\right)^3$$

如果一组数据的分布是对称的，则偏度系数等于0。偏度系数越接近0，偏移程度就越低，分布就越接近对称分布。如果偏度系数明显不等于0，则表明分布是非对称的。若偏度系数大于1或小于-1，则视为严重偏态分布；若偏度系数在0.5~1或-1~-0.5之间，则视为中等偏态分布；若偏度系数小于0.5或大于-0.5，则视为轻微偏态分布。其中，负值表示左偏分布（在分布的左侧有长尾），正值则表示右偏分布（在分布的右侧有长尾），如图4-24所示。

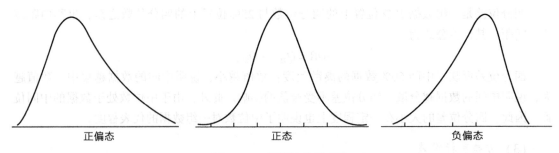

图4-24 不同偏度形态图

运用偏度分析数据时，我们能够判定数据分布的不对称程度及方向。偏度的绝对值越大，说明分布的偏移程度越严重。值得注意的是：数据分布的左偏或右偏，指的是数值拖尾的方向，而不是峰的位置。

(2) 峰度

测度一组数据分布峰值高低的统计量是峰度系数，记作 K，通常采用下面的公式：

$$K = \frac{n(n+1)}{(n-1)(n-2)} \sum \left(\frac{x_i - \bar{x}}{s}\right)^4 - \frac{3(n-1)^2}{(n-2)(n-3)}$$

峰度主要用于研究数据分布的陡峭或平滑程度。若峰度系数 $K = 0$，则该分布服从正态分布；若 $K>0$，则峰态陡峭，为尖峰分布，数据的分布相对集中；若 $K<0$，则峰态平缓，为扁平分布，数据的分布相对分散。不同峰度的分布示意图如图 4-25 所示。

描述过程是连续资料统计描述应用最多的一个过程，它可对变量进行描述性统计分析计算，并列出一系列相应的统计指标。这和其他过程相比并无不同。但该过程还有一个特殊功能，就是可将原始数据转换成标准化值，并以变量的形式保存。

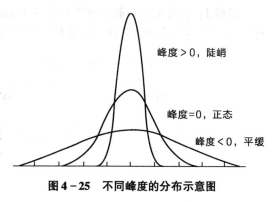

图 4-25 不同峰度的分布示意图

4.3.3 SPSS 描述统计分析

【练一练】

步骤 1：打开配套资源中的数据文件 Data04-01。选择菜单栏中的"分析"→"描述统计"→"描述"命令，如图 4-26 所示，弹出"描述性"对话框，该对话框是描述性统计分析的主操作界面。

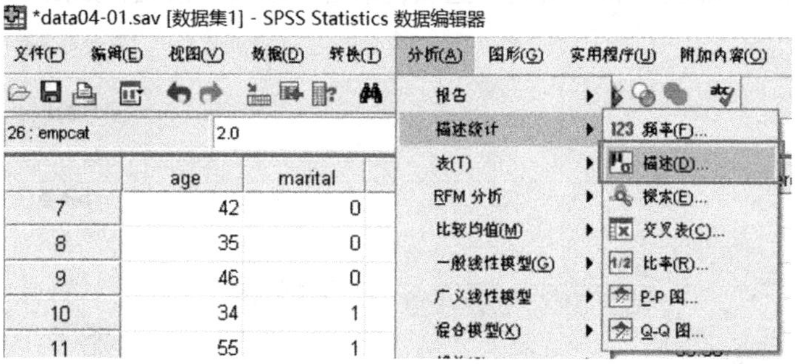

图 4-26 打开描述统计功能

步骤 2：选择分析变量。在左侧的候选变量列表框中选取一个或多个待分析变量，将它们移入右侧的"变量"列表框中。

步骤 3：计算基本描述性统计量。单击"选项"按钮，弹出"描述：选项"对话框，如图 4-27 所示。该对话框用于指定输出的描述性统计量。这些统计量有平均值、总和、标准差、方差、范围、最小值、最大值、标准误差平均值、偏度系数和峰度系数。

步骤 4：保存标准化变量。勾选"将标准化得分另存为变量"复选框。

步骤 5：完成操作。单击"确定"按钮，结束操作，SPSS 软件自动输出结果。

【练一练】

使用配套资源中的数据文件 Data04-01，该文件中的数据为某公司员工的基本信息调查数据，变量为家庭收入（income），要求对变量进行描述统计分析。

图 4-27 描述统计选项设置

步骤1：打开配套资源中的数据文件Data04-01，选择菜单栏中的"分析"→"描述统计"→"描述"命令，打开"描述性"对话框，如图4-28所示。

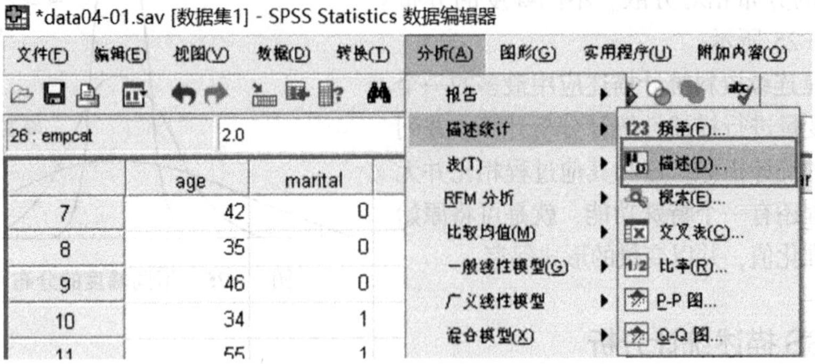

图4-28 打开描述统计功能

步骤2：在该对话框中，将"家庭收入"选入右侧的"变量"列表框中，勾选"将标准化得分另存为变量"选项，如图4-29所示。

步骤3：单击如图4-29所示的"选项"按钮，弹出"描述：选项"对话框，勾选"合计""方差""范围""峰度"和"偏度"选项，单击"继续"按钮，如图4-30所示。

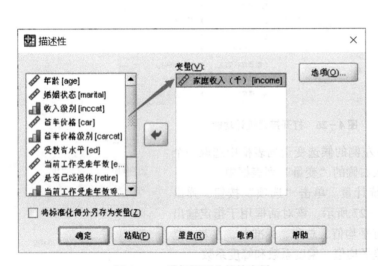

图4-29 选择需要分析的变量

图4-30 描述统计选项设置

步骤4：返回如图4-29所示的界面，单击"确定"按钮，会自动输出分析结果，如图4-31所示。

描述统计量

	N	全距	极小值	极大值	和	均值	标准差	方差	偏度		峰度	
	统计量	统计量	统计量	统计量	统计量	统计量	统计量	统计量	统计量	标准误	统计量	标准误
家庭收入（千）	28	142.00	17.00	159.00	1806.00	64.5000	44.89205	2015.296	.843	.441	-.621	.858
有效的N（列表状态）	28											

图4-31 描述统计分析结果表

4.3.4　Excel描述统计分析

步骤1：打开配套资源中的数据文件Data04-02，选择数据，单击"数据"选项卡→"分析"组→"数据分析"按钮，如图4-32所示。

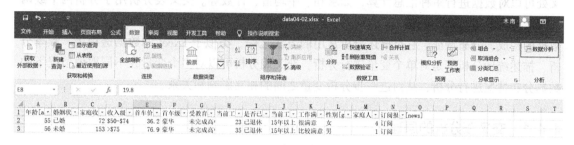

图4-32　启用数据分析功能

步骤2：在"数据分析"对话框中，选择"描述统计"，单击"确定"按钮，如图4-33所示。

步骤3：在输入区域中选中家庭收入列所有数据，勾选"平均数置信度""第K大值""第K小值"选项，在"第K大值"和"第K小值"输入框中输入1，如图4-34所示。

步骤4：设置完成后，单击"确定"按钮，自动输出结果，如图4-35所示。

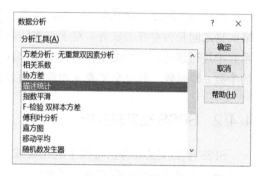

图4-33　调用描述统计功能

图4-34　设置分析选项

图4-35　分析结果表

家庭收入（千）[income]	
平均	64.5
标准误差	8.483800311
中位数	43.5
众数	72
标准差	44.89205159
方差	2015.296296
峰度	-0.621382721
偏度	0.843018325
区域	142
最小值	17
最大值	159
求和	1806
观测数	28
最大(1)	159
最小(1)	17
置信度(95	17.40732037

4.4 交叉表分析

交叉表是一种行列交叉的分类汇总表格，其行和列上至少各有一个分类变量，行和列的交叉处可以对数据进行多种汇总计算，如求和、平均值、计数等。交叉表分析用于分析两个或两个以上分类变量之间的关联关系。它的原理是从数据的不同角度进行分组细分，以进一步了解数据的构成、分布特征。它是描述分析常用的方法之一，类似于 Excel 的数据透视表。频率分析、描述统计分析都是对单个变量进行分析，交叉表分析可以对多个变量在不同取值情况下的数据分布情况进行分析，从而进一步分析变量之间的相互影响和关系。

4.4.1 交叉表分析的原理

在实际问题中，常常将两个分类变量联系起来，讨论它们之间是否存在关联，如消费水平和不同区域之间是否存在关联，收入水平与受教育程度之间是否存在关联，性别和是否喜欢网络购物之间是否存在关联等。对于这类问题的研究，在统计学中可以使用交叉表将两个问题联系起来进行描述。一个变量作为行变量，其值的个数 r 即行数；另一个变量作为列变量，其值的个数 c 即列数，形成交叉表（也称列联表）。最简单的交叉表是 2×2 的四格表。

4.4.2 SPSS 交叉表分析

SPSS 中的交叉表分析可以生成二维或多维（分层）分类变量行列交叉的频数表，也可以计算分类变量之间的关联程度，还可以进行分类变量之间关联关系的独立性检验。

【练一练】

交叉表分析的结果中涉及许多指标，因此，我们在操作步骤解析中将部分选项进行解释说明，以便于使用者理解和运用交叉表分析的结果。

步骤1：打开配套资源中的数据文件 Data04-01。选择菜单栏中的"分析"→"描述统计"→"交叉表"命令，弹出"交叉表"对话框，如图 4-36 所示，这是交叉表分析的主操作界面。

步骤2：选择行、列变量。在"交叉表"对话框左侧的候选变量列表框中选取一个或多个待分析变量，将它们移入右侧的"行"列表框中，作为交叉表的行变量；同理，选择若干候选变量移入右侧的"列"列表框中，作为交叉表的列变量。

步骤3：选择层变量。如果要进行三维或多维交叉表分析，可以根据需要选择控制变量并将其移入"层"列表框中。该变量决定列联表的层。如果要增加另一个控制变量，首先单击"下一张"按钮，再选入一个变量。单击"上一张"按钮，可以重新选择以前确定的变量。

步骤4：交叉表输出格式的选择。在"交叉表"对话框底部有两个复选框，用来选择交叉表的输出格式。"显示复式条形图"复选框：显示各变量交叉分组下频数分布条形图。"取消表格"复选框：只输出统计量，而不输出列联表。

图4-36 打开交叉表分析功能

步骤5:行、列变量相关程度的度量。在"交叉表"对话框中单击"统计量"按钮,在弹出的如图4-37所示的对话框中可以根据数据类型选择不同的独立性检验方法和相关度量。在对话框中选择好输出统计量后,单击"继续"按钮,返回"交叉表"对话框。

步骤6:选择列联表单元格的输出类型。在"交叉表"对话框中单击"单元格"按钮,在弹出的如图4-38所示的对话框中可以选择显示在列联表单元格中的统计量,包括计数、百分比、残差等。在对话框中选择相应选项,完成后单击"继续"按钮,返回"交叉表"对话框。

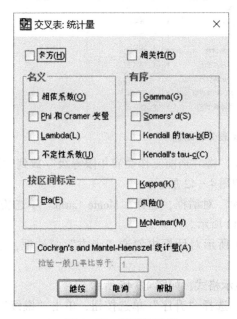

图4-37 设置统计量

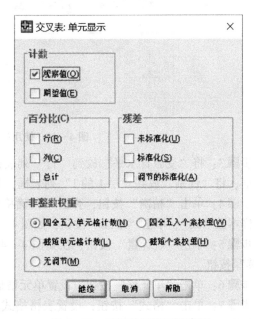

图4-38 设置单元格显示选项

步骤7：选择列联表单元格的输出排列顺序。在"交叉表"对话框中单击"格式"按钮，在弹出的如图4-39所示的对话框中可以选择各单元格的输出排列顺序。

步骤8：完成操作。单击"继续"按钮，返回"交叉表"对话框，单击"确定"按钮，结束操作，软件自动输出结果。

图4-39 设置升降序

【练一练】

使用配套资源中的数据Data04-01，要求分析不同性别的受雇佣年数等级与受教育水平是否存在关联。

步骤1：打开配套资源中的数据文件Data04-01。选择菜单栏中的"文件"→"打开"→"数据"命令，如图4-40所示。

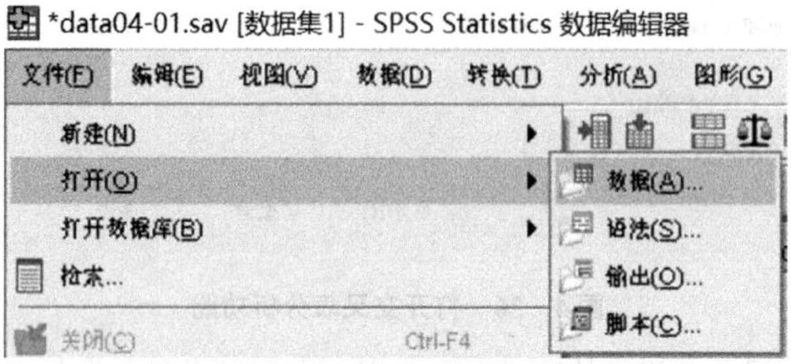

图4-40 打开已有数据源

步骤2：选择菜单栏中的"分析"→"描述统计"→"交叉表"命令，如图4-41所示，弹出"交叉表"对话框。

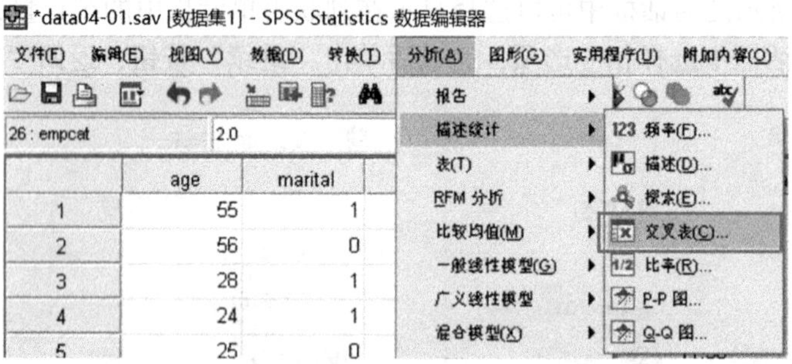

图4-41 使用交叉表分析功能

步骤3：将"受教育水平"放到"行"列表框，将"当前工作受雇年限等级"放到"列"列表框，将"性别"放到"层1的1"列表框，如图4-42所示。

步骤4：单击"精确"按钮，弹出"精确检验"对话框，选择"Monte Carlo"单选按钮，输入样本数"28"，单击"继续"按钮，如图4-43所示。

步骤5：单击"统计量"按钮，在如图4-44所示对话框中勾选"卡方"复选框，单击"继续"按钮。

步骤6：单击"单元格"按钮，设置单元格显示格式，如图4-45所示。

步骤7：单击"格式"按钮，设置表格格式，选择"升序"单选按钮，单击"继续"按钮，如图4-46所示。

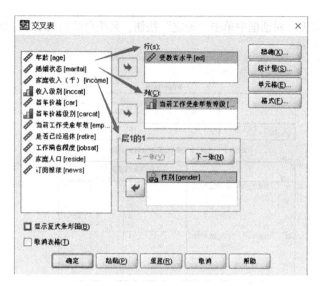

图 4-42 设置交叉表分析变量

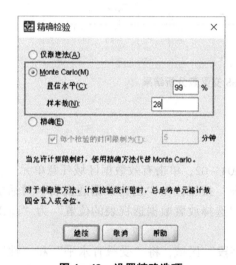

图 4-43 设置精确选项

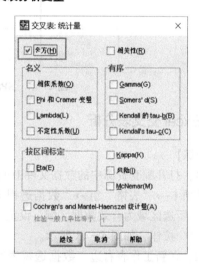

图 4-44 设置统计量选项

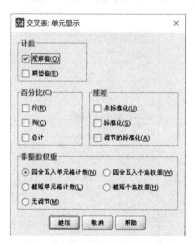

图 4-45 设置单元格显示选项

图 4-46 表格格式设置

步骤8：在"交叉表"对话框中单击"确定"按钮，系统自动输出结果，如图4-47所示。

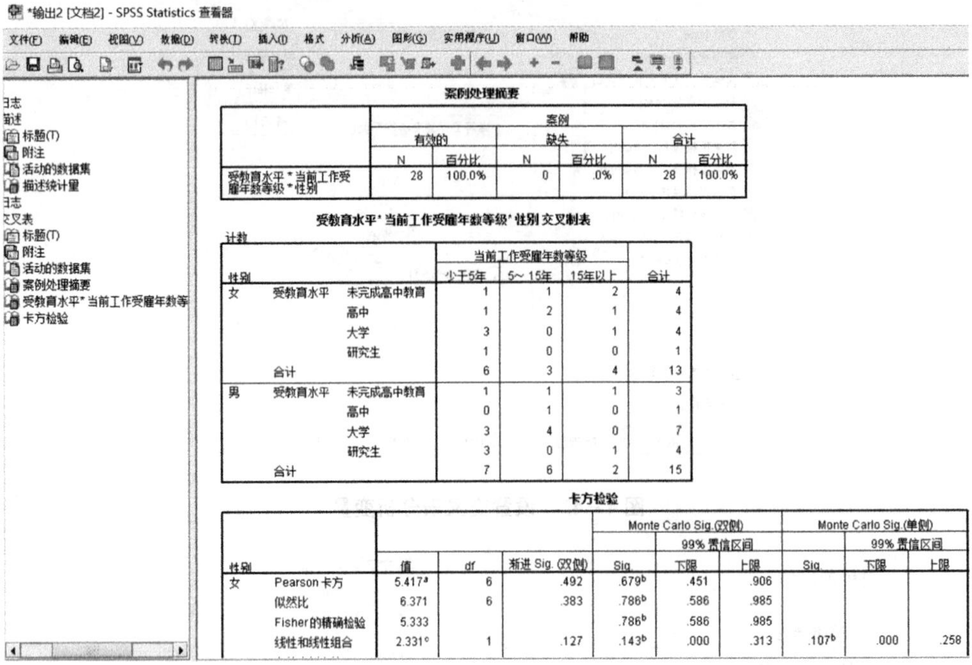

图4-47 SPSS交叉表分析结果

4.4.3 Excel 交叉表分析

【练一练】

步骤1：打开配套资源中的数据文件Data04-02，单击有效数据区域任意单元格，再单击"插入"选项卡→"表格"组→"数据透视表"按钮，在"创建数据透视表"对话框中确认"表/区域"所选区域为有效数据区域，设置"选择放置数据透视表的位置"为"新工作表"，单击"确定"按钮，如图4-48所示。

步骤2：在新工作表右边"数据透视表字段"区域，将"受教育水平"和"性别"拖至"行"区域，将"当前工作受雇年数等级"拖至"列"区域，并将该字段拖至"值"区域，设置为计数项，如图4-49所示。

图4-48 创建数据透视表

图4-49 设置数据透视表使用的字段

步骤3：结果如图4-50所示。

计数项:当前工作受雇年数等级[empcat]	列标签			
行标签	15年以上	5-15年	少于5年	总计
⊟男	2	6	7	15
大学		4	3	7
高中		1		1
未完成高中教育	1	1	1	3
研究生	1		3	4
⊟女	4	3	6	13
大学	1		3	4
高中	1	2	1	4
未完成高中教育	2	1	1	4
研究生			1	1
总计	6	9	13	28

图4-50　数据透视表分析结果

同步测试

一、单项选择题

1. 一组数据中出现频数最多的变量值称为（　　）。
   A. 众数　　　　B. 中位数　　　　C. 四分位数　　　　D. 均值
2. 一组数据排序后处于中间位置上的变量值称为（　　）。
   A. 众数　　　　B. 中位数　　　　C. 四分位数　　　　D. 均值
3. 对于不同水平的总体不能直接用标准差比较，这时需分别计算各自的（　　）来比较。
   A. 标准差系数　　B. 平均差　　　　C. 全距　　　　D. 均方差
4. 10位举重运动员的体重分别为101斤（1斤=0.5公斤）、102斤、103斤、108斤、102斤、105斤、102斤、110斤、105斤、102斤，据此计算平均数，结果满足（　　）。
   A. 算术平均数 = 中位数 = 众数　　　　B. 众数 > 中位数 > 算术平均数
   C. 中位数 > 算术平均数 > 众数　　　　D. 算术平均数 > 中位数 > 众数
5. 某变量数列如下：53，55，54，57，56，55，54，55，则其中位数为（　　）。
   A. 54　　　　B. 55　　　　C. 56.5　　　　D. 57
6. 如果某个分布极度右偏，则其偏度系数为（　　）。
   A. -0.3　　　　B. 0.3　　　　C. -2.9　　　　D. 2.9
7. 对于对称分布的数据，众数、中位数和平均数的关系是（　　）。
   A. 众数 > 中位数 > 平均数　　　　B. 众数 = 中位数 = 平均数
   C. 平均数 > 中位数 > 众数　　　　D. 中位数 > 众数 > 平均数
8. 可以计算平均数的数据类型是（　　）。
   A. 分类数据　　B. 顺序型数据　　C. 数值型数据　　D. 所有数据
9. 数值型数据的离散程度测度方法中，受极端变量值影响最大的是（　　）。
   A. 极差　　　　B. 方差　　　　C. 均方差　　　　D. 平均差
10. 当偏态系数为正值时，说明数据的分布是（　　）。
    A. 正态分布　　B. 左偏分布　　C. 右偏分布　　D. U形分布

二、多项选择题

1. 交叉表行和列的交叉处可以对数据进行的汇总计算有（　　）。
   A. 平均数　　　　　B. 求和　　　　　C. 计数　　　　　D. 去重
2. 数据的分布特征可以从以下哪几个方面测度和描述（　　）。
   A. 集中趋势　　　B. 分布的偏态　　　C. 分布的峰态　　　D. 离散程度
3. 按照一组样本数据分布的数值特征可从哪几个方面进行描述（　　）。
   A. 数据的水平，反映全部数值的大小
   B. 数据的差异，反映各数据间的离散程度
   C. 数据的结构，反映数据的构成情况
   D. 数据的形态，反映数据分布的偏态和峰度
4. 描述数据水平的统计量主要有（　　）。
   A. 平均数　　　　　B. 中位数　　　　　C. 权数　　　　　D. 众数

三、判断题

1. 众数是总体中出现最多的次数。　　　　　　　　　　　　　　　　　　　　（　　）
2. 权数对算术平均数的影响只表现为各组出现次数的多少，而与各组次数占总数的比重无关。
　　　　　　　　　　　　　　　　　　　　　　　　　　　　　　　　　　（　　）
3. 平均数也称均值，它是一组数据相加后除以数据的个数得到的结果。　　　（　　）
4. 一般情况下，只有在数据量较大时，众数才有意义。　　　　　　　　　　（　　）
5. 标准差开方后的结果称为方差。　　　　　　　　　　　　　　　　　　　（　　）
6. 如果把总体中各单位标志值按大小顺序排列，处于中点位置的标志值就是中位数。（　　）
7. 在测度数据集中趋势的统计量中，中位数不受极端值影响。　　　　　　　（　　）
8. 峰态系数是用于测度数据对称性的统计量。　　　　　　　　　　　　　　（　　）
9. 两组数据的均值不等，但标准差相等，则均值小的离散程度大。　　　　　（　　）
10. 一组数据向某一中心值靠拢的倾向反映了数据的集中趋势。　　　　　　（　　）

四、简答题

1. 一组样本的数值特征可以从哪三个方面反映?
2. 简述水平描述与差异描述的区别。
3. 描述统计分析常用的统计量包括哪些?

同步实训

　　为研究人们对不同运动品牌的偏好情况，一家调查公司随机调查了100名消费者。表4-4为消费者性别及其偏好的运动品牌数据的一部分，完整数据见本书配套资源中的数据Data04-03。请根据本章所学知识完成以下内容：
　　（1）使用频率分析法分析消费者性别和消费者所偏好运动品牌的频数分布，并绘制图形；
　　（2）使用交叉表分析消费者性别和消费者所偏好的运动品牌；
　　（3）使用交叉表计算男性消费者和女性消费者所偏好运动品牌的百分比；
　　（4）使用描述统计分析法分析消费者所偏好运动品牌人数的合计、均值、最大值、最小

值、方差、标准差、偏度和峰度。

表4-4 消费者性别及其偏好的运动品牌

编号	性别	运动品牌	编号	性别	运动品牌
1	男	阿迪达斯	10	男	耐克
2	女	彪马	11	女	其他
3	女	李宁	12	女	阿迪达斯
4	男	阿迪达斯	13	女	其他
5	男	耐克	14	男	彪马
6	男	阿迪达斯	15	女	阿迪达斯
7	女	李宁	16	女	耐克
8	男	彪马	17	女	李宁
9	女	阿迪达斯	18	女	其他

第 5 章
假设检验

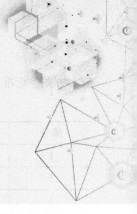

职业能力目标

专业能力：

- 通过分析小概率原理和反证法，理解假设检验的原理和基本思想
- 掌握假设检验的基本步骤，明确假设检验的目标
- 掌握假设检验的决策基础，正确做出检验决策
- 掌握假设检验适用的范围和过程，合理进行假设检验

职业核心能力：

- 具备良好的职业道德，诚实守信
- 具备互联网思维能力和数据产品思维能力
- 具有基于数据的敏感性，有一定的设计和创新能力
- 具备创新意识，在工作或创业中灵活应用
- 具备自学能力，能适应行业的不断变革和发展

本章知识导图

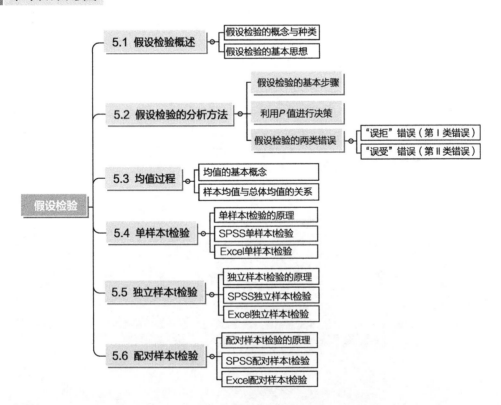

> 知识导入

某豆制品生产企业试图鼓动消费者在早餐中尽量多地食用豆制品，以获得更好的市场利润。于是他们大力宣传："早上要多吃豆制品，这样有助于减肥！"为了验证这个说法，调查者随机选取了 35 个人，询问他们早餐和午餐的通常食谱，并根据食谱将他们分为两类：一类为经常食用豆制品者（A 类），另一类为非经常食用豆制品者（B 类），然后测度每人午餐的热量摄取量。经过一段时间的跟踪调查，得到的结果如表 5–1 所示。

表 5–1　经常食用豆制品者与非经常食用豆制品者热量摄取数值表

（单位：卡）

食用者类型	热量摄取量
A	568　681　636　607　555　496　540　539　529　562　589　646　596 617　584
B	650　630　628　624　711　723　569　632　688　580　569　596　706 563　480　651　709　622　637　617

注：1 卡 = 4.184 焦耳。

如何利用表 5–1 中的数据来验证"多吃豆制品有助于减肥"这一说法？这就需要用到本章所要学习的内容——假设检验。

5.1　假设检验概述

在学习假设检验之前，我们首先要掌握一些基本的统计学概念，如概率、概率分布、概率分布函数等，这些概念对掌握假设检验起着至关重要的作用。

概率用来反映随机事件出现的可能性大小。随机事件是指在相同条件下，可能出现也可能不出现的事件。例如，从一批有正品和次品的商品中随意抽取一件，"抽得的是正品"就是一个随机事件。设对某一随机现象进行了 n 次试验与观察，其中 A 事件出现了 m 次，即其出现的频率为 m/n。经过大量反复试验，常发现 m/n 越来越接近于某个确定的常数。该常数即事件 A 出现的概率。概率一般用大写字母 P 表示。

概率分布是指用于表述随机事件结果取值的概率规律。事件的概率表示一次试验中某一个结果发生的可能性。若要全面了解试验，则必须知道试验的全部可能结果及各种可能结果发生的概率，即随机试验的概率分布。如果试验结果用随机变量 X 的取值来表示，则随机试验的概率分布就是随机变量 X 的概率分布，即随机变量 X 的可能取值及取得对应值的概率。

概率分布函数是描述随机变量取值分布规律的数学表示。对于任何实数 x，事件 $[X<x]$ 的概率当然是一个 x 的函数。令 $F(X)=P(X<x)$，显然有 $F(-\infty)=0$，$F(\infty)=1$，称 $F(x)$ 为随机变量 X 的概率分布函数。对于连续型随机变量 X，其概率分布函数可写为常用的概率积分公式的形式：

$$F(x) = \int_{-\infty}^{x} f(x)\,\mathrm{d}x \qquad (5-1)$$

其中 $f(x)$ 是随机变量 X 的概率密度函数。概率密度函数 $f(x)$ 具有下列重要的性质：

1) $f(x) \geq 0$；

2) $\int_{-\infty}^{\infty} f(x)\mathrm{d}x = 1$；

3) $P(a \leq x \leq b) = F(b) - F(a) = \int_a^b f(x)\mathrm{d}x$

在统计学中，正态分布是许多统计分析方法的理论基础。无论是本章所讲的假设检验还是后续的方差分析、相关与回归等内容，均要求分析的指标服从正态分布。因此，我们需要重点了解正态分布的概率密度函数及其特征。

正态分布的概率密度函数为

$$f(x) = \frac{1}{\sigma\sqrt{2\pi}} e^{-\frac{(x-\mu)^2}{2\sigma^2}} \tag{5-2}$$

其中，第一个参数 μ 是正态分布随机变量的均值，第二个参数 σ^2 是正态分布随机变量的方差，所以正态分布记作 $N(\mu, \sigma^2)$，其概率分布图如图 5-1 所示。

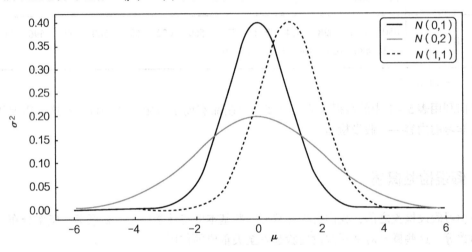

图 5-1　正态分布概率分布图

从图 5-1 可以观察出正态分布具有以下特征：
1) 正态曲线呈钟形，两头低，中间高，曲线与横轴间的面积总等于1；
2) 正态曲线关于 μ 对称，在 μ 处达到最大值，在正（负）无穷远处取值为0；
3) 随机变量的取值邻近 μ 的概率越大，远离 μ 的概率越小；
4) σ^2 越小，分布越集中在 μ 附近；σ^2 越大，分布越分散。

在掌握上述基本的统计学概念之后，接下来我们将开始学习假设检验。

5.1.1　假设检验的概念与种类

1. 假设检验的概念

假设检验也称显著性检验，是以小概率反证法的逻辑推理，判断假设是否成立的统计方法。它首先假设样本对应的总体参数（或分布）与某个已知总体参数（或分布）相同，然后根据统计量的分布规律来分析样本数据，利用样本信息判断是否支持这种假设，并对检验假设做出取舍抉择。假设检验做出的结论是概率性的，不是绝对的肯定或否定。

> **案例分析**
>
> ### 可口可乐标签的承诺是否可信？
>
> 假如可口可乐生产的一种瓶装雪碧，其标签上标注的容量为250毫升，标准差为4毫升。如果从市场上随机抽取50瓶，发现其平均含量为248毫升，那么标签上的承诺是否可信？
>
> 这时，我们就可以假设"可口可乐标签的承诺可信"或者"可口可乐标签的承诺不可信"，然后通过样本数据进行检验分析来检验假设是否正确，从而做出最终的判断，这就是我们所谓的假设检验。

2. 假设检验的种类

在统计分析过程中，我们把所有的过程和结果都进行数据化比较，检验结果由数据来呈现。数据的显示可以是正，也可以是负，当然有时候也可能是在不管正负的情况下确定为某一值，因此我们把假设检验分为单侧检验和双侧检验两种基本类型。

(1) 单侧检验

我们都知道在数轴上有正负方向。在某些情况下，某些假设问题是具有方向性的。通常来说，所谓的方向性有两种情况：一种是所观察的数值越大越好；另一种情况是所观察的数值越小越好。根据检验的实际需求不同，单侧检验中可能会出现不同的方向。

1）左侧检验。

当我们希望在检验中观察的数值越大越好时，如检测产品的合格率、电子产品的使用寿命、汽车行驶的路程数、企业经济增加值以及企业的销售利润等，我们就会利用左侧检验来进行假设分析。左侧检验的形式如下：

$$H_0: \mu \geq \mu_0, \quad H_1: \mu < \mu_0 \tag{5-3}$$

例如在检测产品的合格率时，要求合格率不低于85%，那么就可以设 $\mu_0 = 0.85$。左侧检验如图5-2所示。

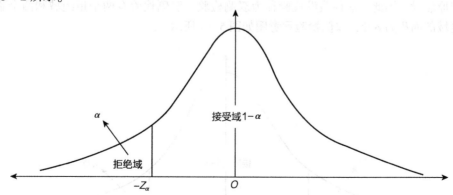

图5-2 标准正态分布左侧检验接受域与拒绝域示意图

其中，α 是假设检验中的显著性水平，也就是决策中所面临的风险值；$-Z_\alpha$ 是假设检验中的一个临界值，以其为临界点划分结果是否被接受；在单侧检验中，拒绝域的面积为 α，接受域的面积为 $1-\alpha$。

2）右侧检验。

反之，当我们在检验中希望观察的数值越小越好时，如产品的损耗率、产品的废品率、产成品成本、员工辞职率、企业的经营风险等，通常会考虑利用右侧检验。其检验的形式如下：

$$H_0: \mu \leqslant \mu_0, \quad H_1: \mu > \mu_0 \tag{5-4}$$

右侧检验示意图如图 5-3 所示。

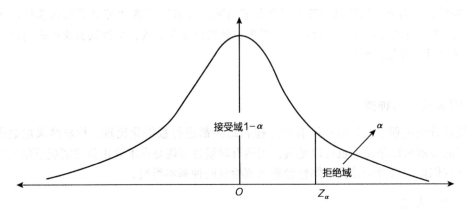

图 5-3　标准正态分布右侧检验接受域与拒绝域示意图

(2) 双侧检验

双侧检验，就是指当统计分析的目的是要检验样本均值与总体均值或样本成数有没有显著差异，而不问差异的方向是正差还是负差时所采用的一种统计检验方法。

比如，要检验车间技术改进后的产品单位成本总体均值与技术改进前的产品单位成本总体均值（$\mu_0 = A$ 元/件）是否有不同，我们就可以进行以下假设：

$$H_0: \mu_0 = A \text{ 元/件（没有显著差异）}$$
$$H_1: \mu_0 \neq A \text{ 元/件（有显著差异）} \tag{5-5}$$

根据上述原假设是 μ 等于某一数值 μ_0，因此只要 $\mu > \mu_0$ 或 $\mu < \mu_0$ 二者之中有一个成立，就可以否定原假设。因此，这种假设检验称为双侧检验。双侧检验有两个拒绝域和两个临界值，每个拒绝域的面积为 $\alpha/2$，双侧检验示意图如图 5-4 所示。

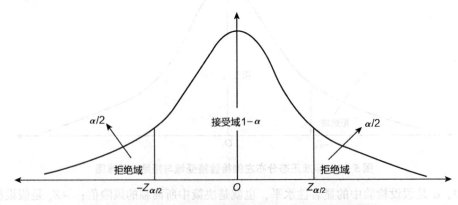

图 5-4　标准正态分布双侧检验接受域与拒绝域示意图

5.1.2 假设检验的基本思想

假设检验的基本思想是对总体数值设定某种假设，以小概率事件不发生为基准，运用反证法思想，按照总体数值的假设，并根据所获取的样本数据，通过样本统计量的分布，得出小概率事件在某一次试验或者观测中发生与否的概率，从而对总体数值进行分析以及对其原先设定的假设做出拒绝与否的判断。

> **案例分析**
>
> **经销商的不合格品率在1‰以下的许诺是否真实？**
>
> 这是一则商场上极为讽刺的小故事。某经销商对市场说"我的一批货物中不合格品率在1‰以下"，这是一个极低的不合格率，让人觉得有些不可思议。但这位经销商说的话到底可不可靠呢？我们必须拿数据来说话。
>
> 为检验经销商的说法是否可靠，观察者从这批货中随机抽出一件，如果随机抽出的这件样品经过检查后发现它是不合格品，那么我们就有理由认为这位经销商对自己的产品所做出的承诺是值得怀疑的。因为我们知道，1‰的概率本身就是个很小的数，即这是一个极低的概率，所以要随机抽出一件产品恰是不合格品是几乎不太可能会发生的事情。同理，当我们从这批货物中随机抽出的一件产品是不合格品，那我们就找到了"铁证如山"的事实，其可以证明这位经销商承诺这批货物的不合格品率低于1‰是不真实的，因此不能相信他的承诺。

可见，假设检验有两个重要因素：一个是小概率事件，另一个是逻辑思维上的反证法。

1. 小概率原理

小概率原理是假设检验的基本依据，它是指一个事件的发生概率很小，那么它在一次试验中是几乎不可能发生的，但在多次重复试验中是必然发生的。在假设检验中，遵循"小概率事件在一次试验中是不可能事件"的基本原则，根据抽样分布理论统计分析，观察小概率事件在试验中的发生与否，做出是否接受原假设的决定。

在大量的重复试验中，事件发生的频率接近于它发生的概率。如果一个事件出现的概率很小，则它出现的频率也很小，因此认为"小概率事件在一次试验中发生了"是不合理的现象。

当进行假设检验时，先假设 H_0 正确，在此假设下，若小概率事件 A 出现的概率很小（一般认为等于或小于 0.05 的概率为小概率），经过取样试验后，事件 A 出现了，则违反了上述原理，可认为这是一个不合理的结果。此时，我们只能怀疑作为小概率事件 A 的前提——假设 H_0 的正确性，从而否定 H_0。反之，如果试验中事件 A 没有出现，我们就没有理由否定假设 H_0，从而做出接受 H_0 的结论。

> **案例分析**
>
> **彩票中大奖就是小概率事件**
>
> 买彩票时，从 n 个数中任选 $m(m<n)$ 个数，与开奖完全相同即为中奖。这是一个非常简单的古典概率问题，中奖的概率为 $P=1/C_n^m$。重庆市福利彩票30选7，其中奖的概率为 $P=1/C_{30}^7$，约为204万分之一，中奖真的比"天上掉馅饼正好砸在头上"的概率还小。这就是我们常见的小概率事件。

2. 反证法思想

反证法是间接论证的方法之一，也称逆证。它是通过判断与原命题相矛盾的判断（即反论题）的真假来确定原命题成立与否的论证方法。即肯定题设而否定结论，经过推理导出矛盾，从而证明原命题。

法国数学家阿达玛（Hadamard）对反证法的实质做过概括："若肯定定理的假设而否定其结论，就会导致矛盾。"在假设检验中，首先假设在原命题条件下结论是不成立或错误的，然后在统计分析过程中一旦出现小概率事件则推理出明显矛盾的结果，从而做出原假设不成立的判断，即原命题得证。若一次抽样的样本统计值与总体参数假设值相差不大，那么就没有理由拒绝原假设，也就只好接受原假设。

> **拓展阅读**
>
> **李子到底苦不苦？**
>
> 王戎7岁时，与小伙伴们外出游玩，看到路边的李子树上结满了果子。小伙伴们纷纷去摘果子，只有王戎站在原地不动。伙伴们问他为什么不去摘果子？王戎回答说："树在道边而多子，此必苦李。"小伙伴摘取一个尝了一下，果然是苦李。
>
> 我们试着来分析王戎是怎么知道李子是苦的。他到底运用了怎样的推理方法呢？
>
> 首先，假设这路边的李子是甜的；接着分析，如果路边的李子是甜的，那么只要经过这里的人们都会摘，可是每天从这里经过的人这么多，而树上的李子却依然很多，这岂不是跟假设"李子是甜的"相矛盾吗？最后，我们就可以得出结论"树在道边而多子，此必苦李"。

5.2 假设检验的分析方法

在数据分析过程中，很多时候都要应用到假设检验的思想。在一定程度上，假设检验的原理和方法是数据分析的基础之一。

5.2.1 假设检验的基本步骤

1. 根据问题的实际情况，提出原假设 H_0 和备选假设 H_1

原假设是指待检验的假设，备选假设是原假设的对立面，是指否定原假设后可供选择的假设。

【例 5-1】 假设可口可乐公司生产的一种瓶装雪碧,其标签上标注的容量为 $\mu_0 = 250$ 毫升,标准差 σ 为 4 毫升。如果从市场上随机抽取 50 瓶,发现其平均含量为 248 毫升,那么标签上的承诺是否可信?

该假设可以表达为

$$H_0: \mu = 250;$$
$$H_1: \mu \neq 250$$

其中,字母 H 表示假设,下标 0 表示原假设,下标 1 表示备选假设。

原假设与备选假设并不一定完全对称,假设的形式分为双侧检验和单侧检验,单侧检验又分为左侧检验和右侧检验两种。从例 5-1 中所列假设来看,我们采用的是双侧检验模型。

2. 选取适当的显著水平

在假设检验中,显著性水平是指当原假设成立时,人们却把它拒绝了的概率或风险,犯这种错误的概率用 α 表示,通常把 α 称为假设检验中的显著性水平,即决策中所面临的风险。显著性水平 α 的值定得越小,拒绝原假设 H_0 的说服力越强;反之,则相反。实际检验中,α 通常取值为 0.05。

3. 选定检验统计量

检验使用的统计量称为检验统计量,它是根据具体研究的问题确定的。对于原假设是否合理的判断,实质上是看样本检验统计量的数值是否在一定概率保证程度下的正常值范围内。因不同的检验统计量具有不同的分布形式,因此要根据检验的问题选择合适、正确的检验统计量,并识别其分布。

一般来说,在已知方差的情况下,检验统计量的构造形式为

$$检验统计量 = \frac{样本统计量 - 被假设参数}{分布标准差}$$

$$Z = \frac{\bar{x} - \mu_0}{\sqrt{\frac{\sigma^2}{n}}} \sim N(0, 1) \quad (5-6)$$

其中:1) 样本均值 $\bar{x}$ 服从正态分布,且 $\bar{x} \sim N\left(\mu, \frac{\sigma^2}{n}\right)$;

2) n 为样本个数。

在未知总体方差的情况下,式 (5-6) 已不再适用,则检验统计量 $t = \frac{\bar{x} - \mu_0}{\sqrt{\frac{\sigma^2}{n}}} \sim t(n-1)$,且一般用样本标准差 s 来代替总体标准差 σ,即

$$t = \frac{\bar{x} - \mu_0}{\sqrt{\frac{s^2}{n}}} \sim t(n-1) \quad (5-7)$$

在例 5-1 中,已知标准差 $\sigma = 4$,则选择式 (5-6) 检验统计量的构造形式。

4. 确定接受域与拒绝域

根据给定的显著性水平 α,通过查询相关概率分布表确定临界值。临界值将统计量的所有

取值区域分为两个互不相交的部分，即原假设的接受域和拒绝域。

在例 5-1 中，由于 Z 服从标准正态分布，认为给定显著性水平 $\alpha = 0.05$，通过查标准正态分布表可知临界值为 1.96，则拒绝域可表示为 $W = \{|\mu| \geqslant \mu_{1-\frac{\alpha}{2}}\} = \{|\mu| \geqslant 1.96\}$，而且 $P = \{|\mu| \geqslant 1.96\} = 0.05$。

在假设检验中，使原假设被拒绝的统计量所在的区域称为拒绝域。在不同形式的假设下，拒绝域的形式不同。双侧检验的拒绝域分别位于临界值的两端；左侧检验的拒绝域位于临界值的左侧；右侧检验的拒绝域位于临界值的右侧。具体如上文中的图 5-2 至图 5-4 所示。

5. 计算统计量的值，根据拒绝域做出决策

有了明确的拒绝域后，根据样本观测值计算样本统计量的抽样值，最后将其与临界值相比较，若统计量的观察值落在拒绝域内，则拒绝原假设 H_0，接受备选假设 H_1；反之，则接受原假设 H_0。即

当抽样值 $|\mu| \leqslant 1.96$，则接受原假设 H_0，拒绝备选假设 H_1；

当抽样值 $|\mu| \geqslant 1.96$，则拒绝原假设 H_0，接受备选假设 H_1。

在例 5-1 中，由于

$$\mu = \frac{\bar{x} - 250}{\sqrt{\frac{16}{50}}} = \frac{\sqrt{50}(248 - 250)}{4} = -3.536$$

则有 $|\mu| = |-3.536| = 3.536 \geqslant 1.96$，说明一次抽样的样本统计量落在拒绝域内，此时小概率事件在一次抽样中发生了，利用反证法思想得出矛盾结果，则拒绝原假设 $H_0: \mu = 250$，接受备选假设 $H_1: \mu \neq 250$。

5.2.2 利用 P 值进行决策

传统的假设检验流程是事先确定检验的显著性水平 α，然后确定拒绝域，检验时只要统计量的值落入拒绝域就拒绝原假设。但这样的检验方法存在一定的缺憾，那就是只给出检验结论可靠性的大致范围，无法给出某一样本观测结果与原假设不一致的精确程度。相比之下，现代统计检验中常用的检验统计量 P 值较好地弥补了这个不足，它能够反映出某一样本观测结果与原假设不一致的精确程度，是目前判定原假设真假的重要工具。

P 值是进行假设检验决策的另一个依据，是最常用的一个统计学指标。统计和计量软件都可输出 P 值，如 SPSS 和 EViews 等。随着计算机技术的迅猛发展，特别是统计分析软件的普及，比较检验统计量与临界值大小的检验方法逐渐被 P 值检验所取代。因此，数据分析人员需要了解 P 值的含义并掌握如何运用 P 值进行检验。

1. P 值的含义

P 值就是当原假设为真时，检验统计量大于或等于实际观测值的概率。

1）P 值是一种概率，即在原假设为真的前提下，出现观测样本统计量的值及更极端情况的概率；

2）它是拒绝原假设的最小显著性水平；

3）它是通过抽样得到的样本数据的显著性水平；

4）它表示对原假设的支持程度，是用于确定是否应该拒绝原假设的一种方法。

2. P 值的计算

一般地，用 X 表示检验的统计量。当 H 为真时，可由样本数据计算出该统计量的值 C，根据检验统计量 X 的具体分布，可求出 P 值。具体地说：

左侧检验的 P 值为检验统计量 X 小于样本统计值 C 的概率，$P = P\{X < C\}$；

右侧检验的 P 值为检验统计量 X 大于样本统计值 C 的概率，$P = P\{X > C\}$；

双侧检验的 P 值为检验统计量 X 落在样本统计值 C 为端点的尾部区域内的概率的 2 倍，$P = 2P\{X > C\}$（当 C 位于分布曲线的右端时）或 $P = 2P\{X < C\}$（当 C 位于分布曲线的左端时）。若 X 服从正态分布和 t 分布，其分布曲线是关于纵轴对称的，故其 P 值可表示为 $P = P\{|X| > C\}$。

3. P 值的意义

P 值就是当原假设为真时所得到的样本统计量观测值或更极端结果出现的概率。如果 P 值很小，则说明这种情况发生的概率很小，而如果 P 值很小的现象在一次抽样中出现了，根据小概率原理，我们就有理由拒绝原假设。P 值越小，我们拒绝原假设的理由就越充分。总之，P 值越小，表明结果越显著。但是检验的结果究竟是"显著的""中度显著的"还是"高度显著的"，需要我们根据 P 值的大小和实际的数据来分析。

4. 使用 P 值进行决策

计算出 P 值后，将给定的显著性水平 α 与 P 值比较，就可以做出检验的决策：

如果 $\alpha > P$ 值，则在显著性水平 α 下拒绝原假设。

如果 $\alpha \leq P$ 值，则在显著性水平 α 下接受原假设。

在实践中，当 $\alpha = P$ 值时，即统计量的值 C 刚好等于临界值，为慎重起见，可增加样本容量，重新进行抽样检验。

5. 利用 P 值进行检验分析的优越性

利用 P 值代替临界值检验判定有以下几个方面的优越性。

1）用 P 值做检验不需要查表，只需要直接用 P 值与显著性水平 α 比较，当 P 值 $\leq \alpha$ 时，则拒绝原假设 H_0；当 P 值 $> \alpha$ 时，则不拒绝原假设 H_0，而用临界值检验时需要查表求临界值。

2）用 P 值做检验可以准确地知道检验的显著性，实际上 P 值就是犯第 I 类错误的真实概率，也就是检验的真实显著性。

3）用 P 值做检验具有可比性，且检验过程简单明了。

5.2.3 假设检验的两类错误

小概率原理是假设检验的基本思想之一，但是在实际情况中小概率事件并不是完全不会发生，只是发生概率很小。因此，在假设检验过程中容易发生"误拒"和"误受"两类错误。

1. "误拒"错误（第 I 类错误）

原假设 H_0 实际是正确或者成立的，但却错误地拒绝了 H_0，这样就犯了"误拒"的错误，通常称之为第Ⅰ类错误或拒真错误,犯第Ⅰ类错误的概率记为α。

2. "误受"错误(第Ⅱ类错误)

原假设H_0实际是不正确或者不成立的,但却错误地接受了H_0,这样就犯了"误受"的错误,通常称之为第Ⅱ类错误或取伪错误,犯第Ⅱ类错误的概率记为β。

对原假设的判断与假设本身的真假的关系,如表5-2所示。

表5-2 对原假设的判断与假设本身的真假的关系

对原假设的判断	假设本身的真假情况	
	原假设H_0成立	原假设H_0不成立
接受原假设H_0	决策正确($P=1-α$)	"误受"错误($P=β$)
拒绝原假设H_0	"误拒"错误($P=α$)	决策正确($P=1-β$)

每个实验者都希望犯上述两类错误的概率越来越小。但是,在一定样本量的情况下,同时控制犯这两类错误的概率是不可能的,显著性水平太小则容易"误拒",太大则容易"误受"。如果减少犯第Ⅰ类错误的概率,就会增大犯第Ⅱ类错误的概率;如果减少犯第Ⅱ类错误的概率,就会增大犯第Ⅰ类错误的概率。一定情况下,增大样本量可以减少犯两类错误的概率,但是如果无限放大样本量,就会失去抽样调查的意义。因此,在假设检验中,通常根据历史经验选取恰当的显著性水平α后,通过扩大样本容量n的方式来使犯第Ⅱ类错误的概率减小。

> **拓展阅读**
>
> 波兰裔美国数学家奈曼(J. Neyman,1894—1981)在1925年9月到达伦敦,结识了英国统计学家卡尔·皮尔逊,并与卡尔·皮尔逊的儿子小皮尔逊(E. S. Pearson,1895—1980)建立起终生友谊。他们在合作的第一篇论文(1928年6月发表)中就提出"备选假设"的概念,指出存在两类错误,他们把原假设H_0正确而拒绝H_0所犯的错误称为第Ⅰ类错误,把备选假设H_1正确而接受H_0所犯的错误称为第Ⅱ类错误,从而开始使统计推断理论建立在新的数学基础上。他们引进检验功效函数的概念,以此作为判断检验方法优劣的标准。奈曼还在1924—1937年建立置信区间的概念,将其建立在概率的频率解释之上,奠定了区间估计理论的数学基础。
>
> 资料来源:《奈曼——来自生活的统计学家》,上海科学技术出版社。

5.3 均值过程

1. 均值的基本概念

均值亦称为平均数,是表示一组数据集中趋势的量,是指在一组数据中用所有数据之和除以这组数据的个数所得的量。它是反映数据集中趋势的一项指标,解答均值相关问题的关键在于确定总数量以及和总数量对应的总份数。根据总数量的不同,我们把均值分为样本均值和总体均值。其中,样本均值是指在总体中的样本数据的均值;而总体均值又称为总体的数学期望(或简称期望),是描述随机变量取值平均状况的数字特征。

样本均值的计算依据是样本个数，总体均值的计算依据是总体个数。一般情况下样本个数小于等于总体个数。样本均值代表着所抽取的样本的集中趋势，而总体均值代表着全体个体的集中趋势。样本来自总体，但是样本只是总体的一部分，两者不可能完全相等，一般有差异。

2. 样本均值与总体均值的关系

1）计算思路相同：两个均值的计算思路都是用所测量的群体的某指标的总和除以群体个数。

2）反映的都是数据的集中趋势。样本均值和总体均值都是反映数据集中趋势的指标。

3）两者一般情况下不完全相等，样本是对总体的推测。

样本只是总体的一部分，样本取自总体，可以反映总体的特征，因此样本均值也会比较接近于总体均值，恰好等于总体均值的机会很少。一般情况下，样本均值与总体均值之间会有些差异。

拓展阅读

样本均值与总体均值

某学校在计算数学考试的平均成绩，学校现共有 1 000 人，这 1 000 人的总成绩是 80 000 分，那么平均成绩就是 80 分。但是如果嫌麻烦，不想把每个人的成绩都加起来，可以随机找 300 个人，把他们的成绩加起来，其总成绩是 24 003 分，这 300 人的平均成绩就是 80.01 分。这时，80 分就是总体均值，80.01 分就是样本均值。

5.4 单样本 t 检验

单样本 t 检验的目的是利用来自某单个总体的样本数据，推断该总体的均值是否与假设的检验值之间存在显著性差异。比如，在一批产品中选取部分产品进行成本检验，以样本检验结果推断总体，再与假设检验值比较，类似审计抽样检验；或在一批产品中选取不同地区的产品销量作为检验样本，测试样本的销售情况，以样本检验结果推断总体，再与假设检验值比较，得出是否与预期保持大致一致的结果。它是对总体均值的假设检验。当总体分布服从正态分布，总体标准差未知且样本容量小于 30 时，样本均值与总体均值的离差统计量呈 t 分布。

根据抽样分布原理，设样本量取自一个方差 σ^2 未知的正态总体，其数学期望为总体均值 μ，则检验统计量 $t = \dfrac{\bar{x} - \mu_0}{\dfrac{\sigma}{\sqrt{n}}}$ 在原假设 $H_0: \mu = \mu_0$ 为真的条件下服从自由度为 $(n-1)$ 的 t 分布，由于 σ^2 未知，一般用样本标准差 s 来代替总体标准差 σ，即

$$t = \dfrac{\bar{x} - \mu_0}{\dfrac{s}{\sqrt{n}}} \sim t(n-1) \tag{5-8}$$

其中，$i = 1, 2, \cdots, n$；$\bar{x} = \dfrac{\sum_{i=1}^{n} x_i}{n}$ 为样本均值；$s = \sqrt{\dfrac{\sum_{i=1}^{n}(x_i - \bar{x})^2}{n-1}}$ 为样本标准差；n 为样本数。

具体检验过程如下：

1）σ 未知，假设 $H_0 : \mu = \mu_0$，$H_1 : \mu \neq \mu_0$（此为双侧检验假设，单侧检验假设如表 5-3 所示）；

2）选取统计量 $t = \dfrac{\bar{x} - \mu_0}{\dfrac{s}{\sqrt{n}}} \sim t(n-1)$；

3）对于给定的显著性水平 α，查 t 分布表得 $t_{\frac{\alpha}{2}}(n-1)$；

4）确定拒绝域 $|t| > t_{\frac{\alpha}{2}}(n-1)$；

5）代入样本观察值，如果 $|t| > t_{\frac{\alpha}{2}}(n-1)$，则拒绝原假设 H_0，接受备选假设 H_1；否则，接受原假设 H_0。即

在双侧检验中，如果 $|t| > t_{\frac{\alpha}{2}}(n-1)$，则拒绝原假设 H_0；反之，则接受原假设 H_0。

在左侧检验中，如果 $t < -t_\alpha(n-1)$，则拒绝原假设 H_0；反之，则接受原假设 H_0。

在右侧检验中，如果 $t > t_\alpha(n-1)$，则拒绝原假设 H_0；反之，则接受原假设 H_0。

表 5-3 单样本 t 检验的分类讨论表

检验类型	原假设	备选假设	检验统计量	H_0 成立时，检验统计量的分布	拒绝域的形式	拒绝域 C
双侧检验	$\mu = \mu_0$	$\mu \neq \mu_0$	$t = \dfrac{\bar{x} - \mu_0}{\dfrac{s}{\sqrt{n}}}$	$t(n-1)$	$|t| \geq k$	$\{|t| > t_{\frac{\alpha}{2}}(n-1)\}$
右侧检验		$\mu > \mu_0$			$t \geq k$	$\{t > t_\alpha(n-1)\}$
左侧检验		$\mu < \mu_0$			$t \leq -k$	$\{t < -t_\alpha(n-1)\}$

【例 5-2】某灯具厂生产一种白炽灯泡，根据长期观察，得知该灯泡使用寿命服从正态分布，平均使用寿命为 1 500h，没有灯泡使用寿命的标准差数据。现准备采用新技术延长灯泡寿命，引用该生产技术后抽检了 16 个灯泡，使用寿命数据如表 5-4 所示。试以 $\alpha = 0.05$ 的显著性水平判断该种新技术是否显著提高了灯泡的使用寿命。

表 5-4 灯泡使用寿命数据

（单位：小时）

| 1 533 | 1 514 | 1 502 | 1 497 | 1 502 | 1 503 | 1 504 | 1 497 |
| 1 518 | 1 500 | 1 494 | 1 514 | 1 513 | 1 500 | 1 518 | 1 513 |

解：由题意可知，这一类检验问题属于右侧检验，可建立假设：

$$H_0 : \mu = 1\,500,\quad H_1 : \mu > 1\,500$$

由题中样本数据及已知条件得到：

$$\bar{x} = 1\,507.625,\ \mu_0 = 1\,500,\ n = 16,\ s = 10.404,\ t_\alpha(n-1) = t_{0.05}(15) = 1.753$$

$$t = \frac{\bar{x} - \mu_0}{\dfrac{\delta}{\sqrt{n}}} = \frac{1\,507.625 - 1\,500}{\dfrac{10.404}{\sqrt{16}}} \approx 2.932 > 1.753$$

因此，拒绝原假设 H_0，即该种新技术显著提高了灯泡的使用寿命。

【实操演练】对例 5-2 中的数据（配套资源文件 Data05-01）完成以下操作：

1. 利用 SPSS 进行单样本 t 检验

操作步骤如下：

步骤 1：打开 SPSS 软件，在"数据编辑器"窗口中选择菜单栏中的"文件"→"打开"

→"数据"命令,如图5-5所示,弹出"打开数据"对话框。

图5-5 打开数据文件

步骤2:在"打开数据"对话框中,在"文件类型"下拉列表中选择原始数据所存类型,在本例中的原始数据所存类型为"*.xlsx"。

步骤3:找到文件所在位置,本例数据位于电脑"桌面",找到"单样本t检验"数据文件,双击"单样本t检验"数据文件,如图5-6所示。

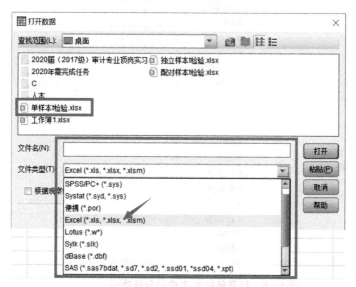

图5-6 找到数据源

步骤4：在弹出的"打开 Excel 数据源"对话框中单击"确定"按钮，将外部 Excel 中的原始数据导入 SPSS 软件中，如图 5-7 和图 5-8 所示。

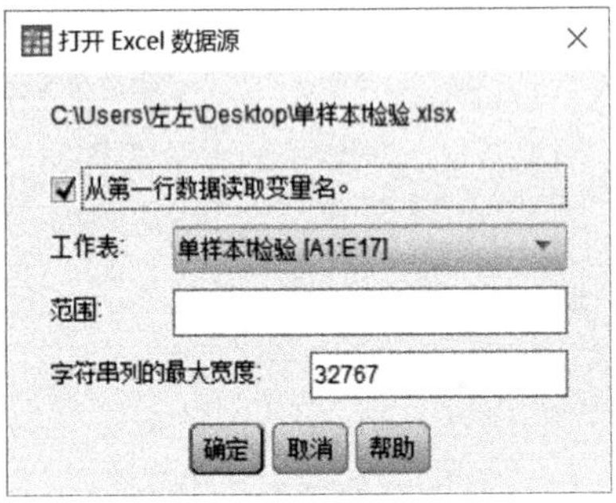

图 5-7　数据录入范围 　　　　　图 5-8　数据录入

步骤5：选择菜单栏中的"分析"→"比较均值"→"单样本 T 检验"命令，如图 5-9 所示，弹出"单样本 T 检验"对话框。注：SPSS 软件界面中的"T 检验"即 t 检验。

图 5-9　打开单样本 T 检验分析功能

步骤6：在"单样本T检验"对话框中，将字段"使用寿命"移入"检验变量"列表框，如图5-10所示。

步骤7：在"单样本T检验"对话框中，单击"选项"按钮，弹出"单样本T检验：选项"对话框，将"置信区间百分比"设置为"95%"，选择"按分析顺序排除个案"单选按钮，单击"继续"按钮，如图5-11所示。

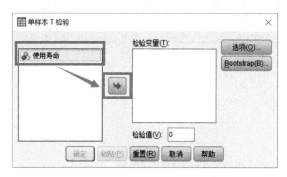

图5-10 "单样本T检验"变量设置

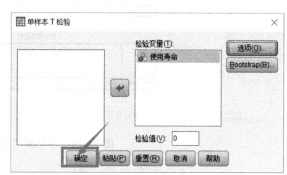

图5-11 "单样本T检验"选项设置

步骤8：在"单样本T检验"对话框中单击"确定"按钮，如图5-12所示。在"输出"窗口查看结果，单个样本统计表显示，该组数据有16个样本，均值为1 507.63，标准差为10.404，均值的标准误为2.601。技术改造后的灯泡的平均寿命高于改造前；在单个样本检验表中，显示t检验的相伴概率为0.000，小于显著性水平0.05，所以拒绝原假设H_0，结果和上述检验是一致的，如图5-13所示。

图5-12 "单样本T检验"结果计算

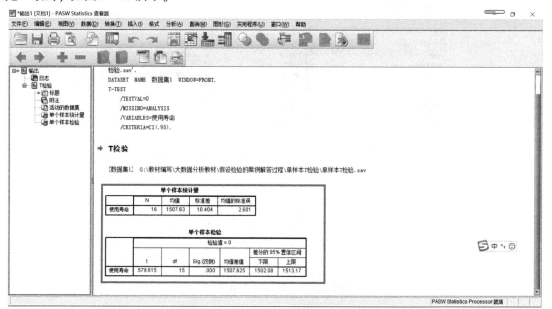

图5-13 "单样本T检验"结果分析

步骤9：保存结果。右击"输出"窗口中的结果表，在弹出的快捷菜单中选择"导出"命令，如图5-14所示。弹出"导出输出"对话框，选择输出的文档类型，在"文件名"的位置修改文件名，单击"浏览"按钮，选择保存位置，单击"确定"按钮，如图5-15所示。

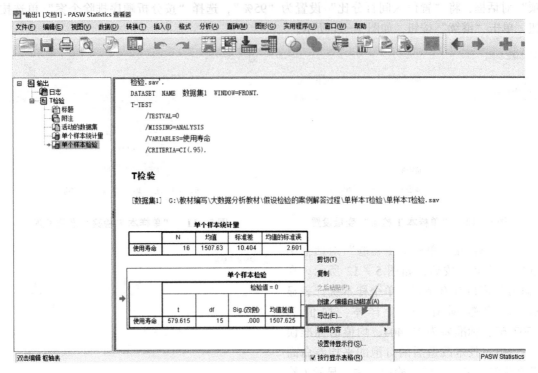

图5-14 "单样本T检验"结果导出

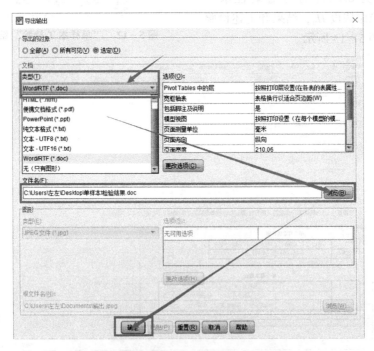

图5-15 "单样本T检验"结果保存

2. 用 Excel 2010 计算 t 统计量检验的 P 值

操作步骤如下：

步骤1：打开配套资源中的数据文件 Data05-01，选择一个空白单元格"D6"。

步骤2：选择"公式"选项卡→"函数库"组→"插入函数"按钮，弹出"插入函数"对话框，如图5-16所示。

图 5-16 插入函数

步骤3："或选择类别"下拉列表中选择"统计"，在"选择函数"列表框中选择"NORM.S.DIST"，单击"确定"按钮，如图5-17所示。

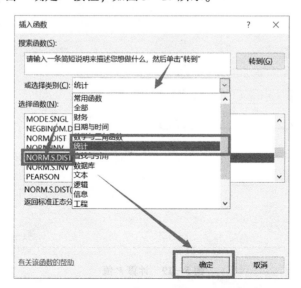

图 5-17 "单样本 T 检验"公式选择

步骤4：在弹出的"函数参数"对话框中设置 Z 值为 2.932，在 Cumulative 文本框中输入 true，函数值结果为 0.998 266 617，如图 5-18 所示。这意味着在标准正态分布条件下，在 $t = 2.932$ 左边的面积为 0.998 266 617。

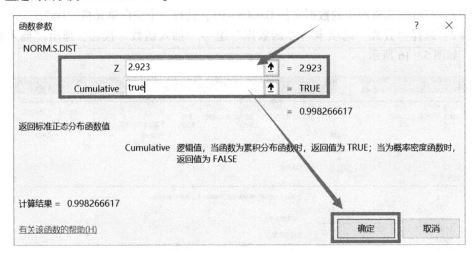

图 5-18 "单样本 T 检验"结果计算

步骤5：计算 P 值。本例是单侧检验（右侧检验），故最后的 P 值为

$$P = 1 - D6 = 0.001\ 733\ 383$$

由于 P 值 $< \alpha$（$\alpha = 0.05$），所以拒绝原假设 H_0，结果和上述检验是一致的，如图 5-19 和图 5-20 所示。

图 5-19 计算 P 值

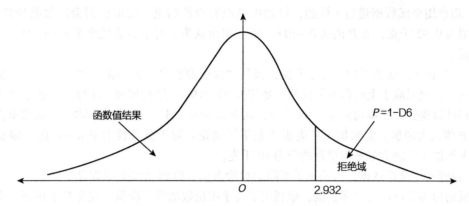

图 5-20 "单样本 T 检验"结果分析

【例 5-3】某种西裤单位利润 X（以元计）服从正态分布，μ、σ^2 未知，现抽取 9 条西裤的单位利润如下：105、99、97、100、96、98、103、104、107。请问，是否可以认为一条西裤的单位利润大于 100 元？（显著性水平 $\alpha = 0.05$）

根据题意可建立假设：

$$H_0 : \mu \leq 100, \quad H_1 : \mu > 100$$

选取统计量

$$t = \frac{\bar{x} - \mu_0}{\frac{s}{\sqrt{n}}} \sim t(n-1)$$

对于给定的显著性水平 $\alpha = 0.05$，$n = 9$，查表得临界值 $t_{0.05}(8) = 1.8595$，拒绝域为 $(1.8595, +\infty)$

计算 $\bar{x} = 101$，$s = 4.0156$。

代入统计量 t 的计算公式，得到 $t = \dfrac{\bar{x} - \mu_0}{\frac{s}{\sqrt{n}}} = \dfrac{(101-100)\times 3}{4.0156} = 0.7471 < t_{0.05}(8)$

t 没有落入拒绝域，故接受原假设 $H_0 : \mu \leq 100$，即一条西裤的单位利润小于或等于 100 元。

【练一练】

请根据例 5-3 中的资料完成以下练习：

1. 请按照前述方法，利用 SPSS 软件进行单样本 t 检验；
2. 请按照前述方法，在 Excel 中使用 P 值检验。

【例 5-4】一个大米加工厂卖给一个超市一批标明每包重 10 千克的大米，而该超市怀疑该厂家缺斤短两，于是抽取了 10 包大米进行称重，得到下面的结果（单位：千克）：

9.93	9.83	9.76	9.95	10.07	9.89	10.03	9.97	9.89	9.87

这里假定该批大米的重量服从正态分布。

由于发生分歧，于是各方同意用这个数据进行关于大米重量均值 μ 的检验；以厂家所说的平均重量为 10 千克作为原假设，以超市怀疑的分量不足 10 千克作为备选假设：

$$H_0 : \mu = 10, \quad H_1 : \mu < 10$$

于是，超市、大米加工厂老板和该老板的律师都进行了检验。结果如下：

1）超市用全部数据进行 t 检验，得到拒绝原假设的结论。超市根据全部数据计算得到：样本均值为 9.92 千克，而 P 值为 0.010 6。因此超市认为，对于显著性水平 $\alpha = 0.05$，应该拒绝原假设。

2）大米加工厂老板只用了 2 个数据，得到"接受原假设"的结论。大米加工厂老板也懂些统计知识，他只取了上面样本的前两个数字 9.93 和 9.83 进行同样的 t 检验。通过对这两个数字进行计算得到：样本均值为 9.88 千克，而 P 值为 0.125 7。虽然样本均值不如超市检验的大，但 P 值大大增加。大米加工厂老板于是下了结论：对于显著性水平 $\alpha = 0.05$，接受原假设，即大米加工厂的大米平均重量的确为 10 千克。

3）律师用了全部数据，但采用了不同的检验方法，得到"接受原假设"的结论。大米加工厂老板的律师说可以用全部数据，他利用了关于中位数的符号检验（注意对于正态分布，对中位数的检验等价于对均值的检验，符号检验属于非参数检验，其详细检验过程可参考非参数检验的文献）。根据计算，得到该检验的 P 值为 0.054 7，所以这个律师说在显著性水平 $\alpha = 0.05$ 时，应该"接受原假设"；还说"既然三个检验中有两个都接受原假设，就应该接受原假设"。

大米加工厂老板实际上减少了作为证据的数据，因此只能得到"证据不足，无法拒绝原假设"的结论，但大米加工厂老板采用了一些错误的统计说法，把"证据不足以拒绝原假设"改成"接受原假设"了；而且从样本中仅选择某些数字（等于销毁证据）违背统计道德。大米加工厂老板的律师虽然用了全部数据，但采用了不同的方法，只能说"在这个检验方法下，证据不足以拒绝原假设"而不能说"接受原假设"。另外，该律师对超市用更有效的检验方法得到的"拒绝原假设"的结论视而不见，这也违背了统计原理。其实，对于同一个检验问题，可能有多种检验方法，但只要有一个拒绝，就可以拒绝。那些不能拒绝的检验方法是能力不足，用统计术语来说，该拒绝而不能拒绝的检验方法是势不足，或者效率低。该例说明了以下几个问题：

1）在已经得到样本的情况下，随意取舍一些数字是违背统计原理和统计道德的，这相当于篡改或销毁证据。

2）若由于证据不足而不能拒绝原假设，则绝对不能说成"接受原假设"。如果一定要说，请给出你接受原假设所可能犯第 II 类错误的概率（这是无法计算出的），这是大米加工厂老板及其律师所犯的错误。

3）律师的检验和超市所做的检验都针对同样的检验问题，但由于超市的检验方法比律师的更强大（或更强势、更有效率），所以超市拒绝了原假设，而律师的检验则不能拒绝。

4）如果有针对同一检验问题的许多检验方法，那么只要有一个拒绝就必须拒绝，绝对不能"少数服从多数"，也不能"视而不见"。

5.5 独立样本 t 检验

在进行数据分析时，我们经常会遇到比较两类人或两个类别在某些观察方面是否存在差异的实际问题，这种问题从数据建模的角度讲，就是比较两个总体是否具有相同分布的问题。数据分两个类别，因此数据可划分为两个总体，假设这两个总体都是正态分布的，那么这两个总体分布分别记为 $N(\mu_1, \sigma_1^2)$ 和 $N(\mu_2, \sigma_2^2)$，则比较两个类别在某方面的差异问题，就转化为比较两个总体的均值是否存在差异。这就需要用到两独立样本 t 检验。

两独立样本 t 检验（各实验处理组之间毫无关联存在，即独立样本）的目的是利用来自两个非相关样本总体的独立样本，推断两个总体的均值是否存在显著差异，如不同的两组人的身高是否来自同一总体、高个子和矮个子的寿命关系、男生和女生的高中学习能力差异、产品 A 和产品 B 的销量是否有差异、车间甲和车间乙的工作效率是否有差异、产品 C 在重庆和成都两个不同地区的销售量是否有差异、产品 A 和产品 B 的利润增长率是否有差异等。

对两个总体均值差的推断是建立在来自两个总体样本均值差的基础之上的，也就是希望利用两组样本均值的差去估计总体均值的差。因此，应关注两样本均值的抽样分布。当两个总体分布分别为 $N(\mu_1, \sigma_1^2)$ 和 $N(\mu_2, \sigma_2^2)$ 时，两样本均值差的抽样分布仍为正态分布，该正态分布的均值为 $\mu_1 - \mu_2$。

独立样本 t 检验主要是对两个正态总体均值之差的检验，具体有两种情况：一是两个总体方差 σ_1^2、σ_2^2 未知，但 $\sigma_1^2 = \sigma_2^2 = \sigma^2$；二是两个总体方差 σ_1^2、σ_2^2 未知，且为小样本（$n < 30$）。

设总体为 $X \sim N(\mu_1, \sigma_1^2)$、$Y \sim N(\mu_2, \sigma_2^2)$，$x_1, \cdots, x_n$ 与 $y_1, \cdots, y_n$ 分别为来自总体 X 与 Y 的样本，且两样本独立。$\bar{x}$、$\bar{y}$ 分别为两个总体的样本均值，μ_1、μ_2 分别为两个总体的总体均值，σ_1^2、σ_2^2 分别为两个总体方差，s_1^2、s_2^2 分别为两个样本方差，μ_1、μ_2、σ_1^2、σ_2^2 均未知，n 为总体样本量。根据以下情况进行假设检验。

1. 两个总体方差 σ_1^2、σ_2^2 未知，但 $\sigma_1^2 = \sigma_2^2 = \sigma^2$

假设总体 X 与 Y 的方差 $\sigma_1^2 = \sigma_2^2 = \sigma^2$。

对于双侧检验假设 $H_0: \mu_1 = \mu_2$，$H_1: \mu_1 \neq \mu_2$（单侧检验假设如表 5-5 所示），根据抽样分布定理可知，统计量 $t = \dfrac{\bar{x} - \bar{y}}{s_w \sqrt{\dfrac{1}{n_1} + \dfrac{1}{n_2}}}$ 服从自由度为 $n_1 + n_2 - 2$ 的 t 分布，即

$$t = \frac{\bar{x} - \bar{y}}{s_w \sqrt{\dfrac{1}{n_1} + \dfrac{1}{n_2}}} \sim t(n_1 + n_2 - 2) \tag{5-9}$$

其中，$s_w^2 = \dfrac{(n_1 - 1) s_1^2 + (n_2 - 1) s_2^2}{n_1 + n_2 - 2}$。

对于给定的显著性水平 α，查 t 分布表：

在双侧检验中，如果 $|t| \geq t_{\frac{\alpha}{2}}(n_1 + n_2 - 2)$，则拒绝原假设 H_0，即两个总体的均值存在显著差异；反之，则接受原假设 H_0，即两个总体的均值不存在显著差异。

在左侧检验中，如果 $t < -t_\alpha(n_1 + n_2 - 2)$，则拒绝原假设 H_0；反之，则接受原假设 H_0。

在右侧检验中，如果 $t > t_\alpha(n_1 + n_2 - 2)$，则拒绝原假设 H_0；反之，则接受原假设 H_0。

表 5-5　两个总体方差 σ_1^2、σ_2^2 未知，但 $\sigma_1^2 = \sigma_2^2 = \sigma^2$ 的均值检验的分类讨论表

检验类型	原假设	备选假设	检验统计量	H_0 成立时，检验统计量的分布	拒绝域 C
双侧检验	$\mu_1 = \mu_2$	$\mu_1 \neq \mu_2$	$t = \dfrac{\bar{x} - \bar{y}}{s_w \sqrt{\dfrac{1}{n_1} + \dfrac{1}{n_2}}}$	$t(n_1 + n_2 - 2)$	$\{|t| \geq t_{\frac{\alpha}{2}}(n_1 + n_2 - 2)\}$
右侧检验	$\mu_1 = \mu_2$	$\mu_1 > \mu_2$			$\{t > t_\alpha(n_1 + n_2 - 2)\}$
左侧检验	$\mu_1 = \mu_2$	$\mu_1 < \mu_2$			$\{t < -t_\alpha(n_1 + n_2 - 2)\}$

【例 5-5】某种物品在处理前与处理后的含脂率样本值如表 5-6 所示。

表 5-6 某种物品在处理前与处理后的含脂率样本表

处理前	0.19	0.18	0.21	0.30	0.41	0.21	0.27	0.27
处理后	0.15	0.13	0.07	0.24	0.19	0.06	0.08	0.12

假定处理前后的含脂率都服从正态分布，且标准差不变，那么处理前后含脂率的总体均值有无变化？（$\alpha = 0.05$）

解：根据题意，可建立假设：

$$H_0: \mu_1 = \mu_2, \quad H_1: \mu_1 \neq \mu_2$$

选取统计量 $t = \dfrac{\bar{x} - \bar{y}}{s_w \sqrt{\dfrac{1}{n_1} + \dfrac{1}{n_2}}} \sim t(n_1 + n_2 - 2)$，$n_1 = 7$，$n_2 = 8$。

对于给定的显著性水平 $\alpha = 0.05$，查表得到 $t_{0.025}(13) = 2.16$。

拒绝域为 $|t| > t_{0.025}(13) = 2.16$。

根据上述数据得到样本观测值 $\bar{x} = 0.24$，$s_1^2 = 0.0058$，$\bar{y} = 0.13$，$s_2^2 = 0.0039$。

代入公式得到统计量 $|t| = 3.60 > t_{0.025}(13) = 2.16$，$t$ 落在拒绝域中，则表明处理前后含脂率有变化，且处理后含脂率降低了。

【实操演练】

对例 5-5 中的数据（配套数据文件 Data05-02）进行软件操作分析。

（1）在 Excel 中进行两独立样本 t 检验

操作步骤如下：

步骤 1：打开数据文件 Data05-02，单击表格任意位置，单击"数据"选项卡→"分析"组→"数据分析"按钮。

步骤 2：在弹出的"数据分析"对话框中选择"t-检验：双样本等方差假设"，单击"确定"按钮，如图 5-21 所示。

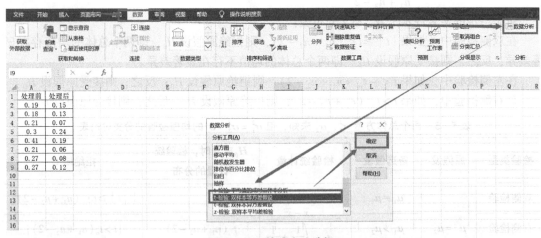

图 5-21 检验方法选择

步骤 3：在弹出的"t-检验：双样本等方差假设"对话框中，将"变量 1 的区域"设定为处理前的数据"$A$2:$A$9"，将"变量 2 的区域"设定为处理后的数据"$B$2:$B$9"。

一般确定显著性水平 $\alpha = 0.05$，在"输出选项"区域中，可以在原工作表组选择足够的空白单元格作为输出区域，或者在原工作簿中生成新工作表组，也可以生成新的工作簿。本例中，在原工作表组选择足够的空白单元格作为输出区域，再单击"确定"按钮，如图 5 – 22 所示。

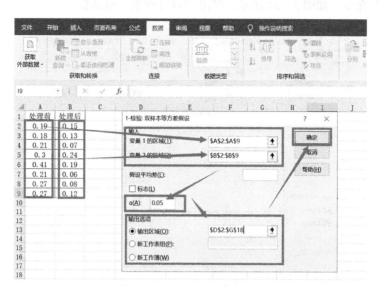

图 5 – 22 "独立样本 T 检验"数据设置

步骤 4：查看结果。t 统计量的值为 $3.597747487 > t_{0.025}(13) = 2.16$，则 t 落在拒绝域中，且"P（T <= t）双尾"为 $0.002911466 < \alpha = 0.05$，则处理前后含脂率有显著差异，结果如图 5 – 23 所示。

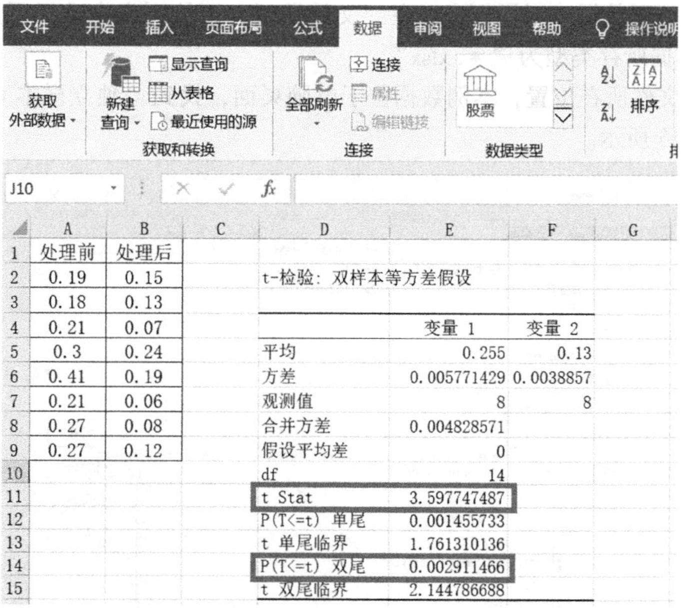

图 5 – 23 "独立样本 T 检验"结果分析

(2) 利用 SPSS 软件进行两独立样本 t 检验

操作步骤如下：

步骤1：打开 SPSS 软件，在"数据编辑器"窗口中选择菜单栏中的"文件"→"打开"→"数据"命令，如图 5-24 所示，弹出"打开数据"对话框。

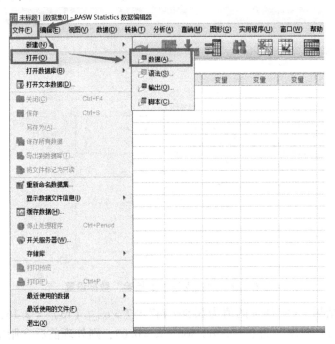

图 5-24　打开数据文件

步骤2：在"打开数据"对话框中，在"文件类型"下拉列表中选择原始数据所存类型，在本例中的原始数据所存类型为"＊.xlsx"。

步骤3：找到文件所在位置，本例数据位于电脑桌面，找到"独立样本 t 检验"数据文件并双击，如图 5-25 所示。

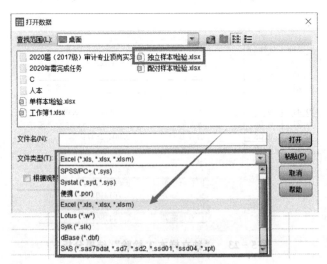

图 5-25　找到数据源

步骤4：在弹出的"打开 Excel 数据源"对话框中单击"确定"按钮，将外部 Excel 中的原始数据导入 SPSS 软件中，如图 5-26 和图 5-27 所示。

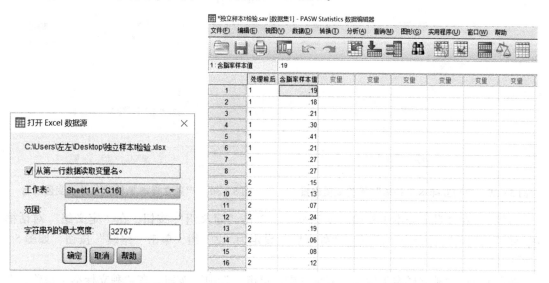

图 5-26　数据录入范围　　　　　　　　图 5-27　数据录入

步骤5：选择菜单栏中的"分析"→"比较均值"→"独立样本 T 检验"命令，如图 5-28 所示，弹出"独立样本 T 检验"对话框。

图 5-28　选择"独立样本 T 检验"

步骤6：在"独立样本 T 检验"对话框中，将数据字段"含脂率样本值"导入"检验变量"列表框，将分类字段"处理前后"导入"分组变量"列表框，如图 5-29 和图 5-30

所示。

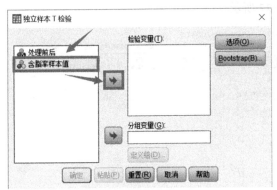

图5-29 "独立样本T检验"检验变量设置

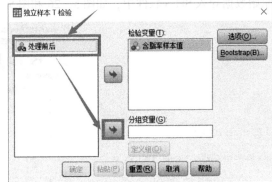

图5-30 "独立样本T检验"分组变量设置

步骤7：在"独立样本T检验"对话框中，单击"定义组"按钮，在"定义组"对话框中，将"处理前"设定为"1"组，"处理后"设定为"2"组，单击"继续"按钮，如图5-31所示。

步骤8：在"独立样本T检验"对话框中，单击"选项"按钮，在"独立样本T检验：选项"对话框中，置信区间百分比一般设为"95%"，选择"按分析顺序排除个案"单选按钮，单击"继续"按钮，如图5-32所示。

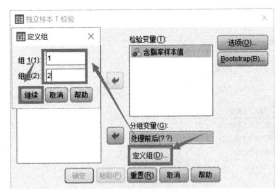

图5-31 定义数据组

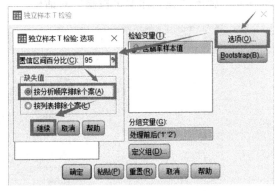

图5-32 "独立样本T检验"选项设置

步骤9：在"独立样本T检验"对话框中，单击"确定"按钮，在"输出"窗口查看结果，如图5-33所示。在"组统计量"表中显示，处理前后的含脂率样本值均值分别为0.255、0.13，处理前后的含脂率样本值标准差分别为0.075 97、0.623 4。在"独立样本检验"表中显示，$t=3.598$的显著性（双侧）为0.003，即$P=0.003$，小于显著性水平0.05，因此可以认为处理前后含脂率有显著差异，分析结果如图5-34所示。

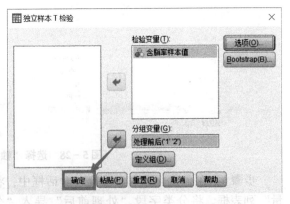

图5-33 "独立样本T检验"结果计算

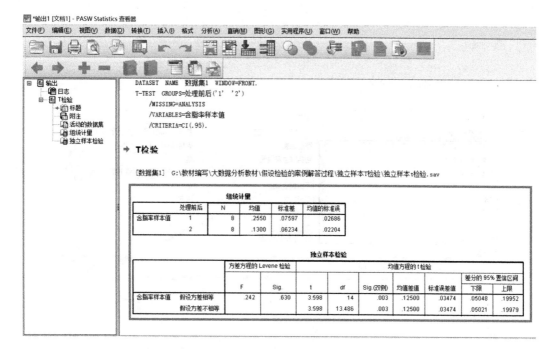

图 5-34 "独立样本 T 检验"结果分析

步骤 10：保存结果。右击"输出"窗口的结果表，在弹出的快捷菜单中选择"导出"命令，如图 5-35 所示。弹出"导出输出"对话框，选择输出文档类型，在"文件名"的位置修改文件名，单击"浏览"按钮，选择保存位置，最后单击"确定"按钮即可，如图 5-36 所示。

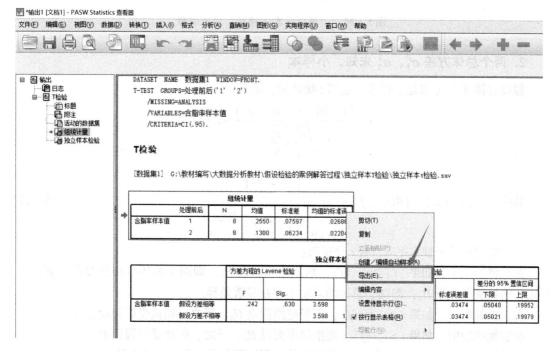

图 5-35 "独立样本 T 检验"结果导出

数据分析技术

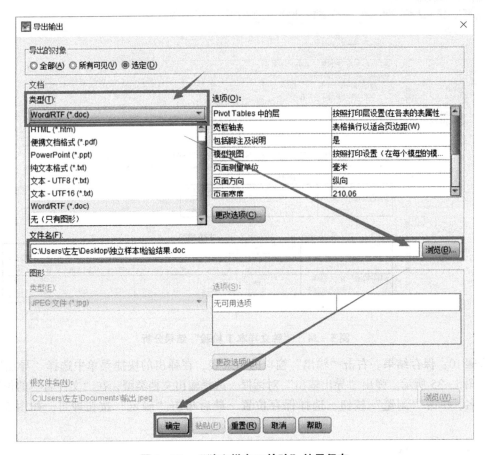

图 5-36 "独立样本 T 检验"结果保存

2. 两个总体方差 σ_1^2、σ_2^2 未知，小样本

假设总体 X 与 Y 都是小样本，选用 t 统计量，则有：

$$t = \frac{(\bar{x}-\bar{y}) - (\mu_1-\mu_2)}{\sqrt{\dfrac{s_1^2}{n_1}+\dfrac{s_2^2}{n_2}}} \sim t(f) \tag{5-10}$$

其中，f 为 t 分布的自由度，$f = \dfrac{\left(\dfrac{s_1^2}{n_1}+\dfrac{s_2^2}{n_2}\right)^2}{\dfrac{s_1^4}{n_1^2(n_1-1)}+\dfrac{s_2^4}{n_2^2(n_2-1)}}$ (5-11)

对于给定的显著性水平 α，查 t 分布表：

在双侧检验中，如果 $|t| \geq t_{\frac{\alpha}{2}}(f)$，则拒绝原假设 H_0，即两个总体的均值存在显著差异；反之，则接受原假设 H_0，即两个总体的均值不存在显著差异。

在左侧检验中，如果 $t < -t_\alpha(f)$，则拒绝原假设 H_0；反之，则接受原假设 H_0。

在右侧检验中，如果 $t > t_\alpha(f)$，则拒绝原假设 H_0；反之，则接受原假设 H_0。

这种情况的案例在 Excel 或 SPSS 软件中的处理过程和前一种情况基本类似。

【练一练】

某汽车公司测试两种型号汽车每升汽油的行驶里程,分别随机抽取10辆车进行记录,其数据如下:

A型	12.9	12.3	10.7	11.2	12.2	11.5	12.8	11.1	12.6	12.9
B型	12.6	12.9	11.4	11.8	12.8	11.8	11.6	12.7	11.6	13.9

假设每升汽油的行驶里程服从正态分布,问两种型号的汽车每升汽油的行驶里程是否有差别。假定显著性水平为0.05。

要求:请利用 Excel 或 SPSS 软件完成相应的检验过程。

5.6 配对样本 t 检验

配对样本 t 检验可视为单样本 t 检验的扩展,不过检验的对象由一群来自常态分配独立样本更改为两群配对样本的观测值之差。配对样本的检验方法主要用于检验两个相关样本是否来自具有相同均值的正态总体,即推断两个配对总体的均值是否存在显著性差异,如减肥药服用前后体重比较检验、培训前后学生成绩分数比较检验、某种教学方法是否对教学有效、某种训练是否对接受训练的人的某一身体机能有改善作用、某一种药物对某种病的治疗是否有效果、技术改进对降低产品成本是否有效、销售方式改进对提高销售收入是否有效等。

配对样本就是两个样本是配对的,其观察值数目相同,其观察值的顺序不能随意更改。配对样本检验的出发点在于对试验前后样本的差值情况进行检验,如果两个配对总体均值不存在显著性差异,则两个配对样本均值之差应该与零不存在显著性差异。

配对样本检验通常可分为以下两种情形。

1. 同源配对

同源配对也就是同质的被试对象分别接受两种不同的处理。例如,为了检验某种药物对治疗癌症是否有效,先随机抽取20名患者,再随机分为两组。一组使用该药物,另一组不使用,两个月后对这两组患者进行癌细胞测试,得到相应数据,判断该药物是否对治疗癌症有效。

2. 自身配对

1)某组同质被试对象接受两种不同的处理。例如,抽取一个年级的同学作为被试对象,分别取得他们的身高和体重数据,判断他们的平均身高和体重是否存在显著差异。

2)某组同质被试对象接受处理前后是否存在差异。例如,某公司生产车间采用新的生产技术,分别统计车间采用该技术前和采用该技术后各类产品的月产量,得到数据,判断这种新的生产技术是否有效。

假设两个配对样本的试验值分别为 x_{1i}、x_{2i} ($i=1,2,\cdots,n$),分别来自两个配对总体 X_1 和 X_2,两个配对总体均值分别为 μ_1 和 μ_2,两个配对样本均值分别为 $\overline{x_1}$ 和 $\overline{x_2}$。现要检验两个配对总体均值是否存在显著性差异,检验过程如下:

首先,建立原假设与备选假设:

$$H_0: \mu_1 - \mu_2 = 0, \quad H_1: \mu_1 - \mu_2 \neq 0$$

然后,对两个配对总体进行差值处理,得到新总体 $X_c: X_{ci} = X_{1i} - X_{2i}$,设其均值为 μ_c,处理

后的样本观察值 x_c：$x_{ci} = x_{1i} - x_{2i}$（$i = 1, 2, \cdots, n$）来自新总体 X_c，则可将原假设与备选假设转化为

$$H'_0: \mu_c = 0, \quad H'_1: \mu_c \neq 0$$

其检验统计量为

$$t = \frac{(\overline{x_{1i}} - \overline{x_{2i}}) - (\mu_1 - \mu_2)}{\frac{s_c}{\sqrt{n_c}}} \sim t(n_c - 1) \tag{5-12}$$

将其转化为

$$t = \frac{\overline{x_c} - \mu_{c_0}}{\frac{s_c}{\sqrt{n}}} \sim t(n - 1) \tag{5-13}$$

其中，s_c 为新总体 X_c 的样本标准差。

接下来的分析与 "5.4 单样本 t 检验" 总体均值的检验过程基本相同。

【例 5-6】比较甲班学生参加提高班培训前后的数学成绩提高率，已知甲班学生参加提高班培训前后的数学成绩提高率服从正态分布，现从甲班抽取 10 名学生培训前后的数学成绩提高率，得到的数据如表 5-7 所示。试在显著性水平 $\alpha = 0.01$ 下，分析甲班学生在参加提高班培训前后的数学成绩提高率有无显著性差异。

表 5-7 学生的培训前后的数学成绩提高率   （%）

编　号	1	2	3	4	5	6	7	8	9	10
培训前	13.3	11.7	9.8	6.4	22.0	3.1	3.7	5.3	11.8	17.4
培训后	31.2	30.8	8.2	11.6	42.6	6.8	19.8	16.0	22.5	30.2

根据题意，确定原假设与备选假设：

$$H_0: \mu_1 - \mu_2 = 0, \quad H_1: \mu_1 - \mu_2 \neq 0$$

对原始数据进行差值处理，x_c：$x_{ci} = x_{1i} - x_{2i}$（$i = 1, 2, \cdots, n$）来自新总体 X_c，其差值数据 x_c 如下：

x_c	17.9	19.1	-1.6	5.2	20.6	3.7	16.1	10.7	10.7	12.8

将问题转化为考察 x_c 的均值检验问题，即原假设与备选假设转化为

$$H'_0: \mu_1 - \mu_2 = 0, \quad H'_1: \mu_1 - \mu_2 \neq 0$$

由条件 $\alpha = 0.01$，$n = 10$ 得到：$t_{\frac{\alpha}{2}}(10 - 1) = 3.2498$。

根据差值数据及其他相关信息得到：$\overline{x_c} = 11.52$，$s_c = 7.286$。

采用 t 检验统计量：

$$t = \frac{\overline{x_c} - \mu_{c_0}}{\frac{s_c}{\sqrt{n}}} = \frac{11.52 - 0}{7.286/\sqrt{10}} \approx 5 > t_{\frac{\alpha}{2}}(10 - 1) = 3.2498$$

因此拒绝原假设，即培训前后数学成绩提高率均值不等，参加提高班培训对甲班学生数学成绩提高有显著影响。

【实操演练】

对例 5-6 中的数据（配套数据文件 Data05-03）进行软件操作分析。

（1）利用 Excel 进行配对样本 t 检验

操作步骤如下：

步骤 1：打开配套数据文件 Data05-03，选择空白单元格 D11，选择"公式"选项卡→"函数库"组→"插入函数"按钮，弹出"插入函数"对话框，如图 5-37 所示。

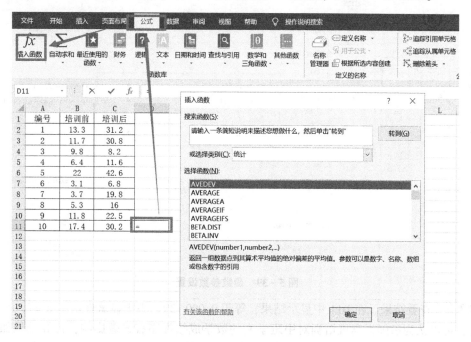

图 5-37 插入函数

步骤 2：在"插入函数"对话框中设置函数类别为"统计"，在"选择函数"列表框中选择"T.TEST"函数，单击"确定"按钮，如图 5-38 所示。

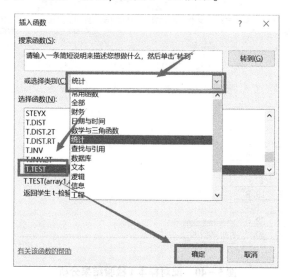

图 5-38 函数选择

步骤3：弹出"函数参数"对话框，将"培训前"数据样本设置为"Array1"，将"培训后"数据样本设置为"Array2"，在"Talls"中选择"2"（即双尾），在"Type"中选择"1"（成对检验，亦配对检验），单击"确定"按钮，如图5-39所示。

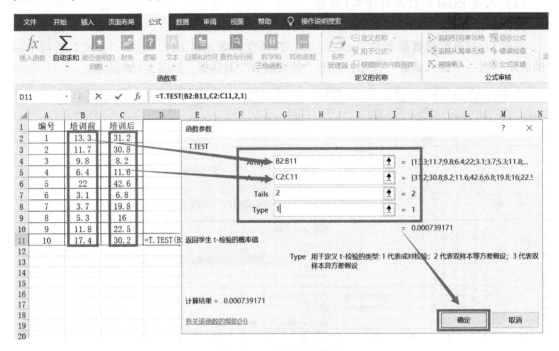

图5-39 函数参数设置

步骤4：查看结果。在D11中显示结果，等于0.000739，小于显著性水平 $\alpha=0.01$，拒绝原假设，可以认为参加提高班培训对甲班学生的数学成绩提高有显著影响，计算结果如图5-40所示。

图5-40 配对样本t检验结果分析

(2) 利用 SPSS 软件进行配对样本 t 检验

操作步骤如下：

步骤 1：打开 SPSS 软件，在"数据编辑器"窗口中选择菜单栏中的"文件"→"打开"→"数据"命令，如图 5-41 所示，弹出"打开数据"对话框。

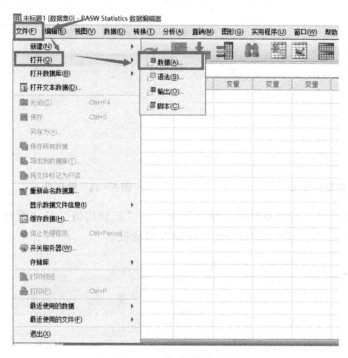

图 5-41 打开数据文件

步骤 2：在"打开数据"对话框中，在"文件类型"下拉列表中选择原始数据所存类型，在本例中的原始数据所存类型为"*.xlsx"。

步骤 3：找到文件所在位置，本例数据位于电脑桌面，找到"配对样本 t 检验"数据文件，如图 5-42 所示。

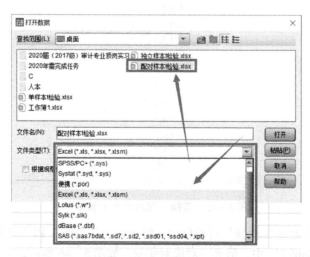

图 5-42 找到数据源

步骤4：在弹出的"打开Excel数据源"对话框中单击"确定"按钮，将外部Excel中的原始数据导入SPSS软件中，如图5-43和图5-44所示。

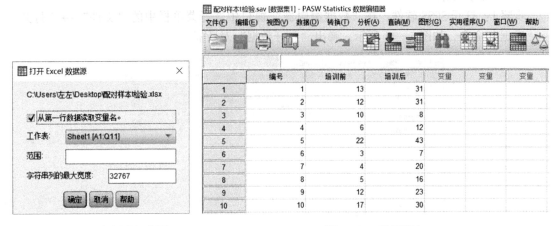

图5-43 数据录入范围　　　　　　　图5-44 数据录入

步骤5：在SPSS软件的菜单栏中选择"分析"→"比较均值"→"配对样本T检验"命令，如图5-45所示，则出现"配对样本T检验"对话框。

图5-45 选择"配对样本T检验"

步骤6：在"配对样本T检验"对话框中，将变量"培训前"和"培训后"字段分别拖到"Variable1"和"Variable2"中，形成一对成对变量，如图5-46所示。

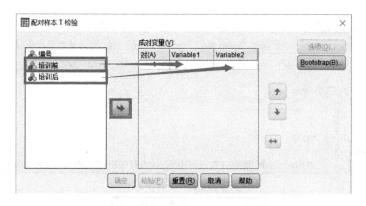

图 5-46 "配对样本 T 检验"变量设置

步骤 7：在"配对样本 T 检验"对话框中，单击"选项"按钮，在"配对样本 T 检验：选项"对话框中，将"置信区间百分比"设为"99%"，选择"按分析顺序排除个案"单选按钮，单击"继续"按钮，如图 5-47 所示。

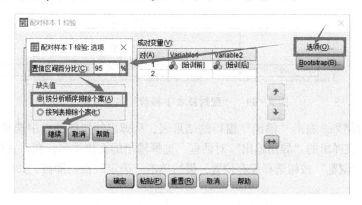

图 5-47 "配对样本 T 检验"选项设置

步骤 8：在"配对样本 T 检验"对话框中，单击"确定"按钮（如图 5-48 所示）。在"输出"窗口查看结果，在"成对样本统计量"表中显示，培训前后的均值分别为 10.45、21.97，培训前后的标准差分别为 6.111、11.664；在"成对样本相关系数"表中显示，相关系数的显著性为 0.002，说明两组数据显著相关；在"成对样本检验"表中显示，$t = -5.000$ 的相伴概率为 0.001，小于显著性水平 $\alpha = 0.01$，即参加提高班培训对甲班学生数学成绩提高有显著影响，分析结果如图 5-49 所示。

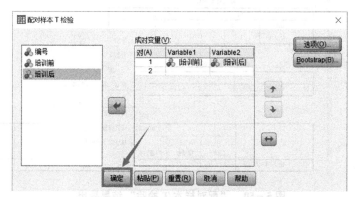

图 5-48 "配对样本 T 检验"结果计算

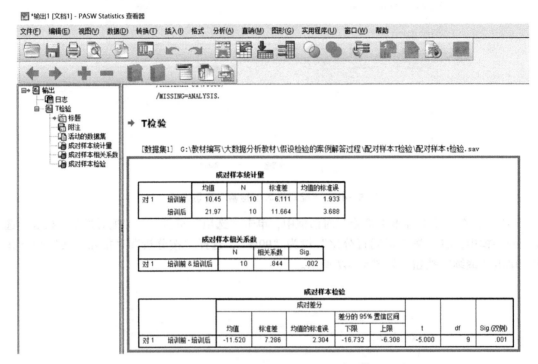

图 5-49 "配对样本 T 检验"结果分析

步骤9：保存结果。右击"输出"窗口的结果表，从弹出的快捷菜单中选择"导出"命令，如图 5-50 所示。在弹出的"导出输出"对话框，选择输出的文档类型，在"文件名"的位置修改文件名，单击"浏览"按钮选择保存位置，最后单击"确定"按钮即可，如图 5-51 所示。

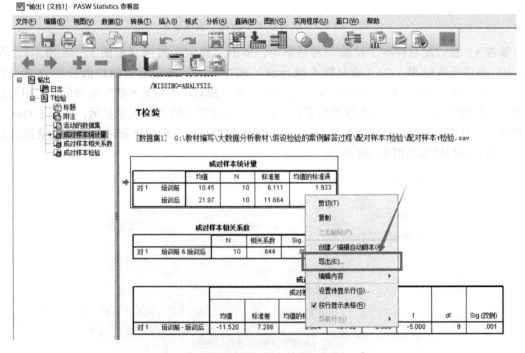

图 5-50 "配对样本 T 检验"结果导出

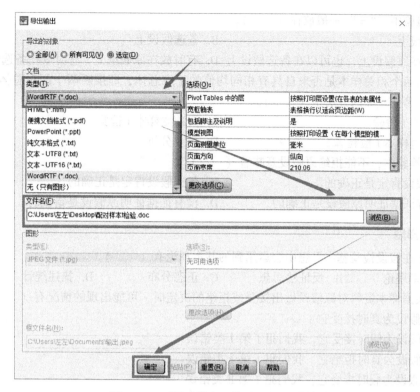

图 5-51 "配对样本 T 检验"结果保存

同步测试

一、单项选择题

1. 对总体参数提出某种假设，然后利用样本信息判断假设是否成立的过程称为（   ）。
   A. 假设检验　　　　B. 参数估计　　　　C. 双侧检验　　　　D. 单侧检验

2. 为研究某种减肥茶减肥效果是否显著，可以采用（   ）分析方法。
   A. 单样本 t 检验　　　　　　　　　B. 两独立样本 t 检验
   C. 两配对样本 t 检验　　　　　　　D. 方差分析

3. 当显著性水平为 0.05 时，下列给出的 t 检验的结果，（   ）表明拒绝原假设。
   A. 0.000　　　　　B. 0.059　　　　　C. 0.692　　　　　D. 0.924

4. 在检验假设中，拒绝域的大小与我们事先选定的（   ）有一定关系。
   A. 统计量　　　　B. 临界值　　　　C. 置信水平　　　　D. 显著性水平

5. 将由显著性水平所规定的拒绝域平分为两部分，分别在概率分布的两侧，每侧占显著性水平的二分之一，这是（   ）。
   A. 单侧检验　　　　B. 双侧检验　　　　C. 左侧检验　　　　D. 右侧检验

6. 当我们希望观察值越大越好时，通常会选择（   ）检验方法。
   A. 单侧检验　　　　B. 双侧检验　　　　C. 左侧检验　　　　D. 右侧检验

7. 在假设检验中，如果样本量一定，则第 I 类错误和第 II 类错误（   ）。
   A. 可以同时减小　　B. 可以同时增大　　C. 不能同时减小　　D. 只能同时增大

8. 在假设检验中,"="一般放在（　　）。
   A. 原假设上
   B. 备选假设上
   C. 可以在原假设上,也可以在备选假设上
   D. 有时放在原假设上,有时放在备选假设上
9. 用于检验两个相关样本是否来自具有相同均值的正态总体,即推断两个配对总体的均值是否存在显著性差异的方法是（　　）。
   A. 单样本 t 检验
   B. 两独立样本 t 检验
   C. 两配对样本 t 检验
   D. 方差分析
10. 在假设检验中,不能拒绝原假设意味着（　　）。
    A. 原假设肯定是正确的
    B. 备选假设肯定是正确的
    C. 没有证据证明原假设是正确的
    D. 没有证据证明原假设是错误的

二、多项选择题

1. 下列属于在假设检验基本思想中会运用到的基本理论有（　　）。
   A. 小概率理论　　B. 反证法思想　　C. 正态分布　　D. 描述统计
2. 当我们根据样本资料对原假设做出接受或拒绝的决定时,可能出现的情况有（　　）。
   A. 当原假设为真时接受它
   B. 当原假设为假时接受它,我们犯了第Ⅰ类错误
   C. 当原假设为真时拒绝它,我们犯了第Ⅰ类错误
   D. 当原假设为假时接受它,我们犯了第Ⅱ类错误
3. 假设检验拒绝原假设,则说明（　　）。
   A. 原假设有逻辑上的错误
   B. 原假设根本不存在
   C. 原假设成立的可能性很小
   D. 备选假设成立的可能性很大
4. 下面给出 t 检验的 P 值结果,P 值为（　　）表明接受原假设,假设显著性水平为 0.05。
   A. 0.000　　　B. 0.039　　　C. 0.092　　　D. 0.124
5. 两配对样本 t 检验的前提是（　　）。
   A. 样本来自的总体服从或近似服从正态分布
   B. 两样本观察值的先后顺序一一对应
   C. 两样本的数量可以不相等
   D. 两样本的数量相等

三、判断题

1. 假设检验也称显著性检验,是以小概率反证法的逻辑推理,判断假设是否成立的统计方法。（　　）
2. 正态曲线呈钟形,两头低,中间高。（　　）
3. 假设检验的结果是概率性的,并非绝对的肯定或否定。（　　）
4. 两配对样本 t 检验不需要两样本的数量相等。（　　）
5. 两独立样本 t 检验的两样本可以是相关的。（　　）
6. 当我们希望观察的数值越大越好时,就会利用右侧检验模型来进行假设分析。（　　）
7. 双侧检验,就是指当统计分析的目的是要检验样本均值与总体均值,或样本成数有没有显著差异,而不问差异的方向是正差还是负差时所采用的一种统计检验方法。（　　）
8. P 值越小,我们拒绝原假设的理由就越充分。（　　）

9. 配对样本就是两个样本是配对的，其观察值数目相同，其观察值的顺序不能随意更改。（ ）
10. 单样本 t 检验的目的是利用来自某单个总体的样本数据，推断该总体的均值是否与假设的检验值之间存在显著性差异。（ ）

四、简答题

1. 请简述假设检验的基本步骤。
2. 假设检验依据的基本原理是什么？
3. 解释假设检验中的 P 值。

同步实训

某公司随机选取该公司 8 种不同品牌的牙膏，分别测试它们在重庆和成都的一天的销售量，得到如表 5-8 所示数据。

表 5-8　不同品牌的牙膏在重庆与成都销售量对比表

地区	品牌1	品牌2	品牌3	品牌4	品牌5	品牌6	品牌7	品牌8
重庆	172	168	180	181	160	163	165	177
成都	172	167	177	179	159	161	166	175

设两组数据服从方差相等且相互独立的正态分布，问该公司的牙膏在重庆的销售量是否高于成都的销售量。

第6章
方差分析

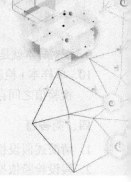

📥 职业能力目标

专业能力：
- 通过了解方差分析的基本思想，理解方差分析的概念和意义
- 掌握方差分析的基本假设前提，明确方差分析的基础
- 掌握方差分析的模型与基本步骤，明确方差分析的目标
- 掌握不同方差分析的适用范围和过程，合理进行方差分析

职业核心能力：
- 具备良好的职业道德，诚实守信
- 具备互联网思维能力和数据产品思维能力
- 具有基于数据的敏感性，有一定的设计和创新能力
- 具备创新意识，在工作或创业中灵活应用
- 具备自学能力，能适应行业的不断变革和发展

📥 本章知识导图

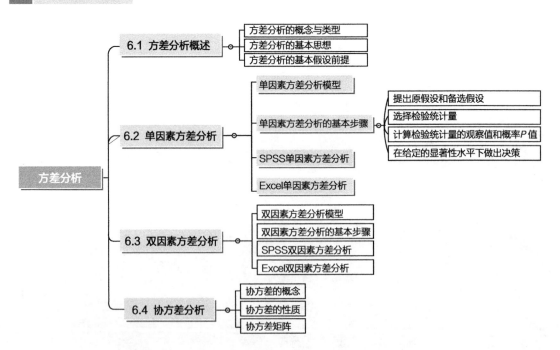

> 知识导入

2018年，重庆某商场为促进商品的销售，结合不同节日主题采取了不同的促销方式。为了更好地了解不同节日主题促销方式下商品的销售情况，商场选取了Zara、Only、秋水伊人、哥弟、韩都衣舍五种女装品牌为研究对象。在"狗年聚惠""情动七夕""庆国庆、迎国庆""圣诞欢购"4个不同节日主题促销活动中，各品牌女装的销售量如表6-1所示。

表6-1　4个不同节目主题促销活动中各品牌的销售量

（单位：件）

促销方式	品牌				
	Zara	Only	秋水伊人	哥弟	韩都衣舍
狗年聚惠	183	236	339	258	189
情动七夕	101	178	169	135	142
庆国庆、迎国庆	202	249	347	263	226
圣诞欢购	158	221	189	136	159

现在的问题是：不同节日主题促销方式下的销售量是否有显著差异？不同品牌女装受促销方式的影响是否相同？

在前面一章讨论过比较两个总体均值的问题，即两个独立样本t检验模型。一般在两个独立样本t检验模型中，分析的数据往往有一个变量是二分类变量，而另一个变量是连续变量。但有的时候，我们会遇到分类数目超过两个的情况，即我们会遇到需要多个总体均值的问题，如表6-1所示，如果有证据证明至少有一组检验中的销售量均值存在差异，那么我们就认为不同节日主题促销方式下的销售量存在差异。

根据前面章节所学的知识，我们可以利用t检验进行两两检验，但是会出现两个非常重要的问题：一是计算量和工作量大；二是进行多个检验会增加犯第Ⅰ类错误的可能性。如果降低每个t检验的显著性水平，又将增加犯第Ⅱ类错误的概率。因此，我们需要用方差分析来解决上述问题。如何通过统计数据、分析因素本身以及各因素间的交互作用，找出对某数值有显著影响的因素，就是方差分析所要解决的主要问题。

6.1　方差分析概述

6.1.1　方差分析的概念与类型

1. 方差分析的概念

方差分析（Analysis of Variance，ANOVA），又称"变异数分析"，是英国著名统计学家R. A. Fisher在进行实验设计时为解释试验数据而提出的一种分析两个或两个以上类别自变量对数值因变量影响的统计方法，其就是用于两个及两个以上样本均值差别的显著性检验的一种统计方法。比如，分析产品技术、产品设计、产品服务、销售人员素质等因素各自或相互作用对企业服务质量的影响，产品设计、产品技术、产品成本等因素各自或相互作用对产品销量或者利润率的影响等。

方差分析是分析试验数据的一种实用、有效的分析方法，能够解决方差相等的多个正态总体均值是否相等的检验问题。因变量的误差是由自变量造成的。因此在方差分析中，我们可以通过对数据误差的分析来检验影响效应是否显著，即检验自变量对因变量影响效应的大小。

（1）因变量

待分析的指标一般称为因变量或响应变量（通常用 x 或 y 表示），即调查类数据中我们所获得的现象的数量表现或实验类数据的实验结果。

（2）自变量

调查或实验中需要分析的、可以控制的条件或影响因素称为因素或因子，也称自变量（通常用 A、B、C 等大写字母表示）。因素或因子所处的不同状态（自变量的不同取值）称为水平（通常记为 A_1、B_1、C_1 等）。每个因素每一个水平下的调查结果或实验结果可以称为一个组或一个类。

如在表 6-1 中，涉及两个因素（自变量）——"品牌"和"促销方式"，一个数值因变量即"销售量"。因素"品牌"有 5 个水平，即 Zara、Only、秋水伊人、哥弟、韩都衣舍；因素"促销方式"有 4 个水平，即"狗年聚惠""情动七夕""庆国庆、迎国庆""圣诞欢购"。每个因素不同水平下得到的销售量为样本观测值。

由于各种因素的影响，研究所得的数据呈现波动状。造成波动的原因可分成两类，一类是不可控的随机因素，另一类是研究中施加的对结果有影响的可控因素。方差分析在工业、农业、生物学、心理学、医学、社会学、经济学、教育学等各个领域都有着广泛的应用，其内容也十分丰富。

2. 方差分析的类型

根据影响因素（自变量）的个数不同，方差分析分为单因素方差分析、双因素方差分析和多因素方差分析。根据因变量的个数不同，方差分析也可分为一元方差分析和多元方差分析。如【知识导入】中的案例，若只分析促销方式或品牌一个因素对销售量的影响，则称为单因素方差分析；双因素方差分析中，如【知识导入】中的案例，若只分析促销方式和品牌两个因素对销售量的单独影响，而不考虑两者对销售量的交互效应，则称为只考虑主效应的双因素方差分析（无交互效应的双因素方差分析）；如果除了考虑促销方式和品牌两个因素对销售量的单独影响外，还考虑二者对销售量的交互效应，则称为考虑交互效应的双因素方差分析。

6.1.2 方差分析的基本思想

方差分析主要是通过方差的比较来检验各个因素在各个水平的均值是否相等，从而做出接受原假设或拒绝原假设的判断。方差分析认为观测值的变化受两类因素的影响。第一类是影响因素（自变量）的不同水平所产生的影响，这种由不同影响水平造成的差异，称为系统性差异。如不同的促销方式会使消费者产生不同的消费冲动和购买欲望，从而产生不同的购买行为。第二类是随机因素（随机变量）对总体内观测数据所产生的影响，称为随机性误差。如同一种促销方式下，因为消费者的喜好、经济能力、销售员的态度等因素的影响，导致销售量不同。两个方面产生的差异可以用两个方差来计量，前者称为水平之间的方差，即组间误差；后者称为水平内部的方差，即组内误差。前者既包括系统性因素，也包括随机性因素；后者仅包括随机性因素。随机性因素主要指人为很难控制的因素，多指抽样误差。

在统计学中，数据间的差异通常用离差平方和来计量。每组数据均值和总体均值的误差，即组间差异（组间误差）用组间离差平方和（简称组间平方和）来反映，记为 SSA（反映影响因素 A 对观测数据的效应）。例如，不同促销方式之间销售量的离差平方和就是组间平方和。组内数据和组内均值的随机性差异（组内误差）用误差平方和来反映，记为 SSE，也称为组内离差平方和（简称组内平方和）。例如，每种促销方式内部销售量的离差平方和就是误差平方和。全部试验数据之间的总误差用总离差平方和（简称总平方和）来反映，记为 SST。例如，20 个销售量数据之间的离差平方和就是总平方和，它反映的是全部销售量的总离散程度。总平方和可以分解成两部分，一部分是组间平方和 SSA，另一部分是误差平方和 SSE。

如果影响因素的不同水平没有对因变量产生显著影响，则观测值的变动可以归结为随机变量的影响所致，此时组间误差与组内误差近似，即两个方差的比值接近于 1。如果影响因素的不同水平对因变量产生了显著影响，则系统性因素和随机性因素共同作用必然会使观测值有显著变动，此时组间误差会大于组内误差，两个方差的比值会显著大于 1。当这个比值大到某个程度，或达到某个临界点时，说明不同的水平之间存在显著性差异。

6.1.3　方差分析的基本假设前提

方差分析是在相同方差假定下检验多个正态均值是否相等的一种统计分析方法，因此，方差分析需要满足三个基本假设前提。

1．正态性假定

正态性假定要求每个水平所对应的总体都服从正态分布，即对于同一个因素水平，其观测值是来自正态分布总体的简单随机样本。例如，【知识导入】中要求每一种促销方式下的销售量必须服从正态分布。在正态分布假定不能完全满足的情况下，方差分析已被证明是一个非常稳健的方法。也就是说，当正态性略微不满足时，对分析结果的影响不是很大。

2．方差齐性假定

方差齐性假定要求各因素水平的总体方差必须相等，即在不同水平下，观测指标的数据波动程度相同。例如，【知识导入】中要求同一种促销方式下的销售量方差必须相同。若方差齐性的假定不满足，可考虑如下策略：①检查某些表现"特殊"的观测值，看能否将其剔除，用剩下的数据进行方差分析；②使用无方差齐性假定的多重比较方法；③数据变换，用变换（平方根变换、对数变换）后的数据进行方差分析。

3．独立性假定

独立性假定要求每个样本数据是来自不同因素水平的独立随机样本，即观测值与观测值（或数据与数据）之间相互独立。只有独立的随机样本，才能保证变异的可加性。例如，【知识导入】中 4 种促销方式的销售量数据来自不同的 4 个独立随机样本。方差分析对独立性要求比较严格，如果独立性假定得不到满足，方差分析的结果会受到较大的影响。

> **拓展阅读**
>
> 赵鹏大,数学地质、矿产普查勘探学家,中国地质大学教授,历任系副主任、系主任、院长、校长等职,国务院学位委员会委员。2011年8月27日,中国地质大学开学,他用微博寄语新生,同时呼吁"老学长们都来利用微博平台发出寄语,创建一个微博迎新天地",被誉为国内最潮老校长。
>
> 在研究实践中,他总是把解决生产实践中的实际问题放在科学研究的首位。在解决实际问题中提炼自己的理论,检验自己的理论。
>
> 1974年他和他的团队在安徽马鞍山铁矿进行科研时,首先听取勘探队提出的存在的生产实际问题:岩矿芯采取率低将会影响储量计算精度,从而面临大量已钻钻孔的报废问题。这就提出了一个究竟多大的岩矿芯采取率可以满足储量计算精度要求、可以避免很多钻孔报废的问题。为了解决这个问题,他们考虑选择最恰当的"方差分析与不同采取率精度分析相结合"的方法,最终使问题得到了圆满解决,也使得他们的勘探数据分析理论和方法研究更进一步。
>
> 资料来源:百度百科。

6.2 单因素方差分析

如果在一项试验中只有一个因素在改变,则称为单因素方差分析,其主要任务是用来检验根据某一个分类变量得到的多个分类总体的均值是否相等。例如,研究学历水平对收入的影响、教学方法对学习成绩的影响、地区差异对大数据产业发展的影响、地区差异对职业教育信息化水平的影响、产品成本对销售利润的影响、销售量对利润的影响、生产方式对产量的影响等问题,可以通过单因素方差分析得到答案。

6.2.1 单因素方差分析模型

假设单因素 A 具有 r 个水平,分别记为 A_1, A_2, A_3, $\cdots$, A_r, 在每个水平 A_i ($i=1, 2, \cdots, r$) 下有 n_i 个观测值,记为 x_{i1}, x_{i2}, x_{i3}, $\cdots$, x_{in_i} ($i=1, 2, 3, \cdots, r$),将其看成一个总体,记为 X_i ($i=1, 2, 3, \cdots, r$),则有 r 个总体,并假设:

1) 每个总体 X_i ($i=1, 2, 3, \cdots, r$) 均服从正态分布,即 $X_i \sim N(\mu_i, \delta^2)$, $i=1, 2, 3, \cdots, r$;

2) 从每个总体中抽取的样本数据 X_{i1}, X_{i2}, $\cdots$, X_{in_i} ($i=1, 2, 3, \cdots, r$) 相互独立;

3) 每个总体的方差 δ^2 相等,即 $\delta_1^2 = \delta_2^2 = \delta_3^2 \cdots = \delta_r^2 = \delta^2$。

其中,①X_{i1}, X_{i2}, $\cdots$, X_{in_i} ($i=1, 2, 3, \cdots, r$) 表示从总体 X_i ($i=1, 2, 3, \cdots, r$) 中抽取的样本数据,则 x_{i1}, x_{i2}, x_{i3}, $\cdots$, x_{in_i} ($i=1, 2, 3, \cdots, r$) 是相应的观测值;②μ_i、δ^2 均未知。

为便于进行单因素方差分析,将观测值等相关数据进行排列(为保持与计算机数据库数据结构相一致,一般因素 A 位于列的位置),形成数据结构,如表 6-2 所示。

表6-2 单因素数据结构图

水平(A_i)	观测值				样本均值	样本方差
A_1	x_{11}	x_{12}	…	x_{1n_1}	$\overline{x_1}$	s_1^2
A_2	x_{21}	x_{22}	…	x_{2n_2}	$\overline{x_2}$	s_2^2
…	…	…	…	…	…	…
A_r	x_{r1}	x_{r2}	…	x_{rn_r}	$\overline{x_r}$	s_r^2

其中,
$$\overline{x_i} = \frac{1}{n_i}\sum_{j=1}^{n_i} x_{ij};$$
$$s_i^2 = \frac{1}{n_i}\sum_{j=1}^{n_i}(s_{ij} - \overline{x_i})$$

方差分析的基本统计模型为
$$x_{ij} = \overline{x} + \alpha_i + \varepsilon_{ij} \tag{6-1}$$

其中,①x_{ij}表示第i个因素水平(第i个总体)的第j个观测值,$i = 1, 2, 3, \cdots, r$,$j = 1, 2, 3, \cdots, n_i$;②ε_{ij}为随机误差,$\varepsilon_{ij} \sim N(0, S^2)$,且相互独立。

如果单因素 A 对因变量没有影响,则各水平的影响效应 α_i 应全部为 0,否则应不全为 0。单因素方差分析就是要检验单因素 A 对因变量所有的影响效应是否同时为 0。

6.2.2 单因素方差分析的基本步骤

单因素方差分析的基本步骤与假设检验基本一致。

1. 根据问题的实际情况,提出原假设 H_0 和备选假设 H_1

单因素方差分析的原假设 H_0 是:影响因素 A 不同水平下因变量各总体的均值无显著差异,即影响因素 A 不同水平下的影响效应 α_i 全都为 0。备选假设 H_1 是:影响因素 A 不同水平下因变量各总体的均值有显著差异,即影响因素不同水平下的影响效应 α_i 不全为 0。提出假设如下:

$$H_0: \overline{X}_1 = \overline{X}_2 = \cdots = \overline{X}_r,\ H_1: \overline{X}_1, \overline{X}_2, \cdots, \overline{X}_r \text{不全相等} \tag{6-2}$$

或
$$H_0: \alpha_1 = \alpha_2 = \cdots = \alpha_r = 0,\ H_1: \alpha_1, \alpha_2, \cdots, \alpha_r \text{ 不全为 0} \tag{6-3}$$

2. 选择检验统计量

为检验原假设 H_0 是否成立,需要确定检验的统计量。单因素方差分析采用的检验统计量一般是 F 统计量,即 F 值检验。基于方差分析的基本思想可知,SST = SSA + SSE,我们可以利用 SSA 和 SSE 的比值来完成相应检验。由于两者中包含的误差的量存在差异,为了进行更为准确的比较,将每个离差平方和除以各自的自由度进行标准化,得到组间误差和组内误差的平均值,即可构建方差分析检验统计量:

$$F = \frac{\text{SSA}/(r-1)}{\text{SSE}/(n-r)} \tag{6-4}$$

其中，
$$SSA = \sum_{i=1}^{r} n_i (\bar{x}_i - \bar{x})^2 (组间离差平方和)$$

$$SSE = \sum_{i=1}^{r} \sum_{j=1}^{n_i} (x_{ij} - \bar{x}_i)^2 (组内离差平方和，亦称误差平方和)$$

$$SST = SSA + SSE = \sum_{i=1}^{r} \sum_{j=1}^{n_i} (x_{ij} - \bar{x}_i)^2 (总离差平方和)$$

1）n 为总样本量，r 为因素 A 的水平数，n_i 为第 i 水平下的样本数，$r-1$ 和 $n-r$ 分别为 SSA 和 SSE 的自由度。

2）F 统计量服从 $(r-1, n-r)$ 个自由度的 F 分布，即 $F = \dfrac{SSA/(r-1)}{SSE/(n-r)} \sim F(r-1, n-r)$。

3. 计算检验统计量的观察值和概率 P 值

根据第 2 步中公式计算检验统计量，如果影响因素对因变量造成了显著影响，则因变量总的变化中影响因素的影响所占比例相对于随机变量必然较大，F 值会显著大于 1；反之，如果影响因素对因变量没有造成显著影响，因变量的变差可归结为由随机因素影响造成的，F 值会接近于 1。

4. 在给定的显著性水平 α 下做出决策

在给定显著性水平 α 的情况下，查 F 分布表得到 $F(r-1, n-r)$，若统计量的观测值超过这个临界点，则拒绝原假设 H_0，即影响因素不同水平下因变量各总体的均值之间不完全相同，影响效应不全为 0；否则，不应拒绝原假设 H_0。

可以使用分析软件（如 SPSS）进行数据处理与分析，在 SPSS 软件中计算，然后把给定的显著性水平 α 与检验统计量的概率 P 值进行比较（SPSS 软件输出的方差分析表如表 6-3 所示）。如果概率 P 值小于显著性水平 α，则拒绝原假设 H_0，即影响因素不同水平下因变量各总体的均值存在显著差异，影响因素不同水平的影响效应不全为 0；反之，如果概率 P 值大于显著性水平 α，则不应拒绝原假设 H_0，认为影响因素不同水平下因变量各总体的均值无显著差异，影响因素不同水平的影响效应同时为 0，即影响因素的不同水平对因变量均值没有产生显著影响。

表 6-3 单因素方差分析表

	自由度（df）	离差平方和（Sum of Squares Deviations）	均方差（Mean Squares Error）	F 值	显著性水平 P 值（Sig.）
因素 A	$r-1$	SSA	$SSA/(r-1)$	$F = \dfrac{SSA/(r-1)}{SSE/(n-r)}$	P
随机误差	$n-r$	SSE	$SSE/(n-r)$		
总和	$n-1$	SST			

一般来说，在原假设不成立的情况下，即方差分析结果让我们做出拒绝原假设的决策时，我们会对方差分析结果做进一步分析。因为原假设不成立表明在不同的因素水平下，观

察值的均值不会同时相等。那么是不是有某几个水平的均值相等或者不相等呢?这就需要进一步分析哪几个因素水平的均值是不相等的,即进行各水平之间的两两对比检验,需要使用检验统计量进行我们第 5 章所学的假设检验,此时对应的原假设是某两个水平对应的均值相等。

【例 6-1】 针对【知识导入】中相关数据进行单因素方差分析,检验不同节日主题促销方式对销售量是否具有显著影响。假定 $\alpha = 0.05$。

解:根据相关信息可做出以下分析:

1) 提出假设。

$H_0: \mu_1 = \mu_2 = \cdots = \mu_r$(促销方式对销售量没有显著影响)

$H_1: \mu_1, \mu_2, \cdots, \mu_r$ 不全相等(促销方式对销售量有显著影响)

2) 计算检验统计量观测值和概率 P 值。

根据案例数据得到,$r = 4$,$n = 4 \times 5 = 20$

$$SSA = \sum_{i=1}^{r} n_i (\bar{x}_i - \bar{x})^2 = 43\,437.6$$

$$SSE = \sum_{i=1}^{r} \sum_{j=1}^{n_i} (x_{ij} - \bar{x}_i)^2 = 36\,230.4$$

$$F = \frac{SSA/(r-1)}{SSE/(n-r)} = \frac{43\,437.6/3}{36\,230.4/16} = 6.394$$

当显著性水平 $\alpha = 0.05$ 时,通过查 F 分布表得 $F_{0.05}(3, 16) = 3.24$,因为检验统计量 $F = 6.394 > F_{0.05}(3, 16) = 3.24$,所以拒绝原假设 H_0,即认为不同节日主题促销方式对销售量具有显著影响。

【实操演练】

利用 Excel 和 SPSS 软件对例 6-1 进行单因素方差分析。

(1) 利用 SPSS 软件检验不同节日主题促销方式对销售量是否具有显著影响

在进行软件操作之前,将表 6-1 中数据录入 Excel(配套数据文件 Data 06-01)。我们将促销方式"狗年聚惠""情动七夕""庆国庆、迎国庆""圣诞欢购"分别赋值为 1、2、3、4,品牌"Zara""Only""秋水伊人""哥弟""韩都衣舍"分别赋值为 1、2、3、4、5。

SPSS 软件操作步骤如下:

步骤 1:打开 SPSS 软件,选择菜单栏中的"文件"→"打开"→"数据"命令,如图 6-1 所示。

步骤 2:在弹出的"打开数据"对话框中,在"文件类型"下拉列表中选择原始数据所存类型,在本例中的原始数据所存类型为" *.xlsx"。

步骤 3:找到文件所在位置,本例数据在电脑桌面,找到"方差分析"数据文件并双击或者单击"方差分析"数据文件后单击"打开"按钮,如图 6-2 所示。

图 6-1 打开数据文件

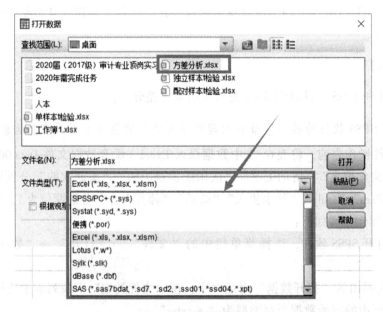

图 6-2 找到数据源

步骤 4：在弹出的"打开 Excel 数据源"对话框中单击"确定"按钮，将外部 Excel 中的原始数据导入 SPSS 软件中，如图 6-3 和图 6-4 所示。

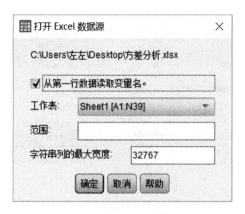

图6-3　数据录入范围

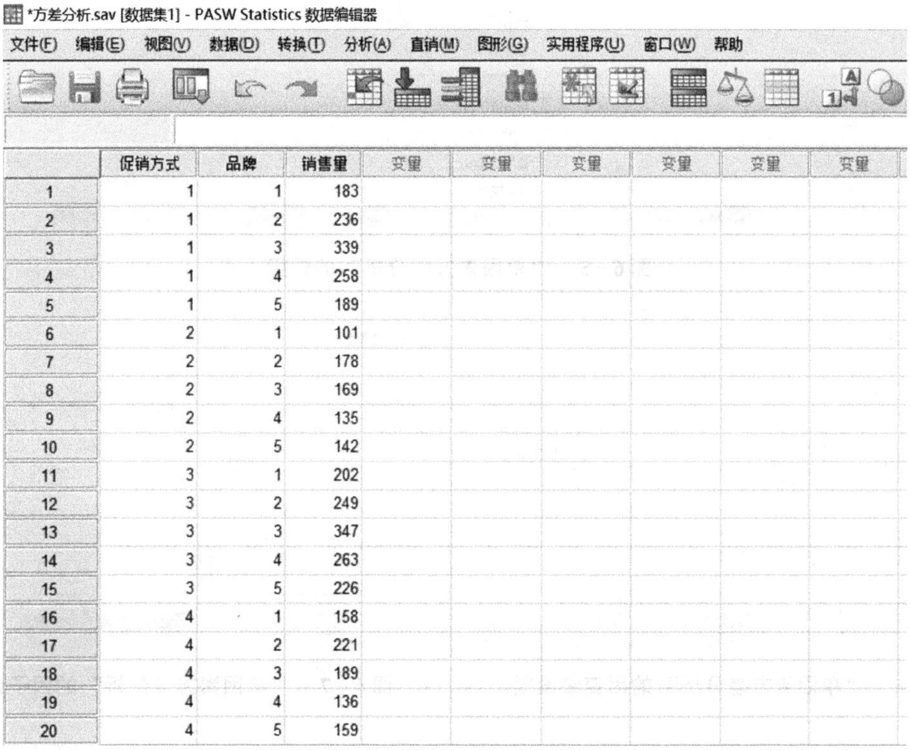

	促销方式	品牌	销售量	变量	变量	变量	变量	变量	变量
1	1	1	183						
2	1	2	236						
3	1	3	339						
4	1	4	258						
5	1	5	189						
6	2	1	101						
7	2	2	178						
8	2	3	169						
9	2	4	135						
10	2	5	142						
11	3	1	202						
12	3	2	249						
13	3	3	347						
14	3	4	263						
15	3	5	226						
16	4	1	158						
17	4	2	221						
18	4	3	189						
19	4	4	136						
20	4	5	159						

图6-4　数据录入

步骤5：在SPSS软件中，选择菜单栏中的“分析”→“比较均值”→“单因素ANOVA”命令，如图6-5所示，则出现“单因素方差分析”对话框。

步骤6：在“单因素方差分析”对话框中，将“促销方式”选入“因子”列表框中，将“销售量”选入“因变量列表”列表框中，如图6-6~图6-8所示。

步骤7：在“单因素方差分析”对话框中，单击“两两比较”按钮，在弹出的“单因素ANOVA：两两比较”对话框中勾选“LSD”复选框，将“显著性水平”设置为“0.05”，然后单击“继续”按钮，如图6-9所示。

图 6-5 "单因素方差分析"的选择

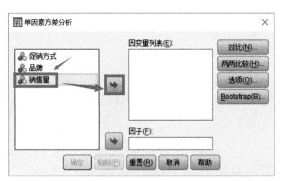

图 6-6 "单因素方差分析"的因变量设置

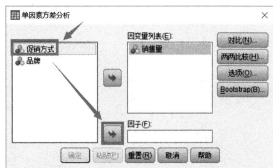

图 6-7 "单因素方差分析"的因子设置

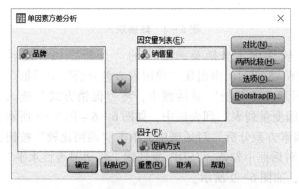

图 6-8 "单因素方差分析"的变量设置

图6-9 "单因素方差分析"的"两两比较"设置

"单因素 ANOVA：两两比较"对话框选项解析

"单因素 ANOVA 两两比较"也称"多重比较检验"，其功能是分析样本（处理）之间产生差异的具体原因。由于单因素方差分析的基本分析只能判断控制变量是否对观测变量产生了显著影响。如果控制变量确实对观测变量产生了显著影响，则进一步还应确定控制变量的不同水平对观测变量的影响程度如何，其中哪个水平的作用明显区别于其他水平，哪个水平的作用是不显著的等。

例如，如果确定了不同施肥量对农作物的产量有显著影响，那么还需要了解10千克、20千克、30千克肥料对农作物产量的影响幅度是否有差异，其中哪种施肥量水平对提高农作物产量的作用不明显，哪种施肥量水平最有利于提高产量等。掌握了这些重要的信息就能够帮助人们制定合理的施肥方案，实现低投入、高产出。

多重比较检验利用了全部观测变量值，实现对各个水平下观测变量总体均值的逐对比较。由于多重比较检验问题也是假设检验问题，因此也遵循假设检验的基本步骤。多重比较检验分两种情况，一种是假定方差相同，对应"假定方差齐性"选项；另一种是假定方差不相同，对应"未假定方差齐性"选项。不同情况对应不同的方法，每种方法有其对应的检验统计量和统计量的分布。

1）LSD 方法，也称最小显著性差异法。它使用 t 检验执行组均值之间的所有成对比较，体现了其检验敏感性高的特点，即水平间的均值只要存在一定程度的微小差异就可能被检验出来。

2）Bonferroni 方法，它使用 t 检验在组均值之间执行成对比较，但通过将每次检验的错误率设置为试验性质的错误率除以检验总数来控制总体误差率，从而根据多个比较的实情对观察的显著性水平进行调整。

3）Tamhane's T2 方法，它是基于 t 检验的保守成对比较。当方差不相等时，适合使用此法检验。当然，在方差不齐的情况下，一般建议使用非参数估计的方法进行检验。

步骤8：在"单因素方差分析"对话框中，单击"选项"按钮，在弹出的"单因素ANOVA：选项"对话框中选择"描述性""方差同质性检验"复选框，然后单击"继续"按钮，如图6-10所示。

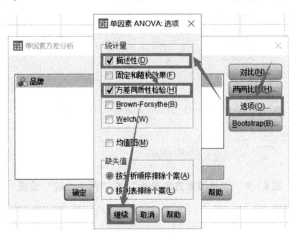

图6-10 "单因素方差分析"的选项设置

> **拓展阅读**
>
> ### "单因素ANOVA：选项"对话框的选项解析
>
> 1）描述性：计算每组中每个因变量的个案数、均值、标准差、均值的标准误、最小值、最大值和95%置信区间。
>
> 2）固定和随机效果：显示固定效应模型的标准差、标准误和95%置信区间，以及随机效应模型的标准误、95%置信区间和成分间方差估计。
>
> ①固定效应模型：表示数据分析时比较的就是现在选中的这几组。例如，想比较3种药物的疗效，数据分析的目的就是比较这3种药物的差别，不想往外推广。也就是假定这3种药物不是从很多种药物中抽样出来的，不想推广到其他的药物，所得到的数据分析结论仅限于这3种药物。
>
> ②随机效应模型：表示在做数据分析时比较的不仅仅是设计中的这几组，而是想通过对这几组的比较，推广到它们所能代表的总体中去。例如，想知道名牌大学的就业率是否高于普通大学，在做数据分析时选择了重庆大学、西南大学、重庆科技学院和重庆师范大学这4所学校进行比较，分析的目的不是比较这4所学校之间的就业率差异，而是为了说明它们所代表的名牌大学和普通大学之间的差异。分析的结论不会仅限于这4所大学，而是要推广到名牌大学和普通大学这样一个更广泛的范围。
>
> 3）方差同质性检验：计算Levene统计量以检验组方差是否相等。该检验不需要进行总体正态性的假设。
>
> 4）Brown-Forsythe：计算Brown-Forsythe统计量以检验组均值是否相等。当方差相等的假设不成立时，这种统计量优于F统计量。
>
> 5）Welch：计算Welch统计量以检验组均值是否相等。当方差相等的假设不成立时，这种统计量优于F统计量。
>
> 6）均值图：显示一个绘制子组均值的图表（每组的均值由因子变量的值定义）。

7）按分析顺序排除个案：给定分析中的因变量或因子变量有缺失值的个案不用于该分析。而且，也不使用超出为因子变量指定范围的个案。

8）按列表排除个案：因子变量有缺失值的个案，或包括在主对话框中的因变量列表中的任何因变量的值缺失的个案都排除在所有分析之外。如果尚未指定多个因变量，那么这个选项不起作用。

步骤9：在"单因素方差分析"对话框中，单击"确定"按钮，如图6-11所示，可在"输出"窗口查看结果。在结果中，我们首先要看的就是方差齐性检验，在"方差齐性检验"表中，$P = 0.539 > 0.05$，说明方差是齐的，可以继续进行单因素方差分析；在"ANOVA"表中，$P = 0.005 < 0.05$，说明这三个组间至少有两个组之间是存在显著性差异的，即不同节日主题促销方式对销售量具有显著影响，分析结果如图6-12所示。

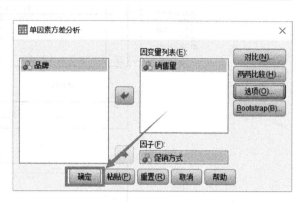

图6-11 "单因素方差分析"的结果计算

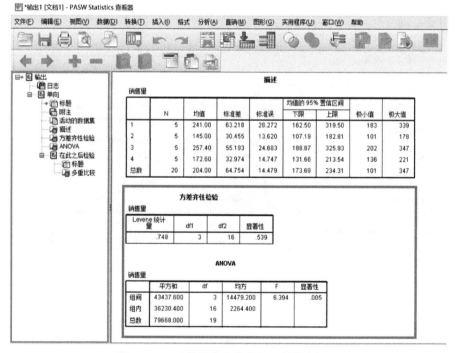

图6-12 "单因素方差分析"的结果显示

步骤10：保存结果。右击"输出"窗口的结果表，从弹出的快捷菜单中选择"导出"命令，如图6-13所示；在弹出的"导出输出"对话框中选择输出的文档类型，在"文件名"文本框中修改文件名，单击"浏览"按钮，选择保存位置，最后单击"确定"按钮即可，如图6-14所示。

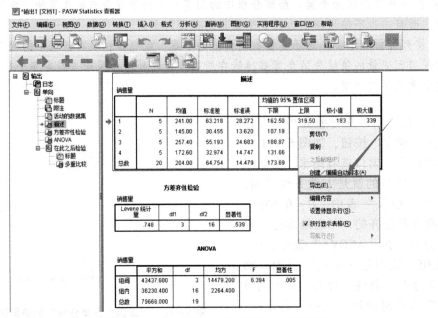

图 6-13 "单因素方差分析"的结果导出

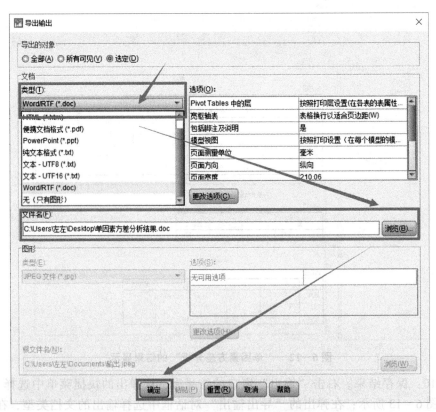

图 6-14 "单因素方差分析"的结果保存

(2) 利用Excel检验不同节日主题促销方式对销售量是否具有显著影响

操作步骤如下：

步骤1：打开配套数据文件Data06－01，如图6－15所示。

品牌/促销方式	Zara	Only	秋水伊人	哥弟	韩都衣舍
狗年聚惠	183	236	339	258	189
情动七夕	101	178	169	135	142
庆国庆、迎国庆	202	249	347	263	226
圣诞欢购	158	221	189	136	159

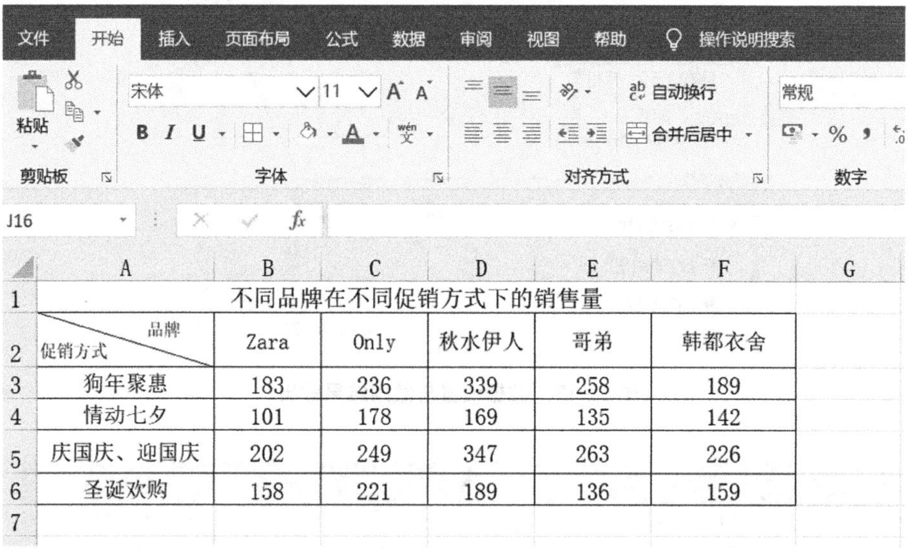

图6－15　数据导入

步骤2：单击“数据”选项卡→“分析”组→“数据分析”按钮，弹出“数据分析”对话框，选择“方差分析：单因素方差分析”，然后单击“确定”按钮，弹出“方差分析：单因素方差分析”对话框，如图6－16所示。

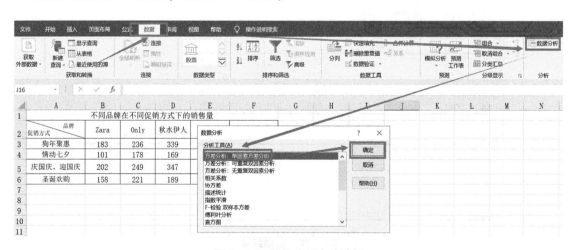

图6－16　数据分析方法选择

步骤3：在“方差分析：单因素方差分析”对话框中，在“输入区域”选择要分析的相关数据；勾选“标志位于第一列”复选框；可将“输出区域”设置为本工作表组，也可以建立新工作表组，还可以建立新工作簿；确定输出选项后，单击“确定”按钮（如图6－17所示），即可在所确定的位置查看方差分析输出结果，如图6－18所示。

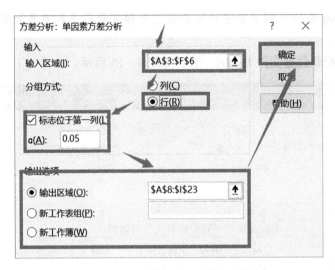

图 6-17 数据设置与数据结果输出

	A	B	C	D	E	F	G
7							
8	方差分析：单因素方差分析						
9	SUMMARY						
10	组	观测数	求和	平均	方差		
11	狗年聚惠	5	1205	241	3996.5		
12	情动七夕	5	725	145	927.5		
13	庆国庆、迎国庆	5	1287	257.4	3046.3		
14	圣诞欢购	5	863	172.6	1087.3		
15							
16	方差分析						
17	差异源	SS	df	MS	F	P-value	F crit
18	组间	43437.6	3	14479.2	6.3942766	0.004710853	3.238872
19	组内	36230.4	16	2264.4			
20							
21	总计	79668	19				

图 6-18 数据结果

6.3 双因素方差分析

如果在一个试验中所要考察的影响指标的因子有两个，则是一个两因子试验的问题，它的数据分析可以采用双因素方差分析法。双因素方差分析有两种类型：一个是无交互作用的双因素方差分析,也可以称之为只考虑主效应的双因素方差分析,它假定因素 A 和因素 B 的效应之间是相互独立的,不存在相互关系;另一个是有交互作用的双因素方差分析,称之为考虑交互效应的双因素方差分析,它假定因素 A 和因素 B 的结合会产生出一种新的效应。如在【知识导入】中,影响因素 A 促销方式和影响因素 B 品牌相互组合后产生的新效应,属于有交互作用的效应;否则就是无交互作用效应。在双因素方差分析中,因变量的变动除了受上述两方面影响外,还可能受到随机因素的影响,其主要是指抽样误差导致的影响。

双因素方差分析的基本思想:通过分析研究不同来源的变异对总变异的贡献大小,确定可控因素对研究结果影响力的大小。

6.3.1 双因素方差分析模型

设影响因素 A 有 r 个水平,影响因素 B 有 s 个水平,则两个影响因素共有 $r \times s$ 个不同的组合。如果每个水平组合只有一个观测值,则有 $r \times s$ 个观测值,这样的观测属于无重复观测(无重复实验)。如果每个水平组合有多个观测值,这样的观测属于重复观测(重复实验)。如果每个水平组合重复观测的次数相同(次数为 m),这时两个因素的不同水平组合共有 $r \times s \times m$ 个观测值。

考虑交互效应的双因素方差分析的统计模型为

$$x_{ijk} = \bar{x} + \alpha_i + \beta_j + r_{ij} + \varepsilon_{ijk}$$
$$(i=1, 2, \cdots, r;\ j=1, 2, \cdots, s;\ k=1, 2, \cdots, m) \tag{6-5}$$

当交互效应 $r_{ij}=0$ 时,得到只考虑主效应的双因素方差分析的统计模型:

$$x_{ijk} = \bar{x} + \alpha_i + \beta_j + \varepsilon_{ijk}$$
$$(i=1, 2, \cdots, r;\ j=1, 2, \cdots, s,\ k=1, 2, \cdots, m) \tag{6-6}$$

其中,

1)x_{ijk}($i=1, 2, \cdots, r$;$j=1, 2, \cdots, s$;$k=1, 2, \cdots, m$)表示因素 A 的第 i 个水平和因素 B 的第 j 个水平组合的第 k 个观测值,且相互独立并满足方差分析的三个假设条件。

2)$\bar{x}$ 表示所有观测值的总平均值,$\bar{x}_i$($i=1, 2, \cdots, r$)表示因素 A 第 i 个水平的平均值,$\bar{x}_j$($j=1, 2, \cdots, s$)表示因素 B 第 j 个水平的平均值。

3)α_i 表示因素 A 的第 i 个水平的平均值与总平均值的差异程度,即因素 A 在水平 i 下对因变量的效应;β_j 表示因素 B 的第 j 个水平的平均值与总平均值的差异程度,即因素 B 在水平 j 下对因变量的效应。

4)r_{ij} 表示因素 A 的第 i 个水平和因素 B 的第 j 个水平组合对因变量产生的交互效应。

5)ε_{ijk} 表示因素 A 的第 i 个水平和因素 B 的第 j 个水平组合中的第 k 个观测值的随机误差,假定其是服从正态分布 $N(0, S^2)$ 的一个随机变量,即 $\varepsilon_{ijk} \sim N(0, S^2)$。

这里仅仅对只考虑主效应的双因素方差分析进行阐述。若影响因素 A、B 的每个水平组合只有一个观测值,即 $k=1$。假设 x_{ij}($i=1, 2, \cdots, r$;$j=1, 2, \cdots, s$)之间相互独立并满足方差分析的三个假设条件。只考虑主效应的双因素方差分析的数据结构如表 6-4 所示。

表6-4 只考虑主效应的双因素方差分析数据结构表

		影响因素 B				影响因素 A 各水平下的均值
		B_1	B_2	...	B_r	
影响因素 A	A_1	x_{11}	x_{12}	...	x_{1s}	$\overline{x_1}$
	A_2	x_{21}	x_{22}	...	x_{2s}	$\overline{x_2}$
	⋮	⋮	⋮		⋮	...
	A_r	x_{r1}	x_{r2}	...	x_{rs}	$\overline{x_r}$
影响因素 B 各水平下的均值		$\overline{x_1}$	$\overline{x_2}$	...	$\overline{x_s}$	$\overline{x}$

其中，

水平 A_i 下的样本均值：$\overline{x}_i = \frac{1}{s}\sum_{j=1}^{s} s_{ij}$

水平 B_j 下的样本均值：$\overline{x}_j = \frac{1}{r}\sum_{i=1}^{r} s_{ij}$

总体样本均值：$\overline{x} = \frac{1}{n}\sum_{i=1}^{r}\sum_{j=1}^{s} s_{ij}$

6.3.2 双因素方差分析的基本步骤

双因素方差分析的基本步骤和单因素方差分析的基本步骤是基本一致的。

1. 根据问题的实际情况，提出原假设和备选假设

与单因素方差分析类似，只考虑主效应的双因素方差分析等价于以下两种假设。

1) 影响因素 A 对因变量的影响问题，其原假设 H_{01} 是：影响因素 A 不同水平下因变量各总体的均值无显著差异，即影响因素 A 不同水平下的影响效应 α_i 全都为 0；备选假设 H_{11} 是：影响因素 A 不同水平下因变量各总体的均值有显著差异，即影响因素 A 不同水平下的影响效应 α_i 不全为 0。提出假设式子如下：

$$H_{01}: \overline{X}_{1\cdot} = \overline{X}_{2\cdot} = \cdots = \overline{X}_{r\cdot}, \quad H_{11}: \overline{X}_{1\cdot}, \overline{X}_{2\cdot}, \cdots, \overline{X}_{r\cdot} \text{ 不全相等} \quad (6-7)$$

或

$$H_{01}: \alpha_1 = \alpha_2 = \cdots = \alpha_r = 0, \quad H_{11}: \alpha_1, \alpha_2, \cdots, \alpha_r \text{ 不全为 } 0 \quad (6-8)$$

其中，

① $\overline{X}_{i\cdot}$ ($i=1, 2, \cdots, r$) 是影响因素 A 不同水平下因变量各总体的均值；

② α_i 表示因素 A 的第 i 个水平的平均值与总平均值的差异程度，即因素 A 在水平 i 下对因变量的效应；

③ $i=1, 2, \cdots, r$。

2) 影响因素 B 对因变量的影响问题，其原假设 H_{02} 是：影响因素 B 不同水平下因变量各总体的均值无显著差异，即影响因素 B 不同水平下的影响效应 β_j 全都为 0；备选假设 H_{12} 是：影响因素 B 不同水平下因变量各总体的均值有显著差异，即影响因素 B 不同水平下的影响效应 β_j 不全为 0。提出假设式子如下：

$$H_{02}: \overline{X}_{\cdot 1} = \overline{X}_{\cdot 2} = \cdots = \overline{X}_{\cdot s}, \quad H_{12}: \overline{X}_{\cdot 1}, \overline{X}_{\cdot 2}, \cdots, \overline{X}_{\cdot s} \text{ 不全相等} \quad (6-9)$$

或

$$H_{02}: \beta_1 = \beta_2 = \cdots = \beta_s = 0, \quad H_{12}: \beta_1, \beta_2, \cdots, \beta_s \text{ 不全为 } 0 \quad (6-10)$$

其中,

①$\bar{X}_j$ ($j=1, 2, \cdots, s$) 是影响因素 B 不同水平下因变量各总体的均值;

②β_j 表示因素 B 的第 j 个水平的平均值与总平均值的差异程度, 即因素 B 在水平 j 下对因变量的效应;

③$j=1, 2, \cdots, s$。

2. 选择检验统计量

采用的检验统计量是 F 统计量, 即 F 检验。在满足总体服从正态分布、样本独立、总体方差相等等方差分析假设条件时, 我们可以用构造 F 统计量的方法来检验上述假设。

对于原假设 H_{01}, 备选假设 H_{11}, 有:

$$F_A = \frac{SSA/(r-1)}{SSE/(r-1)(s-1)} \quad (6-11)$$

对于原假设 H_{02}, 备选假设 H_{12}, 有:

$$F_B = \frac{SSB/(s-1)}{SSE/(r-1)(s-1)} \quad (6-12)$$

其中:

1) 因素 A 的组间平方和:

$$SSA = \sum_{i=1}^{r} s(\bar{x}_{i\cdot} - \bar{x})^2$$

其反映了因素 A 的水平差异对因变量产生的影响效应。

2) 因素 B 的组间平方和:

$$SSB = \sum_{j=1}^{s} r(\bar{x}_{\cdot j} - \bar{x})^2$$

其反映了因素 B 的水平差异对因变量产生的影响效应。

3) 误差平方和:

$$SSE = \sum_{i=1}^{r} \sum_{j=1}^{s} (\bar{x}_{ij} - \bar{x}_{i\cdot} - \bar{x}_{\cdot j} + \bar{x})^2$$

其反映了随机误差及其他因素对因变量产生的影响效应。

则总离差平方和 $SST = SSA + SSB + SSE$, 其计算公式如下:

$$SST = SSA + SSB + SSE = \sum_{i=1}^{r} \sum_{j=1}^{s} (x_{ij} - \bar{x})^2$$

3. 计算检验统计量的观察值

根据上述公式计算检验统计量 F_A 和 F_B, 如果影响因素对因变量造成了显著影响, F 值会显著大于 1; 反之, 如果影响因素对因变量没有造成显著影响, 因变量的变差可归结为由随机因素影响造成的, F 值会接近于 1。这与单因素方差分析中的 F 值本质是一致的。

4. 给定显著性水平 α, 并做出相应决策

只考虑主效应的双因素方差分析如表 6-5 所示。在给定显著性水平 α 的情况下:

1) 对于因素 A, 如果 $F_A > F_\alpha(r-1, (r-1)(s-1))$, 则拒绝原假设 H_{01}, 即认为因素 A 对因变量有显著影响; 反之, 接受原假设 H_{01}。

2) 对于因素 B，如果 $F_B > F_\alpha(s-1, (r-1)(s-1))$，则拒绝原假设 H_{02}，即认为因素 B 对因变量有显著影响；反之，接受原假设 H_{02}。

表6-5 只考虑主效应的双因素方差分析表

	自由度（df）	离差平方和（Sum of Squares Deviations）	均方差（Mean Square Error）	F 值	显著性水平 P 值（Sig.）
因素 A	$r-1$	SSA	$SSA/(r-1)$	$F_A = \dfrac{SSA/(r-1)}{SSE/(r-1)(s-1)}$	P_A
因素 B	$s-1$	SSB	$SSB/(s-1)$	$F_B = \dfrac{SSB/(s-1)}{SSE/(r-1)(s-1)}$	P_B
随机误差	$(r-1)(s-1)$	SSE	$SSE/(r-1)(s-1)$		
总和	$r \times s - 1$	SST			

【例6-2】针对【知识导入】相关数据进行双因素方差分析，检验不同节日主题促销方式和品牌对销售量是否有显著影响。假定 $\alpha = 0.05$。

根据相关信息，记促销方式为因素 A，品牌为因素 B。

1) 首先，建立假设。

①对于促销方式对销售量的影响问题，提出如下假设：
$$H_{01}: \bar{X}_{1\cdot} = \bar{X}_{2\cdot} = \bar{X}_{3\cdot} = \bar{X}_{4\cdot}, \quad H_{11}: \bar{X}_{1\cdot}, \bar{X}_{2\cdot}, \bar{X}_{3\cdot}, \bar{X}_{4\cdot} \text{ 不全相等}$$

②对于品牌对销售量的影响问题，提出如下假设：
$$H_{02}: \bar{X}_{\cdot 1} = \bar{X}_{\cdot 2} = \bar{X}_{\cdot 3} = \bar{X}_{\cdot 4} = \bar{X}_{\cdot 5}, \quad H_{12}: \bar{X}_{\cdot 1}, \bar{X}_{\cdot 2}, \bar{X}_{\cdot 3}, \bar{X}_{\cdot 4}, \bar{X}_{\cdot 5} \text{ 不全相等}$$

2) 构建检验统计量，并计算相关值。

①均值计算表（表6-6）。

表6-6 均值计算表

促销方式（A）	品牌（B）					均值
	Zara	Only	秋水伊人	哥弟	韩都衣舍	
狗年聚惠	183	236	339	258	189	241.0
情动七夕	101	178	169	135	142	145.0
庆国庆、迎国庆	202	249	347	263	226	257.4
圣诞欢购	158	221	189	136	159	172.6
均值	161	221	261	198	179	204.0

②计算离差平方和。

$$r = 4, \quad s = 5, \quad n = r \times s = 20$$

$$SSA = \sum_{i=1}^{r} s(\bar{x}_{i\cdot} - \bar{x})^2 = 43\,437.6$$

$$SSB = \sum_{j=1}^{s} r(\bar{x}_{\cdot j} - \bar{x})^2 = 24\,192$$

$$SSE = \sum_{i=1}^{r}\sum_{j=1}^{s}(x_{ij} - \bar{x}_{i\cdot} - \bar{x}_{\cdot j} + \bar{x})^2 = 12\,038.4$$

$$F_A = \frac{SSA/(r-1)}{SSE/(r-1)(s-1)} = 14.433$$

$$F_B = \frac{SSB/(s-1)}{SSE/(r-1)(s-1)} = 6.029$$

③根据计算得出的结果和给定的显著性水平 $\alpha = 0.05$ 做出决策。

在显著性水平 $\alpha = 0.05$ 时，查 F 分布表得：

$$F_{0.05}(3, 12) = 3.49; \quad F_{0.05}(4, 12) = 3.26$$

$$F_A = 14.433 > F_{0.05}(3, 12) = 3.49; \quad F_B = 6.029 > F_{0.05}(4, 12) = 3.26$$

可见，显著性水平取 0.05 时，拒绝原假设，即认为不同节日主题促销方式和品牌对销售量都有显著影响。

【实操演练】

利用 Excel 和 SPSS 软件对例 6-2 进行双因素方差分析。

（1）利用 SPSS 软件检验不同节日主题促销方式对销售量是否具有显著影响

与前述实操演练一样，在进行软件操作之前，将表 6-1 中的数据录入 Excel（配套数据文件 Data06-01），我们将促销方式"狗年聚惠""情动七夕""庆国庆、迎国庆""圣诞欢购"分别赋值为 1、2、3、4，品牌"Zara""Only""秋水伊人""哥弟""韩都衣舍"分别赋值为 1、2、3、4、5。

SPSS 软件操作步骤如下：

步骤 1：打开 SPSS 软件，选择菜单栏中的"文件"→"打开"→"数据"命令，如图 6-19 所示。

图 6-19 打开数据文件

步骤 2：在弹出的"打开数据"对话框中，在"文件类型"下拉列表中选择原始数据所存类型，在本例中的原始数据所存类型为"*.xlsx"。

步骤 3：找到文件所在位置，本例数据在电脑桌面，找到"方差分析"数据文件并双击或者单击"方差分析"数据文件后单击"打开"按钮，如图 6-20 所示。

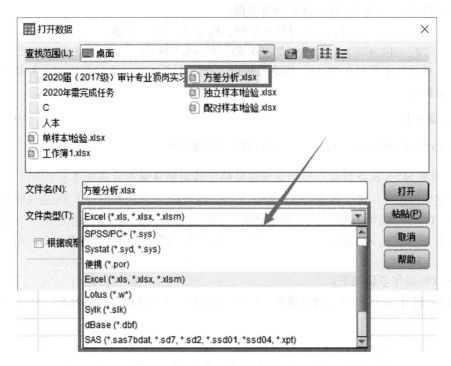

图 6-20　找到数据源

步骤 4：在弹出的"打开 Excel 数据源"对话框中，单击"确定"按钮，将外部 Excel 中的原始数据导入 SPSS 软件中，如图 6-21 和图 6-22 所示。

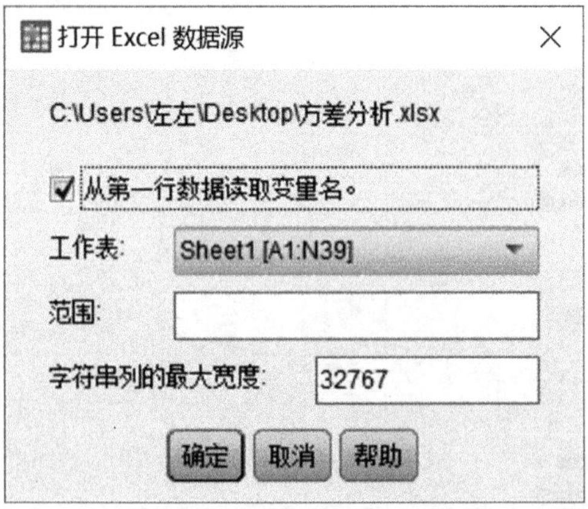

图 6-21　数据录入范围

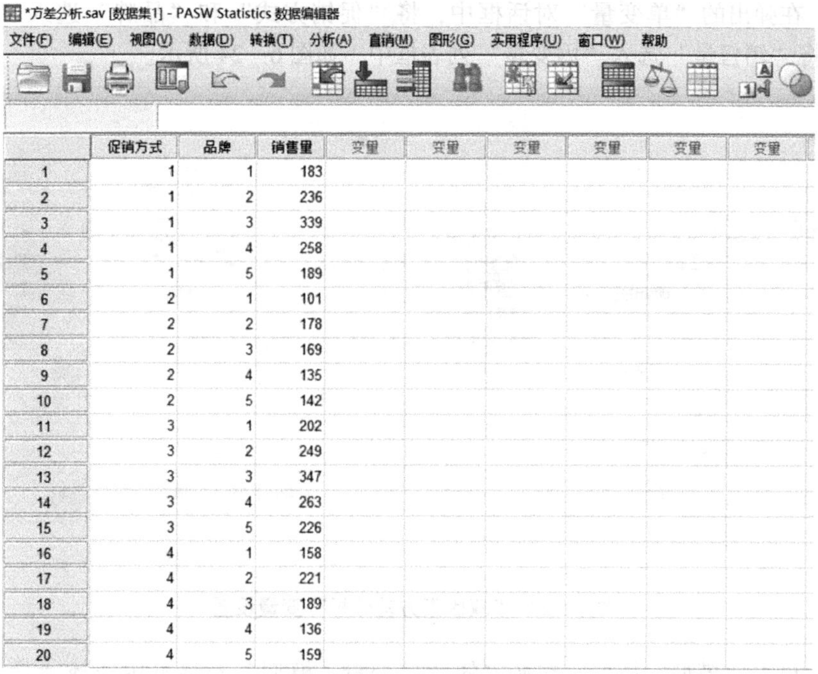

	促销方式	品牌	销售量	变量	变量	变量	变量	变量	变量
1	1	1	183						
2	1	2	236						
3	1	3	339						
4	1	4	258						
5	1	5	189						
6	2	1	101						
7	2	2	178						
8	2	3	169						
9	2	4	135						
10	2	5	142						
11	3	1	202						
12	3	2	249						
13	3	3	347						
14	3	4	263						
15	3	5	226						
16	4	1	158						
17	4	2	221						
18	4	3	189						
19	4	4	136						
20	4	5	159						

图 6－22　数据录入

步骤 5：在 SPSS 软件中选择菜单栏中的“分析”→“一般线性模型”→“单变量”命令，如图 6－23 所示。

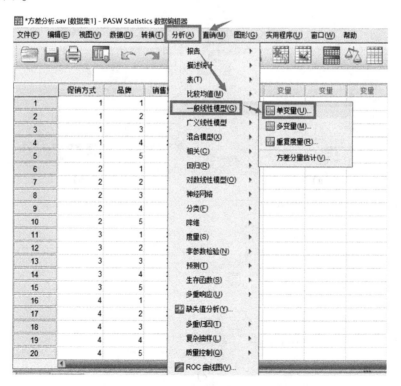

图 6－23　“双因素方差分析”模型选择

步骤6：在弹出的"单变量"对话框中，将"促销方式"和"品牌"选入"固定因子"列表框中，将"销售量"选入"因变量"列表框中，如图6-24所示。

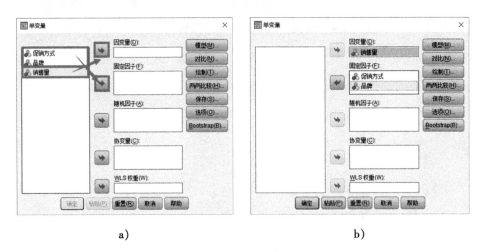

图6-24 "双因素方差分析"变量设置

步骤7：单击"模型"按钮，在弹出的"单变量：模型"对话框中选择"设定"单选按钮，构建项类型选择"主效应"，将左侧的"促销方式"和"品牌"分别移至右侧"模型"列表框中，单击"继续"按钮，如图6-25所示。

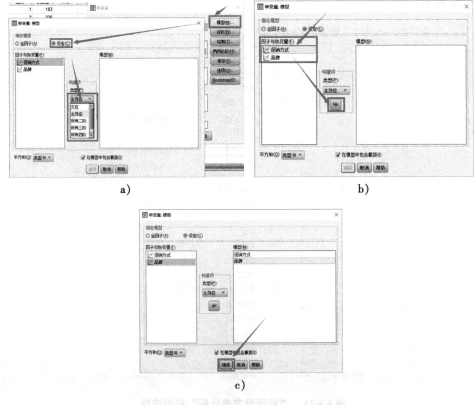

图6-25 "双因素方差分析"模型设置

步骤8：单击"两两比较"按钮，在弹出的对话框中，将左侧"促销方式"和"品牌"移至右侧"两两比较检验"列表框中，"假定方差齐性"区域勾选"Duncan"复选框，单击"继续"按钮，如图6-26所示。

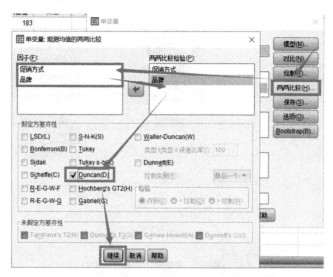

图6-26 "双因素方差分析"比较方式选择

步骤9：单击"单变量"对话框中的"选项"按钮，勾选"描述统计"和"方差齐性检验"复选框，单击"继续"按钮，如图6-27所示。

图6-27 "双因素方差分析"模型的选项设置

步骤10：在"单变量"对话框中，单击"确定"按钮，可在"输出"窗口中查看结果（如图6-28所示）。在结果中，由"主体间效应的检验"表可知，促销方式和品牌的统计量 F

分别为 14.433 和 6.029，显著性水平分别为 0.000 和 0.007，均小于显著性水平 $\alpha = 0.05$，因此不同节日主题促销方式和品牌对销售量都有显著影响，如图 6-29 所示。

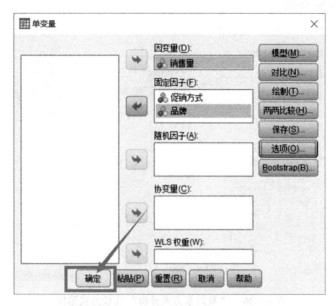

图 6-28 "双因素方差分析"的结果输出

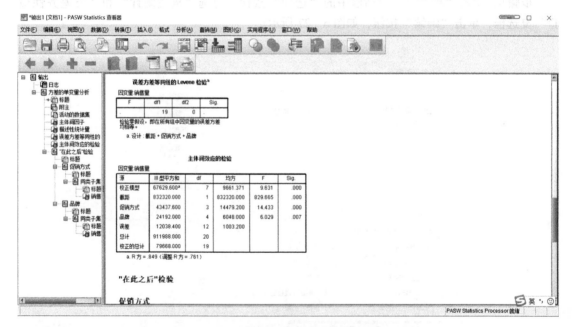

图 6-29 "双因素方差分析"的结果显示

步骤 11：保存结果。右击"输出"窗口的结果表，从弹出的快捷菜单中选择"导出"命令，如图 6-30 所示。在"导出输出"对话框中选择输出的文档类型，在"文件名"的位置修改文件名，单击"浏览"按钮，选择保存位置，最后单击"确定"按钮即可，具体如图 6-31 所示。

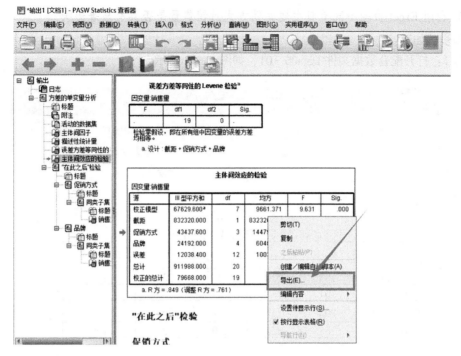

图6-30 "双因素方差分析"的结果导出

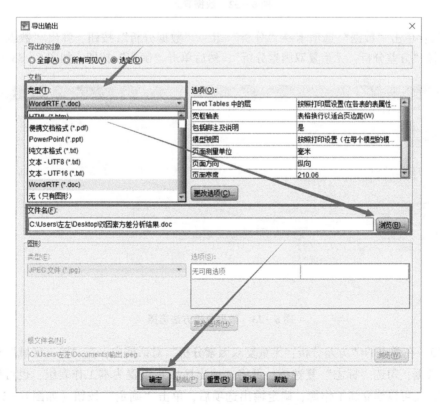

图6-31 "双因素方差分析"的结果保存

(2) 利用 Excel 检验不同节日主题促销方式对销售量是否具有显著影响

操作步骤如下：

步骤1：打开配套数据文件 Data06-01，如图6-32所示。

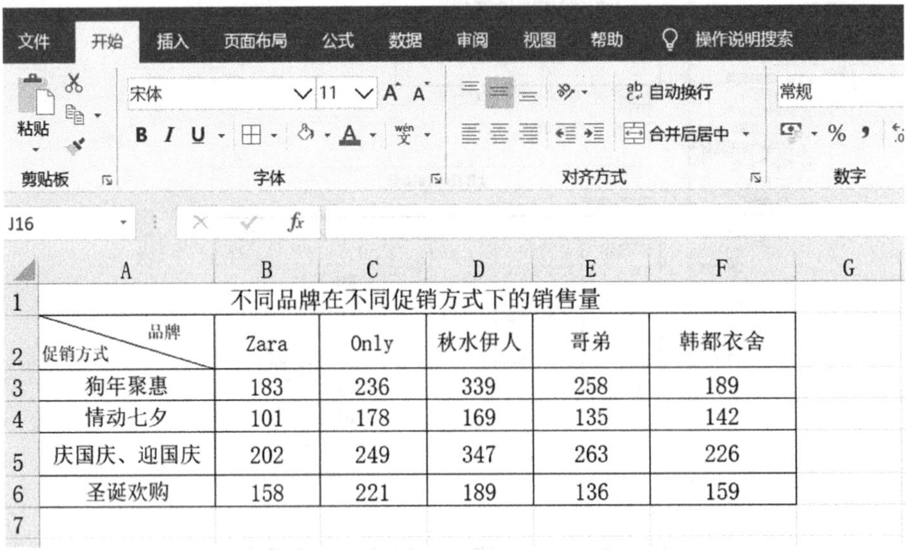

促销方式＼品牌	Zara	Only	秋水伊人	哥弟	韩都衣舍
狗年聚惠	183	236	339	258	189
情动七夕	101	178	169	135	142
庆国庆、迎国庆	202	249	347	263	226
圣诞欢购	158	221	189	136	159

图6-32 数据导入

步骤2：单击"数据"选项卡→"分析"组→"数据分析"按钮，弹出"数据分析"对话框，选择"方差分析：无重复双因素分析"，然后单击"确定"按钮，如图6-33所示。

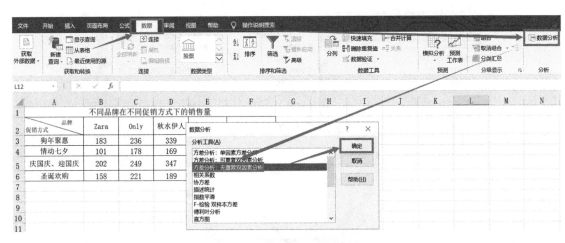

图6-33 数据分析方法选择

步骤3：在弹出的"方差分析：无重复双因素分析"对话框中，在"输入区域"选择要分析的相关数据；勾选"标志"复选框；可将"输出区域"设置为本工作表组，也可以建立新工作表组，还可以建立新工作簿；确定输出选项后，单击"确定"按钮（如图6-34所示），即可在所确定的位置查看方差分析输出结果，如图6-35所示。

第 6 章 方差分析

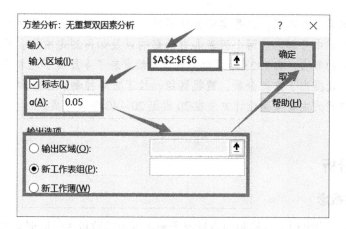

图 6-34　数据设置与数据结果输出

	A	B	C	D	E
1	方差分析：无重复双因素分析				
2					
3	SUMMARY	观测数	求和	平均	方差
4	狗年聚惠	5	1205	241	3996.5
5	情动七夕	5	725	145	927.5
6	庆国庆、迎国庆	5	1287	257.4	3046.3
7	圣诞欢购	5	863	172.6	1087.3
8					
9	Zara	4	644	161	1924.667
10	Only	4	884	221	952.6667
11	秋水伊人	4	1044	261	9042.667
12	哥弟	4	792	198	5212.667
13	韩都衣舍	4	716	179	1359.333
14					
15	方差分析				
16	差异源	SS	df	MS	F	P-value	F crit
17	促销方式	43437.6	3	14479.2	14.43301	0.0002762	3.490295
18	品牌	24192	4	6048	6.028708	0.0067375	3.259167
19	误差	12038.4	12	1003.2			
20					
21	总计	79668	19		

图 6-35　数据结果

> **拓展阅读**
>
> ### 费雪的反复实验
>
> 　　自 1919 年起，费雪在卢桑姆斯坦德农业实验站工作了 14 年，在实验活动中，不断收集肥料、雨量、遗传、土质、细菌、收获量等资料。与孟德尔修道院的后花园的条件相比，实验的环境更不易控制。引起实验结果差异的因素主要有两个：一是在田间试验中，

土质、光照等客观条件不同；二是实验方法不同。由于这两个因素往往同时起作用，因此，如何从总差异中分解出这两个因素各自的影响以及如何测定它们，是费雪所面临的问题。经过多年的努力，自1923年以后，费雪陆续发表了多篇关于在农业实验中控制误差的论文，并首次提出了方差分析、随机区组、拉丁方等控制、分解和测定实验误差的方法。这样，费雪的主要实验设计方法在20世纪20~40年代完成。

6.4 协方差分析

1. 协方差的概念

在很多实验中，当出现可以控制的质量因子和不可控的数量因子同时影响实验结果的情况时，如在研究3种不同的肥料对柚子的实际效应中，各棵柚子树前一年的基础产量的不一致会对实验结果产生一定影响，就需要采用协方差分析的统计处理方法，将质量因子与数量因子（协变量）综合起来加以考虑。即将各棵柚子树前一年年产量作为协变量进行协方差分析，消除其所带来的影响，才能得到正确的实验结果。根据变量关系，我们总结如下：

当两个变量相关时，用协方差来评估它们因相关而产生的对应变量的影响。

当多个变量独立时，用方差来评估这种影响的差异。

当多个变量相关时，用协方差来评估这种影响的差异。

协方差（Covariance）在概率论和统计学中用于衡量两个变量的总体误差。

协方差表示的是两个变量的总体的误差，这与只表示一个变量误差的方差不同。方差是协方差的一种特殊情况，即当两个变量相同的情况。

假设两个期望值分别为 $E[X]$ 与 $E[Y]$ 的随机变量 X 和 Y，它们的协方差 $\mathrm{Cov}(X, Y)$ 定义为

$$\begin{aligned}\mathrm{Cov}(X, Y) &= E[(X - E[X])(Y - E[Y])] \\ &= E[XY] - 2E[Y]E[X] + E[X]E[Y] \\ &= E[XY] - E[X]E[Y]\end{aligned} \quad (6-13)$$

从直观上来看，协方差表示的是两个变量总体误差的期望。

根据协方差的线性推导，上述定义可以转化为下列形式：

$$\mathrm{Cov}(X,Y) = \frac{1}{n^2}\sum_{i=j}^{m}\sum_{j=1}^{n}\frac{1}{2}(x_i - x_j) \cdot (y_i - y_j) = \frac{1}{n^2}\sum_{i}\sum_{j>i}(x_i - x_j) \cdot (y_i - y_j)$$

$$(6-14)$$

其中，$i = 1, 2, \cdots, m$；$j = 1, 2, \cdots, n$。

如果两个变量的变化趋势一致，也就是说，如果其中一个变量大于自身的期望值时另外一个也大于自身的期望值，那么两个变量之间的协方差就是正值；如果两个变量的变化趋势相反，即其中一个变量大于自身的期望值时另外一个却小于自身的期望值，那么两个变量之间的协方差就是负值。

2. 协方差的性质

协方差 $\mathrm{Cov}(X, Y)$ 的度量单位是 X 的协方差乘以 Y 的协方差，协方差为0的两个随机变量

是不相关的。我们一般认为，一个衡量线性独立的无量纲的数取决于协方差的相关性。如果 X 与 Y 是统计独立的，那么二者之间的协方差就是 0，因为两个独立的随机变量满足 $E[XY] = E[X]E[Y]$，即

$$\text{Cov}(X, Y) = E[(X - E[X])(Y - E[Y])] = 0 \qquad (6-15)$$

但是，反过来并不成立，即如果 X 与 Y 的协方差为 0，并不一定表明二者是统计独立的。X 和 Y 必不是相互独立的，即它们之间存在着一定的关系。

一般情况下认为，

当 $\text{Cov}(X, Y) > 0$ 时，表明 X 与 Y 正相关；

当 $\text{Cov}(X, Y) < 0$ 时，表明 X 与 Y 负相关；

当 $\text{Cov}(X, Y) = 0$ 时，表明 X 与 Y 不相关。

协方差与方差有如下关系：

$$D(X + Y) = D(X) + D(Y) + 2\text{Cov}(X, Y) \qquad (6-16)$$
$$D(X - Y) = D(X) + D(Y) - 2\text{Cov}(X, Y) \qquad (6-17)$$

协方差与期望值有如下关系：

$$\text{Cov}(X, Y) = E(XY) - E(X)E(Y) \qquad (6-18)$$

协方差的性质：

1) $\text{Cov}(X, Y) = \text{Cov}(Y, X)$；
2) $\text{Cov}(aX, bY) = ab\text{Cov}(X, Y)$，($a, b$ 是常数)；
3) $\text{Cov}(X_1 + X_2, Y) = \text{Cov}(X_1, Y) + \text{Cov}(X_2, Y)$。

由协方差定义，可以看出 $\text{Cov}(X, X) = D(X)$，$\text{Cov}(Y, Y) = D(Y)$。

其中，$D(X)$ 是随机变量 X 的方差，公式 $D(X) = E[X - E[X]]^2$；$D(Y)$ 是随机变量 Y 的方差，公式 $D(Y) = E[Y - E[Y]]^2$。

协方差作为描述 X 和 Y 相关程度的量，在同一物理量纲之下有一定的作用，但同样的两个量采用不同的量纲，会使它们的协方差在数值上表现出很大的差异。

定义：

$$\rho_{XY} = \frac{\text{Cov}(X, Y)}{\sqrt{D(X)}\sqrt{D(Y)}} \qquad (6-19)$$

称为随机变量 X 和 Y 的(Pearson)相关系数，则有

1) $|\rho_{XY}| \leq 1$；
2) $|\rho_{XY}| = 1$ 的充分必要条件为 $P\{Y = aX + b\} = 1$，(a, b 为常数，$a \neq 0$)
3) 若 $\rho_{XY} = 0$，则称 X 与 Y 非线性相关。即 $\rho_{XY} = 0$ 的充分必要条件是 $\text{Cov}(X, Y) = 0$，即不相关和协方差为零是等价的。

3. 协方差矩阵

X 与 Y 分别为有 m 与 n 个标量元素的列向量随机变量，这两个变量之间的协方差定义为 $m \times n$ 矩阵。其中 X 包含变量 $X_1, X_2, \cdots, X_m$，Y 包含变量 $Y_1, Y_2, \cdots, Y_n$，假设 X_1 的期望值为 μ_1，Y_2 的期望值为 ν_2，那么在协方差矩阵中(μ_1, ν_2)的元素就是 X_1 和 Y_2 的协方差。

两个向量变量的协方差 $\text{Cov}(X, Y)$ 与 $\text{Cov}(Y, X)$ 互为转置矩阵。

同步测试

一、单项选择题

1. 某饮料生产企业研制了一种新型饮料，饮料有 5 种外观。如果要考察外观设计是否会影响销售量，则因素的水平为（　　）。
   A. 2　　　　　B. 3　　　　　C. 4　　　　　D. 5

2. 人们在研究广告效果的众多因素中哪些因素是主要因素这一问题时，可以采用（　　）方法。
   A. 参数检验　　B. 方差分析　　C. 聚类分析　　D. 因子分析

3. SST 的自由度是（　　）。
   A. $r-1$　　　B. $n-r$　　　C. $r-n$　　　D. $n-1$

4. 在方差分析中，待分析的指标一般称为（　　）。
   A. 因变量　　　B. 自变量　　　C. 控制变量　　D. 偏差值

5. 单因素方差分析的备选假设应该是（　　）。
   A. $\mu_1=\mu_2=\mu_3=\cdots=\mu_r$
   B. $\mu_1,\mu_2,\mu_3,\cdots,\mu_r$ 不全相等
   C. $\mu_1,\mu_2,\mu_3,\cdots,\mu_r$ 全不相等
   D. $\mu_1\neq\mu_2\neq\mu_3\neq\cdots\neq\mu_r$

6. 如果要拒绝原假设，则下列式子（　　）必须成立。
   A. $F<F_\alpha$　　B. P 值 $<\alpha$　　C. $F=1$　　D. P 值 $>\alpha$

7. 在方差分析中，（　　）反映的是样本数据与其组平均值的差异。
   A. 总离差　　　B. 组间误差　　C. 抽样误差　　D. 组内误差

8. SSE 的自由度是（　　）。
   A. $r-1$　　　B. $n-r$　　　C. $r-n$　　　D. $n-1$

9. 为研究不同经济发展水平的区域对销售量的影响，将产品投放在三个不同经济发展水平的地区，则称这种方差分析是（　　）。
   A. 单因素方差分析
   B. 双因素方差分析
   C. 三因素方差分析
   D. 双因素三水平方差分析

10. 单因素方差分析中，当 P 值 <0.05 时，可认为（　　）。
    A. 各样本均值都不相等
    B. 各总体均值不等或不全相等
    C. 各总体均值都不相等
    D. 各总体均值相等

二、多项选择题

1. 运用方差分析的前提条件是（　　）。
   A. 样本来自正态总体
   B. 样本必须是随机的
   C. 各总体的方差相等
   D. 各总体相互独立

2. 下列说法正确的是（　　）。
   A. 当 $\mathrm{Cov}(X,Y)>0$ 时，表明 X 与 Y 负相关
   B. 当 $\mathrm{Cov}(X,Y)<0$ 时，表明 X 与 Y 负相关
   C. 当 $\mathrm{Cov}(X,Y)=0$ 时，表明 X 与 Y 不相关
   D. 当 $\mathrm{Cov}(X,Y)>0$ 时，表明 X 与 Y 正相关

3. 方差分析的步骤一般包括（　　）。
   A. 根据问题的实际情况，提出假设
   B. 选择检验统计量
   C. 计算检验统计量的观察值和概率 P 值
   D. 在给定的显著性水平 α 下做出决策
4. 在方差分析中，反映组平均值与总体平均值差异的是（　　）。
   A. 组内平方和   B. 组间离差平方和
   C. 总离差平方和   D. SST
5. 对于单因素方差分析的组内误差，下面说法正确的是（　　）。
   A. 其自由度为 $r-1$
   B. 反映的是随机因素的影响
   C. 反映的是随机因素和系统因素的影响
   D. 其自由度为 $n-r$

三、判断题

1. 调查或实验中需要分析的、可以控制的条件或影响因素称为因素或因子，也称因变量。（　　）
2. 如果在一个试验中所要考察的影响指标的因子有两个，则是一个两因子试验的问题，它的数据分析可以采用单因素方差分析法。（　　）
3. 如果影响因素的不同水平没有对因变量产生显著影响，则观测值的变动可以归结为随机变量的影响所致，此时组间误差与组内误差相对近似，即两个方差的比值接近于1。（　　）
4. 概率分布是指用于表述随机事件结果取值的概率规律。（　　）
5. 根据影响因素（自变量）的个数不同，方差分析分为单因素方差分析、双因素方差分析和多因素方差分析。（　　）
6. 正态性假定要求每个水平所对应的总体都服从正态分布，即对于同一个因素水平，其观测值是来自正态分布总体的简单随机样本。（　　）
7. 独立性假定并不要求每个样本数据是来自不同因素水平的独立随机样本。（　　）
8. 在给定的显著性水平 α 下，方差分析中，如果概率 P 值大于显著性水平 α，则不应拒绝原假设 H_0。（　　）
9. 在方差分析中，采用的检验统计量是 F 统计量，即 F 值检验。（　　）
10. 在方差分析中，我们随时随地在任何条件下都可以构造 F 统计量进行方差分析。（　　）

四、简答题

1. 请阐述方差分析的基本思想。
2. 进行方差分析基本假设的前提有哪些？请分别说明。
3. 试简述方差分析的基本步骤。

同步实训

1. 某连锁超市在同城 3 个不同地点开设了 3 家分店，从这 3 家分店随机抽取 5 天的营业额的数据如表 6-7 所示。

表6-7　某连锁超市同城三家分店5天的营业额数据

（单位：万元）

时间＼分店	第一家分店	第二家分店	第三家分店
第1天	10	7	14
第2天	12	11	8
第3天	9	8	12
第4天	8	13	10
第5天	11	10	11

请问：不同地点对每天的营业额是否具有显著影响。（$\alpha = 0.05$）

2. 某商家采用5个不同的销售员来推销某商品。为检验不同销售员推销商品的效果是否有显著差异，随机抽取以下样本数据，如表6-8所示。

表6-8　不同销售员推销商品的数量

（单位：件）

销售员1	销售员2	销售员3	销售员4	销售员5
89	95	78	76	67
78	91	87	79	98
80	77	86	82	81
92	68	91	85	85
85	89	82	91	80

请利用SPSS软件分析不同销售员推销商品的效果是否有显著差异，并阐述过程和结果。（$\alpha = 0.05$）

3. 某商品有不同的包装，在3个地区销售。销售数量如表6-9所示。试分析该商品不同的包装和不同的地区对销售数量是否有显著影响。

表6-9　销售数量

（单位：件）

项目		包装			
		A1	A2	A3	A4
地区	B1	125	133	145	134
	B2	139	147	167	124
	B3	134	144	145	156

第 7 章
相关与回归

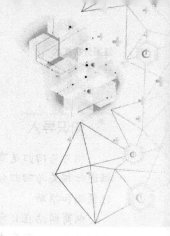

职业能力目标

专业能力：
- 理解相关与回归的基本概念
- 掌握简单相关分析的分析方法和结果解读
- 掌握简单回归分析的分析方法和结果解读
- 掌握偏相关分析的分析方法和结果解读

职业核心能力：
- 具备良好的职业道德，诚实守信
- 具备积极主动的服务意识和认真细致的工作作风
- 具备创新意识，在工作或创业中灵活应用
- 具备自学能力，能适应行业的不断变革和发展

本章知识导图

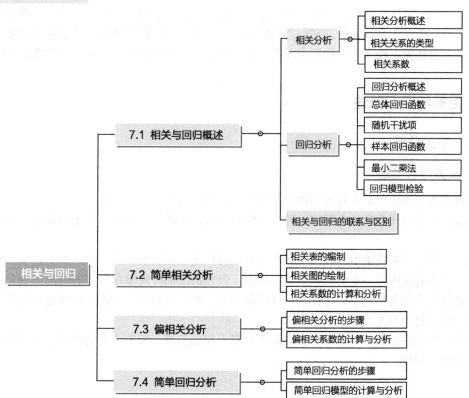

> 知识导入

相关与回归是商务数据分析中被广泛使用的数据分析技术。通过对具有某种内在联系的数据进行相关与回归分析,可以发现业务运营过程中的关键影响因素,从而对业务发展的趋势进行预测和推断。

电商网站在日常运营过程中通常需要投入一定的推广费用来进行广告宣传以提升网站的广告曝光量,如商家在淘宝平台投放的广告。某网站2020年每日广告曝光量和费用成本数据(部分)如表7-1所示。

表7-1 某网站2020年每日广告曝光量和费用成本的数据(部分)

投放时间	广告曝光量(次)	费用成本(元)
2020/1/1	8 116	1 345
2020/1/2	9 313	1 568
2020/1/3	8 839	1 469
2020/1/4	8 499	1 385
2020/1/5	7 922	1 291
2020/1/6	10 572	1 689
…	…	…

运用前面章节所学的知识,我们可以对表7-1中的数据进行描述性统计分析。例如,可以利用计算出的该网站2020年各月平均广告曝光量分析各月平均广告曝光量的趋势等。

但是,相比描述性统计分析得出的结论,我们可能更想知道该网站的每日广告曝光量和费用成本之间是否存在某种关系,它们之间的关系是强还是弱。假设网站想要达到20 000次的广告曝光量,大概需要投入多少费用成本呢?本章所要学习的内容就可以帮助你解答这些问题。

7.1 相关与回归概述

7.1.1 相关分析

1. 相关分析概述

客观事物之间的关系大致可归纳为两大类,即函数关系和相关关系。

函数关系是指两个变量之间的一种确定性的关系,如正方形的周长等于边长乘以4的等式关系。

相关关系是客观现象中存在的一种非确定性的相互依存关系,当其中一个变量取一定的数值时,与之相对应的另一变量的值虽然不确定,但它仍按某种规律在一定的范围内变化。变量之间的这种关系称为具有不确定性的相互依存关系。本章知识导入中的广告曝光量与费用成本之间的关系就属于相关关系。

相关分析的重点就是判断和分析变量之间有无相关关系、相关关系的类型、变动的方向以及相关的密切程度。

【例 7-1】 消费者购买公司产品的数量与公司广告费支出之间的关系属于函数关系还是相关关系？

解：消费者购买公司产品的数量与公司广告费支出之间并不存在一一对应的确定性关系，因此两者之间不属于函数关系。消费者购买公司产品的数量不仅受到公司广告费支出因素的影响，还受到消费者的收入情况、商品价格、消费者对未来的预期以及其他一些不可控因素的影响。

对一般的产品而言，公司的广告费支出会影响到消费者对公司产品的购买量，如华为手机销量在 2019 年位居国内市场第一，这与它的广告投入有很大的关系。公司提高广告费支出，消费者可能会受到广告的吸引进而加大对公司产品的购买力度，但是消费者购买公司产品的数量不会随着广告费支出的不断提升而无限制增加，两者之间并不是一种较为简单的线性相关关系。

综上，消费者购买公司产品的数量与公司广告费支出之间属于相关关系。

【想一想】

请根据你的经验判断以下几组变量之间是否存在相关关系。

1. 企业的营业收入增长率与企业的净利润增长率。
2. 人的身高与体重。
3. 企业员工数量与企业员工薪酬总额。
4. 电商客服人员的日均在线时长与日均订单数量。

2. 相关关系的类型

相关关系可以按照涉及因素的多少、相关的性质、相关的形式、相关的程度等多种方式进行类型划分。

按照涉及因素的多少来划分，相关关系可分为单相关关系和复相关关系。两个因素之间的相关关系称为单相关关系，即只涉及一个自变量和一个因变量。三个或三个以上因素之间的相关关系称为复相关关系或多元相关关系，即涉及两个或两个以上的自变量和一个因变量。

按照相关的性质来划分，相关关系可分为正相关关系和负相关关系。正相关关系是指自变量和因变量之间的变化方向是一致的，即自变量增长，因变量也随之增长。负相关关系是指自变量和因变量之间的变化方向是相反的，即自变量增长，因变量减少。

按照相关的形式来划分，相关关系可分为直线相关关系和曲线相关关系。直线相关关系是指自变量和因变量之间的相关关系能近似地用一条直线表示，如原材料消耗量与生产费用额之间的关系等。曲线相关关系是指自变量和因变量之间的相关关系能近似地用一条曲线表示，如产品产量与单位产品成本之间的关系。曲线相关关系可按曲线形状分为抛物线相关关系、双曲线相关关系等。

按照相关的程度来划分，相关关系可分为完全相关关系、不相关关系和不完全相关关系。完全相关关系是指自变量和因变量之间的关系是完全确定的关系，因而完全相关关系就是函数关系。不相关关系是指自变量和因变量之间在数量的变化上各自独立，互不影响。不完全相关关系是介于完全相关关系和不相关关系之间的一种相关关系。相关分析的对象主要是不完全相关关系。

变量之间的相关关系可以用相关图表示。几种常见相关关系的相关图如图 7-1 所示。

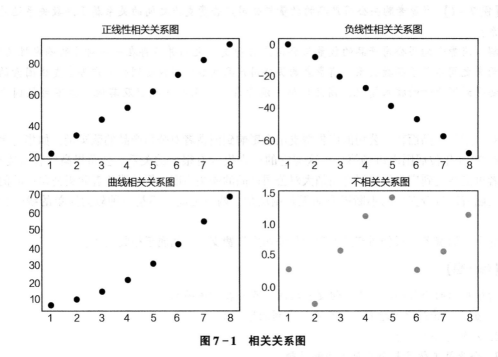

图7-1 相关关系图

【例7-2】某工厂采用新的生产工艺后对A产品进行了5次生产试验,生产试验相关数据(配套数据文件Data07-01)如表7-2所示。请根据表中数据绘制散点图并判断A产品生产量与生产能耗之间的关系。

表7-2 A产品生产试验数据表

试验	A产品生产量(吨)	生产能耗(吨标准煤)
1	2	1.8
2	3	2.5
3	4	3.0
4	5	3.9
5	6	4.6

解:散点图能够辅助我们判断两个变量之间的关系。接下来我们将分别使用Excel软件和SPSS软件对表7-2中的数据绘制散点图。

【实操演练】

(1)Excel软件演示

步骤1:打开配套数据文件Data07-01,结果如图7-2所示,图中共有6行3列数据。

步骤2:绘制散点图。选中需要绘制散点图的变量所在列(B列和C列),单击菜单栏中的"插入"选项,再在"图表"组单击"散点图"按钮,软件将自动生成散点图,操作过程与结果分别如图7-3和图7-4所示。

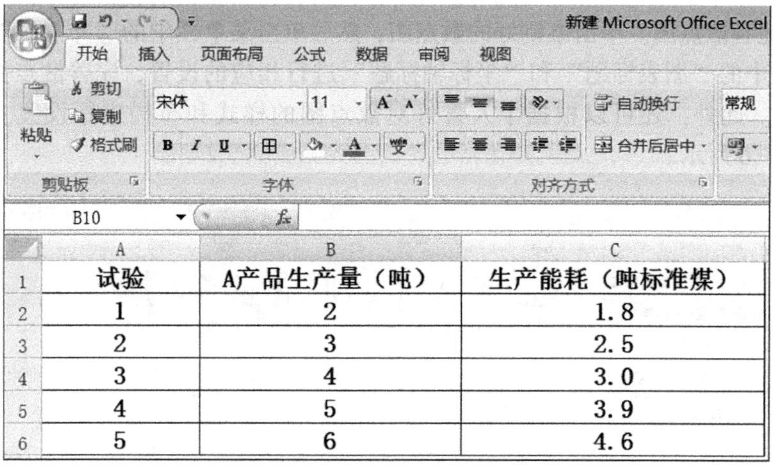

图7-2 Excel中引入的数据

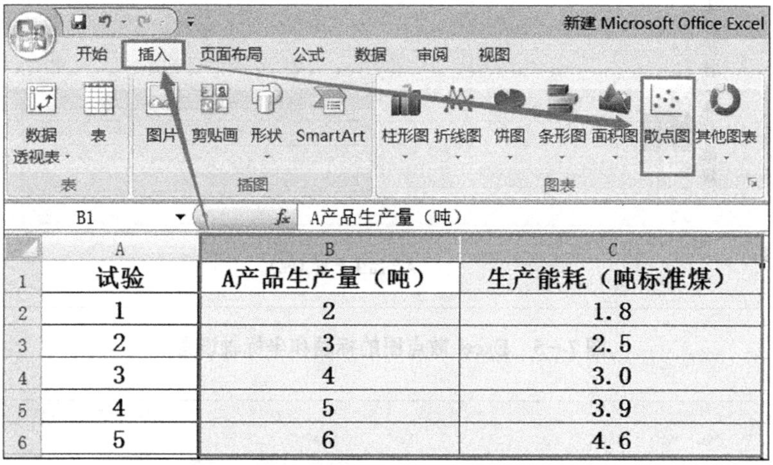

图7-3 Excel散点图绘制过程

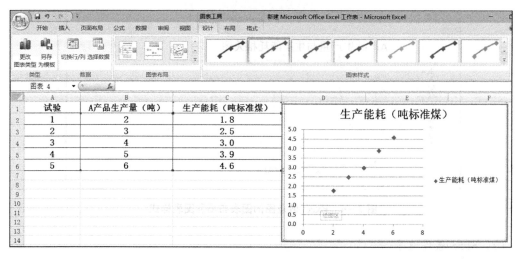

图7-4 Excel散点图绘制结果

步骤3：完善散点图。单击绘制好的散点图，然后单击菜单栏中的"布局"选项卡，分别对"标签"组中的"图表标题"和"坐标轴标题"进行相应的设置，完善散点图的标题名称和坐标轴名称。此外，还可以根据个人喜好对散点图的样式和布局进行设置。相应操作如图7-5和图7-6所示。

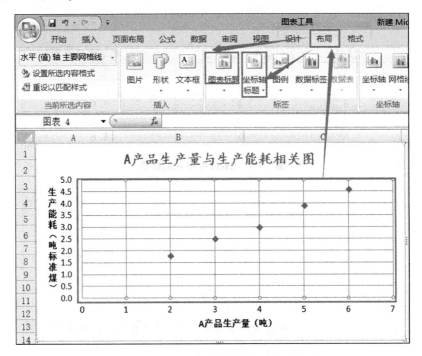

图7-5　Excel散点图的标题和坐标轴设置

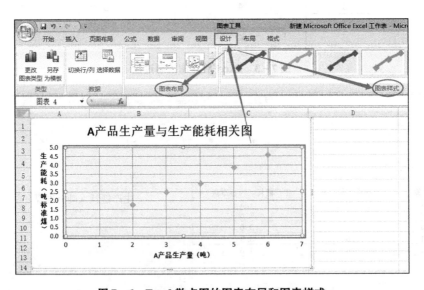

图7-6　Excel散点图的图表布局和图表样式

（2）SPSS软件演示

步骤1：数据引入。打开SPSS软件，选择菜单栏中的"文件"→"打开"→"数据"命令,在弹出的"打开数据"对话框中找到数据文件的存放位置,然后将文件类型设置为数据文件的类型(数据文件是 Excel 类型),再单击数据文件,最后单击"打开"按钮,数据就会被导入 SPSS 软件。操作过程与结果如图 7-7~图 7-9 所示。

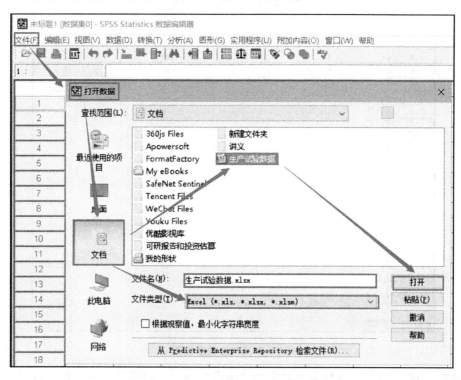

图 7-7 将 Excel 中的数据引入 SPSS

图 7-8 SPSS 变量名称设置

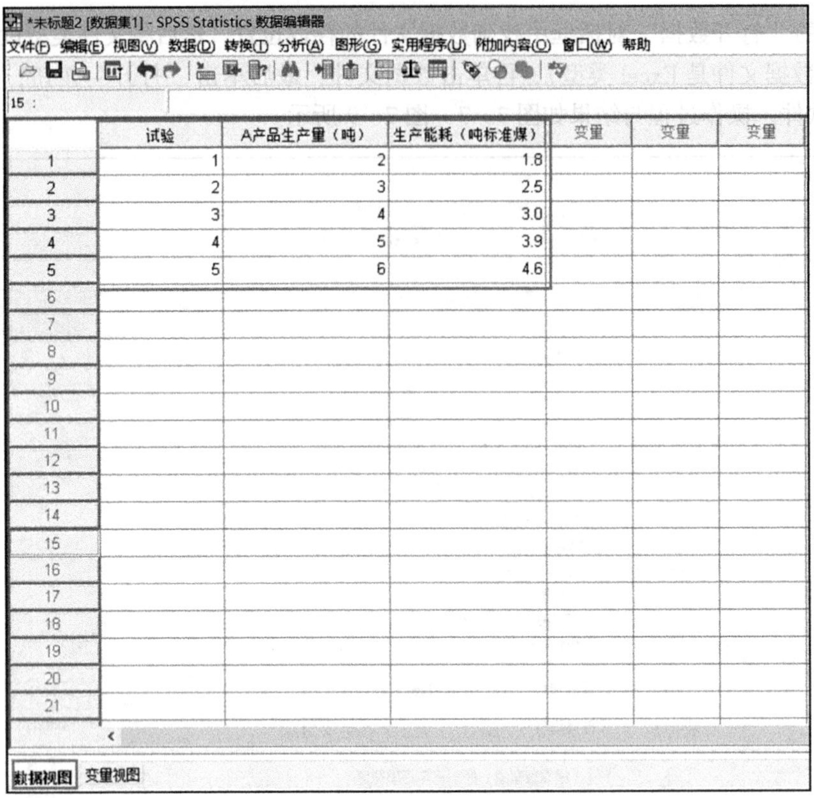

图7-9 SPSS数据视图

步骤2：绘制散点图。选择菜单栏中的"图形"→"旧对话框"→"散点/点状"命令，在弹出的对话框中将变量"A产品生产量（吨）"移入"X轴"列表框，将变量"生产能耗（吨标准煤）"移入"Y轴"列表框，再单击"确定"按钮，SPSS将自动绘制散点图。操作过程与结果如图7-10～图7-12所示。

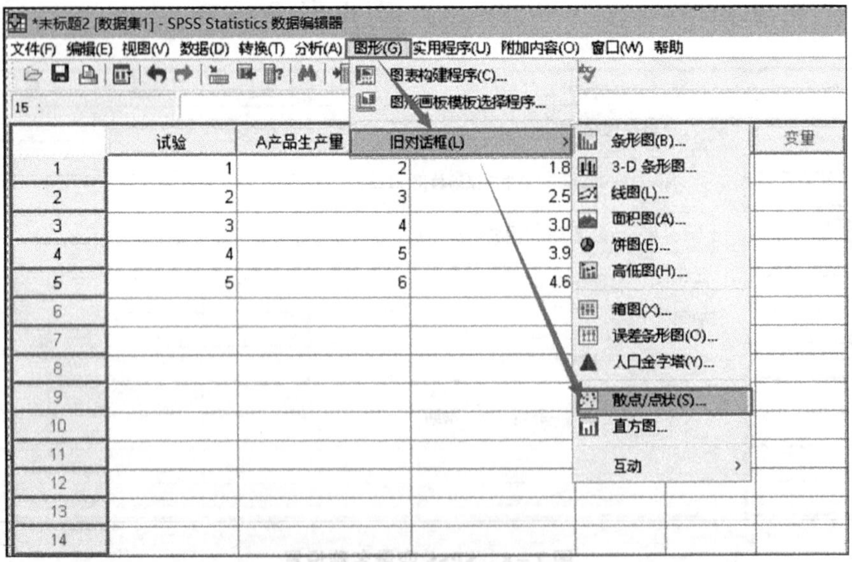

图7-10 SPSS散点图绘制过程

第7章
相关与回归

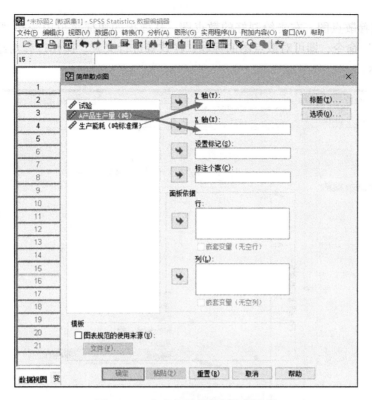

图7-11 各坐标轴的数据变量设置

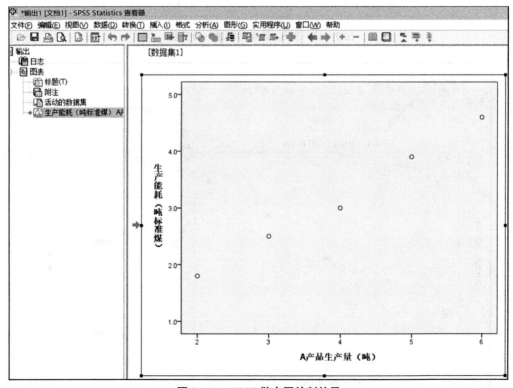

图7-12 SPSS散点图绘制结果

步骤3：完善散点图。右击绘制好的散点图，从弹出的快捷菜单中选择"编辑内容"→"在单独窗口中"命令，即可对散点图的标题、样式等进行完善。操作过程与结果如图7-13和图7-14所示。

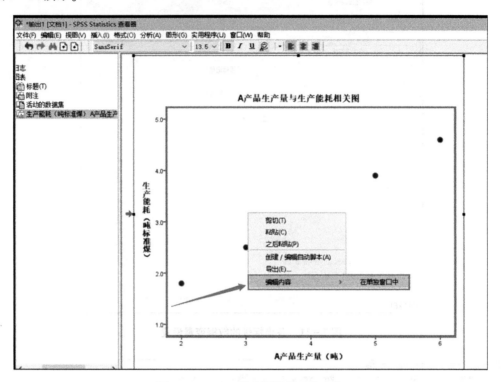

图7-13　SPSS散点图的进一步完善

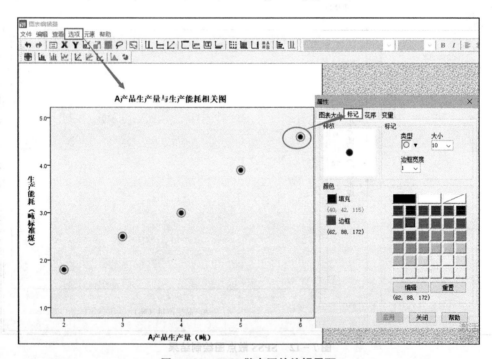

图7-14　SPSS散点图的编辑界面

【练一练】

某网站 2019 年每月访问量与月营业额数据如表 7-3 所示（配套数据文件 Data07-02）。请判断：月访问量与月营业额之间是否具有相关关系？如有相关关系，该相关关系属于哪种类型？

表 7-3　某网站 2019 年每月访问量与月营业额数据表

月份	月访问量（人次）	月营业额（元）
1 月	10 034	179 118
2 月	10 147	181 219
3 月	19 114	342 254
4 月	12 239	217 261
5 月	13 243	236 151
6 月	14 157	249 987
7 月	19 455	348 756
8 月	12 764	225 353
9 月	11 956	213 407
10 月	12 006	213 176
11 月	19 850	353 850
12 月	16 262	289 717

3. 相关系数

相关关系是一种非确定性的关系。自变量与因变量之间的相关关系虽然可以通过绘制相关图的形式较为直观地展现出来，但是相关图缺乏一个定量的描述，从而无法准确告诉我们自变量与因变量之间具体相关到何种程度。为了能够更加准确地描述自变量与因变量之间的线性相关程度，可以通过计算相关系数来进行相关分析。

相关系数最早是由统计学家卡尔·皮尔逊设计的统计指标，是研究变量之间线性相关程度的量，一般用字母 r 表示。相关系数具有以下特征：

1）相关系数 r 的取值范围为 $[-1, 1]$。
2）$|r|$ 越趋向于 1，则表示线性关系越强；$|r|$ 越趋向于 0，则表示线性关系越弱。
3）若 $|r|=1$，则表示两个变量完全相关，散点图中所有的数据点都很好地落在一条直线上。
4）若 $r>0$，则表示两个变量存在正相关，一个变量会随着另一个变量的增大而增大。
5）若 $r<0$，则表示两个变量存在负相关，一个变量会随着另一个变量的增大而减小。
6）若 $r=0$，则表示两个变量不存在线性相关关系。

相关系数有多种定义方式，较为常用的是皮尔逊相关系数。两个变量之间的皮尔逊相关系数定义为两个变量之间的协方差和标准差的商，其基本计算公式如下：

$$r = \frac{\sum_{i=1}^{n}(X_i - \overline{X})(Y_i - \overline{Y})}{\sqrt{\sum_{i=1}^{n}(X_i - \overline{X})^2}\sqrt{\sum_{i=1}^{n}(Y_i - \overline{Y})^2}} \quad (7-1)$$

式（7-1）中的 $\overline{X}$ 和 $\overline{Y}$ 分别为变量 X 和变量 Y 的样本平均值，X_i 和 Y_i 分别为变量 X 和变量 Y 的第 i 个样本观测值，n 为样本观测值的数量。相关系数的基本计算公式比较烦琐，目前较为常用的是其简化后的计算公式：

$$r = \frac{n\sum_{i=1}^{n}x_i y_i - \sum_{i=1}^{n}x_i \sum_{i=1}^{n}y_i}{\sqrt{n\sum_{i=1}^{n}x_i^2 - (\sum_{i=1}^{n}x_i)^2}\sqrt{n\sum_{i=1}^{n}y_i^2 - (\sum_{i=1}^{n}y_i)^2}} \quad (7-2)$$

【练一练】如何根据例 7-2 中的数据来计算 A 产品生产量与生产能耗之间的皮尔逊相关系数？（提示：根据样本观察值来填写相关系数计算表（表 7-4），并将相关结果代入公式（7-2），最后计算出相关系数。）

表 7-4 相关系数计算表

序号	生产量（x_i）	生产能耗（y_i）	x_i^2	y_i^2	$x_i y_i$
1	2	1.8			
2	3	2.5			
3	4	3.0			
4	5	3.9			
5	6	4.6			
合计					

7.1.2 回归分析

7.1.1 节内容所学的相关分析已经可以帮助我们解答本章知识导入中的网站每日广告曝光量和费用成本之间存在何种关系以及两者之间关系的强弱问题，但是要预测出 20 000 次广告曝光量所需的费用成本，就需要运用到本节所讲的回归分析。

1. 回归分析概述

回归一词最早由英国生物学家弗朗西斯·高尔顿（Francis Galton）引入。高尔顿发现：父母身材高的，儿女也高；父母身材矮的，儿女也矮。但给定父母的身高，儿女辈的平均身高却趋向于或者"回归"到全体人口的平均身高。高尔顿把这种人的身高趋向人的平均高度的现象称为"回归"。

在学习回归分析之前，我们一定要重视对总体和样本这两个概念的理解。总体是根据研究目的确定的具有相同性质的个体所构成的全体。例如在研究某灯泡厂生产的灯泡质量时，该厂生产的所有灯泡就构成了一个总体，其中的每只灯泡都是个体。而样本是从总体中随机抽取的部分观察单位。例如在研究某灯泡厂生产的灯泡质量时，由于受到时间及成本等因素的限制，我们不可能对所有灯泡逐一检测，而是随机抽取其中一些具有代表性的灯泡构成一个样本，通过对样本进行检测而推断该厂灯泡总体的质量情况。

回归分析主要是研究一个因变量对另一个或多个自变量的依赖关系，其用意在于通过自变量（在重复抽样中）的已知或设定值，去估计或预测因变量的（总体）均值。简单地讲，回归分析就是对具有相关关系的两个或多个变量之间的数量变化的一般关系确定一个合适的数学表达式（回归模型），以便进行估计和预测的统计方法。

回归分析按照自变量的个数可以划分为一元回归和多元回归；按照回归曲线的形态可以划分为线性回归和非线性回归。实际分析时应根据客观现象的性质、特点、研究目的和任务选取相应的回归分析方法。回归分析的主要内容和步骤如下：

1) 依据经济学等相关学科理论，分析研究问题，将变量分为自变量和因变量。一般情况下，自变量表示原因，因变量表示结果；
2) 设法找到合适的回归模型来描述变量之间的关系；
3) 估计回归模型的参数，得出样本回归方程；
4) 由于涉及的变量具有不确定性，还需要对回归模型进行统计检验及预测等。

【想一想】

请根据你的经验判断：以下几组变量中哪些属于回归分析的自变量？哪些属于因变量？
1. 人的体重与肺活量。
2. 年消费额与年收入额。
3. 日照时间、降水量与农作物产量。

2. 总体回归函数

通常情况下，在做回归分析时，自变量取一定的数值，因变量的值是不确定的，但是因变量会按某种规律在一定的范围内变化。回归分析的重点和难点就是要找到这种规律，即在已知的自变量基础上找到因变量如何变化的规律。通过自变量的已知或给定值，去估计或预测因变量的总体均值。

在给定自变量条件下因变量的期望轨迹称为总体回归线，亦称为总体回归曲线。相应的函数：

$$E(Y|X_i) = f(X_i) \tag{7-3}$$

称为（双变量）总体回归函数。

【例 7-3】假设某小区由 99 户家庭组成，这 99 户家庭每月家庭可支配收入与消费支出数据如表 7-5 所示。请问，如何确定该小区每月家庭消费支出与每月家庭可支配收入之间的总体回归线和总体回归函数？

表 7-5 某小区 99 户家庭每月家庭可支配收入与消费支出表

	每月家庭可支配收入 X（元）									
收入水平	2 800	3 100	3 400	3 700	4 000	4 300	4 600	4 900	5 200	5 500
每月家庭消费支出 Y（元）	2 561	2 638	2 869	3 023	3 254	3 408	3 650	3 969	4 090	4 299
	2 594	2 748	2 913	3 100	3 309	3 452	3 738	3 991	4 134	4 321
	2 627	2 814	2 924	3 144	3 364	3 551	3 749	4 046	4 178	4 530
	2 638	2 847	2 979	3 155	3 397	3 595	3 804	4 068	4 266	4 629
		2 935	3 012	3 210	3 408	3 650	3 848	4 101	4 354	4 860
		2 968	3 045	3 243	3 474	3 672	3 881	4 189	4 486	4 871

（续）

每月家庭消费支出 Y（元）	每月家庭可支配收入 X（元）									
			3 078	3 254	3 496	3 683	3 925	4 233	4 552	
			3 122	3 298	3 496	3 716	3 969	4 244	4 585	
			3 155	3 331	3 562	3 749	4 013	4 299	4 640	
			3 188	3 364	3 573	3 771	4 035	4 310		
			3 210	3 408	3 606	3 804	4 101			
				3 430	3 650	3 870	4 112			
				3 485	3 716	3 947	4 200			
						4 002				
共计	10 420	16 950	33 495	42 445	45 305	51 870	51 025	41 450	39 285	27 510

为便于研究，将该小区 99 户家庭组成的总体按收入水平划分为 10 个组（从 2 800 元到 5 500 元），并分别分析每一组的家庭消费支出。

由于不确定因素的影响，对同一收入水平 X，不同家庭的消费支出 Y 不完全相同。从表 7-5 可以看到，当自变量（每月家庭可支配收入）为 2 800 元时，因变量（每月家庭消费支出）的值是不确定的，但由于调查的完备性（调查数据涵盖小区全部 99 户家庭），给定收入水平 X 的消费支出 Y 的分布是确定的，即以 X 的给定值为条件的 Y 的条件分布是已知的，$P(Y=2561 | X=2800)=1/4$。因此，给定收入 X 的值，可得消费支出 Y 的条件均值或条件期望，如 $E(Y | X=2800)=2605$。

表 7-6 给出了 10 组收入水平下相应家庭消费支出的条件概率以及各收入水平组家庭消费支出的条件均值。

表 7-6　各收入水平组相应家庭消费支出的条件概率和条件均值

收入水平	2 800	3 100	3 400	3 700	4 000	4 300	4 600	4 900	5 200	5 500
条件概率	1/4	1/6	1/11	1/13	1/13	1/14	1/13	1/10	1/9	1/6
条件均值	2 605	2 825	3 045	3 265	3 485	3 705	3 925	4 145	4 365	4 585

根据表 7-5 和表 7-6 中的数据，我们可以分别画出可支配收入 X 与家庭消费支出 Y 的散点图以及可支配收入 X 与家庭消费支出的条件均值 $E(Y | X_i)$ 的散点图，如图 7-15 所示。

从图 7-15 可以看出，虽然不同的家庭消费支出存在差异，但总体来说，家庭消费支出是随着可支配收入的增加而增加的。另外，家庭消费支出 Y 的条件均值恰好落在一条斜率为正的直线上，这条直线称为总体回归线。

总体回归函数能够表明因变量 Y_i 的平均状态（总体条件期望）随自变量 X 变化的规律。至于具体的函数形式，是由所考察总体固有的特征来决定的。由于实践中总体往往无法全部考察到，因此总体回归函数形式的选择是一个经验方面的问题，具备经济学等相关学科的理论就显得很重要。

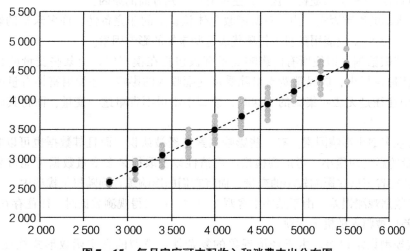

图 7-15 每月家庭可支配收入和消费支出分布图

例 7-3 中，居民消费支出与其可支配收入呈现出线性关系，式（7-3）可进一步写成：

$$E(Y|X_i) = \beta_0 + \beta_1 X_i \tag{7-4}$$

其中 β_0 和 β_1 是未知参数，称为回归系数，式（7-4）也称为线性总体回归函数。

线性函数形式最为简单，其中参数的估计与检验也相对容易，而且多数非线性函数可转换为线性形式。因此，为了研究的方便，总体回归函数常设定成线性形式。需注意的是，统计学中所涉及的线性函数是指回归系数是线性的，即回归系数只以它的一次方出现，对自变量则可以不是线性的。

3. 随机干扰项

在上述家庭收入和消费支出案例中，总体回归函数描述了所考察总体的家庭消费支出平均值随可支配收入变化而变化的规律。虽然某个别家庭的消费支出 Y_i 不一定恰好就是给定收入 X_i 下的消费支出的平均值 $E(Y|X_i)$，但从图 7-15 可看出，个别家庭消费支出 Y_i 聚集在给定收入水平 X_i 下所有家庭平均消费支出 $E(Y|X_i)$ 的周围。

对每一个个别家庭，记

$$\mu_i = Y_i - E(Y|X_i) \tag{7-5}$$

称 μ_i 为观察值 Y_i 围绕它的期望值 $E(Y|X_i)$ 的离差。它是一个不可观测的随机变量，又称为随机干扰项或随机误差项。

由式（7-5）可得出，个别家庭的消费支出为

$$Y_i = E(Y|X_i) + \mu_i \tag{7-6}$$

或在线性假设下

$$Y_i = \beta_0 + \beta_1 X_i + \mu_i \tag{7-7}$$

即给定收入水平 X_i，个别家庭的支出可表示为两部分之和：①该收入水平下所有家庭的平均消费支出 $E(Y|X_i)$，称为**系统性或确定性部分**；②其他随机或非系统性部分 μ_i。式（7-6）或式（7-7）称为总体回归函数的随机设定形式。这表明因变量 Y 除了受自变量 X 的系统性影响外，还受其他未包括在模型中的诸多因素的随机性影响，μ 即这些影响因素的综合代表。方程（7-7）中由于引入了随机干扰项，成为计量经济模型，因此也称为总体回归模型。

在总体回归函数中引入随机干扰项,主要有以下几方面的原因:

1) 代表未知的影响因素。由于对所考察总体认识上的非完备性,许多未知的影响因素还无法引入模型,因此,只能用随机干扰项代表这些未知的影响因素。

2) 代表残缺数据。即使所有的影响变量都被包括在模型中,但某些变量的数据却无法取得。如经济理论指出,居民消费支出除受可支配收入的影响,还受财富拥有量的影响,但后者在实践中往往是无法收集到的。这时,模型中不得不省略这一变量,而将其归入随机干扰项。

3) 代表众多细小影响因素。有一些影响因素已经被认识,而且其数据也可以收集到,但它们对因变量的影响却很小。考虑到模型的简洁性以及取得诸多变量数据可能带来的较大成本,建模时往往省掉这些影响较小的变量,而将它们的影响综合到随机干扰项中。

4) 代表数据观测误差。由于某些主客观的原因,在取得观测数据时,往往存在测量误差,这些观测误差也被归入随机干扰项。

5) 代表模型设定误差。由于经济现象的复杂性,模型的真实函数形式往往是未知的,因此,实际所设定的模型可能与真实的模型有偏差。随机干扰项包含了这种模型的设定误差。

6) 变量的内在随机性。即使模型没有设定误差,也不存在数据观测误差,由于某些变量所固有的内在随机性,也对因变量产生随机性影响。这种影响只能被归入随机干扰项中。

【想一想】

除了每月可消费收入因素,还有哪些因素可能影响每月消费支出?这些因素能够被观测到吗?

4. 样本回归函数

尽管总体回归函数揭示了所考察总体因变量与自变量之间的平均变化规律,但是通常情况下,总体的信息往往无法全部获得。因此,总体回归函数实际上是未知的,现实的情况往往是通过抽样得到总体的样本,再通过样本的信息来估计总体回归函数。

仍以上述家庭可支配收入与消费支出的关系为例。假设从该总体中按每组收入水平各取一个家庭进行观测,得到如表7-7所示的一组样本数据。问题归结为:能否从该样本中预测整个总体对应于选定 X 的平均每月消费支出,即能否从该样本估计总体回归函数?

表7-7 家庭消费支出与可支配收入的一组随机样本

(单位:元)

X	2 800	3 100	3 400	3 700	4 000	4 300	4 600	4 900	5 200	5 500
Y	2 594	2 638	3 122	3 155	3 408	3 595	3 969	4 078	4 585	4 530

根据表7-7中的样本数据绘制的散点图如图7-16所示。可以看出,该样本散点图近似于一条直线,在其上画一条直线以更好地拟合该散点图。由于样本取自总体,可用该线近似地代表总体回归线,该线称为样本回归线。其函数形式记为

$$\hat{Y}_i = f(X_i) = \hat{\beta}_0 + \hat{\beta}_1 X_i \tag{7-8}$$

称为样本回归函数。

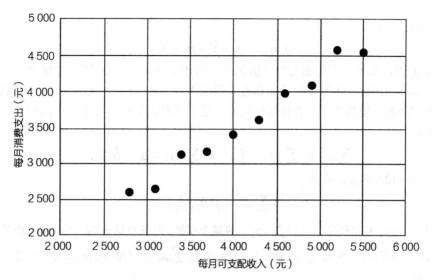

图7-16 家庭可支配收入与消费支出的样本散点图

将式（7-8）看成式（7-7）的近似替代式，则 $\hat{Y}_i$ 就是 $E(Y|X_i)$ 的估计量，$\hat{\beta}_i$ 为 β_i 的估计量，这里 $i=0,1$。

同样地，样本回归函数也有如下的随机形式：

$$Y_i = \hat{Y}_i + \hat{\mu}_i = \hat{\beta}_0 + \hat{\beta}_1 X_i + \hat{\mu} \tag{7-9}$$

式中，$\hat{\mu}_i$ 称为样本残差，代表了其他影响 Y_i 的随机因素的集合。由于方程（7-9）中引入了随机干扰项，成为计量经济模型，因此也称为样本回归模型。

回归分析的主要目的就是根据样本回归函数估计总体回归函数，也就是根据样本回归函数 $Y_i = \hat{Y}_i + \hat{\mu}_i = \hat{\beta}_0 + \hat{\beta}_1 X_i + \hat{\mu}_i$ 来估计总体回归函数 $Y_i = \beta_0 + \beta_1 X_i + \mu_i$。即设计一种"方法"构造样本回归函数，以使样本回归函数尽可能"接近"总体回归函数，或者说使 $\hat{\beta}_i (i=0,1)$ 尽可能接近 $\beta_i (i=0)$。图7-17绘出了总体回归线与样本回归线的基本关系，图中实线表示总体回归线，虚线表示样本回归线。

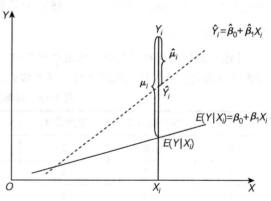

图7-17 总体回归线与样本回归线的基本关系

【想一想】样本回归函数与总体回归函数之间存在哪些联系与区别？

5．最小二乘法

上节内容指出，回归分析的主要目的就是根据样本回归函数估计总体回归函数。回顾双变量总体回归函数：$Y_i = \beta_0 + \beta_1 X_i + \mu_i$。由于总体回归函数是无法直接观测到的，我们需要通过样本回归函数去估计它：

$$Y_i = \hat{\beta}_0 + \hat{\beta}_1 X_i + \hat{\mu}_i = \hat{Y}_i + \hat{\mu}_i \tag{7-10}$$

其中 $\hat{Y}_i$ 是 Y_i 的估计值。但样本回归函数又是怎样决定的呢？为了看清这个问题，我们把

公式（7-10）写为

$$\hat{\mu}_i = Y_i - \hat{Y}_i = Y_i - \hat{\beta}_0 - \hat{\beta}_1 X_i \tag{7-11}$$

这表明 $\hat{\mu}_i$ 不过是 Y 的实际值与估计值之差。对于给定的 Y 和 X 的 n 对观测值，我们希望这样决定样本回归函数，使得它尽可能靠近实际的 Y。为此，我们可以采用如下准则：选择这样的样本回归函数，使得残差平方和尽可能小。最小二乘法是要定义出样本回归函数，使得下式尽可能小：

$$\sum \hat{\mu}_i^2 = \sum (Y_i - \hat{Y}_i)^2 = \sum (Y_i - \hat{\beta}_0 - \hat{\beta}_1 X_i)^2 \tag{7-12}$$

由公式(7-12)明显地看到：

$$\sum \hat{\mu}_i^2 = f(\hat{\beta}_0, \hat{\beta}_1) \tag{7-13}$$

也就是说，残差平方和是估计量 $\hat{\beta}_0$ 和 $\hat{\beta}_1$ 的某个函数。对任意给定的一组数据，选择不同的 $\hat{\beta}_0$ 和 $\hat{\beta}_1$ 将得到不同的残差，从而 $\sum \hat{\mu}_i^2$ 有不同的值。要使 $\sum \hat{\mu}_i^2$ 尽可能小，由公式(7-12)对 $\hat{\beta}_0$ 和 $\hat{\beta}_1$ 分别求偏导计算得出：

$$\hat{\beta}_1 = \frac{n\sum X_i Y_i - \sum X_i \sum Y_i}{n \sum X_i^2 - (\sum X_i)^2} = \frac{\sum x_i y_i}{\sum x_i^2} \tag{7-14}$$

$$\hat{\beta}_0 = \frac{\sum Y_i - \hat{\beta}_1 \sum X_i}{n} = \overline{Y} - \hat{\beta}_1 \overline{X} \tag{7-15}$$

上式中 n 为样本数量，X_i 和 Y_i 分别表示变量 X 和变量 Y 的第 i 个样本观测值，$\overline{X}$ 和 $\overline{Y}$ 分别表示变量 X 和变量 Y 的样本观测值的平均值，$x_i = X_i - \overline{X}$，$y_i = Y_i - \overline{Y}$。我们将已知的样本观测值代入公式（7-14）和公式（7-15）中就可以计算出 $\hat{\beta}_0$ 和 $\hat{\beta}_1$，从而确定样本回归函数：$Y_i = \hat{\beta}_0 + \hat{\beta}_1 X_i + \hat{\mu}_i$。

【练一练】如何利用最小二乘法由例7-2中的数据来确定A产品生产量与生产能耗之间的样本回归函数？根据样本观察值填写样本回归函数计算表（表7-8）。

表7-8 样本回归函数计算表

	生产能耗 Y_i	生产量 X_i	x_i	y_i	x_i^2	$x_i y_i$
1	1.8	2				
2	2.5	3				
3	3.0	4				
4	3.9	5				
5	4.6	6				
合计						

6. 回归模型检验

利用上节所学的最小二乘法，我们可以根据样本观测值计算出 $\hat{\beta}_0$ 和 $\hat{\beta}_1$。那么，我们根据最小二乘法计算出来的 $\hat{\beta}_0$ 和 $\hat{\beta}_1$ 与真实的 β_0 和 β_1 相差多远呢？

回顾双变量总体回归模型：$Y_i = \beta_0 + \beta_1 X_i + \mu_i$。当随机干扰项 μ_i 符合正态性假定时，即

$\mu_i \sim \text{NID}(0, \sigma^2)$,其中 NID 表示"正态且独立分布",我们根据最小二乘法计算得到的 $\hat{\beta}_0$ 和 $\hat{\beta}_1$ 就是最小方差并且是无偏的。为便于对回归模型进行统计检验,在本章内容中,我们都采用随机干扰项 μ_i 符合正态性假定这一前提条件。

接下来我们要对回归模型进行检验。这种检验是评价回归模型线性关系的显著性检验,即检验变量 X 与 Y 之间是否具有线性关系以及它们之间的密切程度。

假设变量 X 与 Y 存在线性关系,即 $Y = \beta_0 + \beta_1 X + \mu$,其中 μ 为随机干扰项,服从正态分布 $\text{NID}(0, \sigma^2)$。然而这样的假设是否合理呢?若在 $Y = \beta_0 + \beta_1 X + \mu$ 中 $\beta_1 = 0$,表明 X 的变化对 Y 没有影响,这时回归模型就不能近似地描述变量 X 与变量 Y 之间的关系。因此,为了判断 X 与 Y 之间是否存在线性关系,只需检验假设:

$$H_0: \beta_1 = 0$$

我们要根据样本观测数据 $(X_i, Y_i)(i = 1, 2, \cdots, n)$ 做出拒绝或接受原假设 $\beta_1 = 0$ 的判断。拒绝原假设才能确认我们的线性回归模型是合理的,而接受原假设表示不能认为 X 与 Y 之间有线性相关关系。

接下来我们来构造检验统计量。由于 $\mu_i \sim \text{NID}(0, \sigma^2)$,而 β_1 是 μ_i 的线性函数,我们很容易使用 F 检验或 t 检验来对回归模型进行统计检验。接下来我们使用 F 检验对双变量回归模型进行统计检验。

数学上可以证明,当 H_0 为真,即 $\beta_1 = 0$ 时,可以根据如下公式构造一个 F 检验统计量:

$$F = \frac{S_R}{S_E/(n-2)} \sim F(1, n-2) \tag{7-16}$$

其中 S_R 和 S_E 分别表示变量 Y 的回归平方和与残差平方和,n 为样本观测值的数量,$F(1, n-2)$ 表示第一自由度为 1,第二自由度为 $n-2$ 的 F 分布。S_R 和 S_E 的计算公式如下:

$$S_R = \sum_{i=1}^{n} (\hat{Y}_i - \bar{Y})^2, S_E = \sum_{i=1}^{n} (Y_i - \hat{Y}_i)^2 \tag{7-17}$$

回归平方和是反映自变量 X 与因变量 Y 之间的相关程度的偏差平方和。残差平方和是反映自变量 X 对因变量 Y 的线性影响之外的一切因素(包括 X 对 Y 的非线性影响和测量误差等)对因变量 Y 的作用。**F 值越大,表明自变量 X 对因变量 Y 的解释程度越高,可以认为总体上存在线性关系。**

接下来需要重点关注 F 分布的临界值。对于给定的正数 α,$0 < \alpha < 1$,称满足条件 $P\{F > F_\alpha(m, n)\} = \int_{F_\alpha(m,n)}^{\infty} f(x) dx = \alpha$ 的实数 $F_\alpha(m, n)$ 为 $F(m, n)$ 的 α 临界值。F 值可以根据公式(7-16)计算得出,$F_\alpha(m, n)$ 可以通过查 F 分布临界值表得到。

举例来说,当 $\alpha = 0.05$ 时,表明发生 $F > F_{\alpha = 0.05}(m, n)$ 这种情况的概率只有 0.05。因此,在假定原假设为真,即 $\beta_1 = 0$ 时,如果出现 $F > F_{\alpha = 0.05}(m, n)$,则表明在这一假定下发生了一个极小概率的事件。因此,我们有理由拒绝原假设,从而认为变量 X 与变量 Y 之间有显著的线性关系。反之,如果出现 $F < F_{\alpha = 0.05}(m, n)$,则称变量 X 与变量 Y 没有明显的线性关系,接受原假设。

【练一练】

使用 F 检验对上节内容确定的样本回归模型进行统计检验,填写 F 统计量计算表(见表 7-9)。

表 7-9　F 统计量计算表

	生产能耗 Y_i	生产能耗估计值 $\hat{Y}_i$	生产能耗样本均值 $\bar{Y}$	$(\hat{Y}_i - \bar{Y})^2$	$(Y_i - \hat{Y}_i)^2$
1	1.8				
2	2.5				
3	3.0				
4	3.9				
5	4.6				
合计					

7.1.3　相关与回归的联系与区别

相关分析与回归分析都是研究变量之间相关关系的分析方法，两者之间既有联系也有区别。

首先，两者都研究非确定性变量之间的相关关系，并能测度线性相关程度的大小。其次，两者之间又有明显的区别。相关分析与回归分析在概念上有明显不同。相关分析是以测度两个变量之间的线性相关程度为主要目的，而在回归分析中，我们感兴趣的却是试图根据其他变量的设定值来估计或预测某一变量的平均值。

例如在研究学生的数学课成绩和统计课成绩之间的相关关系时，相关分析的主要目的是分析学生的数学成绩和统计学成绩之间的线性相关程度，而回归分析的主要目的是试图从一个学生的已知数学成绩去预测他的统计学平均成绩。

此外，在回归分析中，对因变量和自变量的处理方式存在着不对称性。因变量是统计的、随机的，也就是它有一个概率分布。而自变量则被看作在重复抽样中取固定值。因此，我们假定学生的数学成绩被固定在给定的水平上，而统计学成绩则是在这些水平上度量的。但在相关分析中，我们对称地对待这两个变量，因变量和自变量之间不加区别。数学成绩与统计学成绩之间的相关就是统计学成绩与数学成绩之间的相关。

7.2　简单相关分析

简单相关分析是对两个变量（一个自变量和一个因变量）之间相关关系的分析方法。简单相关分析可以采用编制相关表、绘制相关图和计算相关系数等方式进行。

1. 相关表的编制

相关表可分为简单相关表和分组相关表。相关表属于统计表的一种。简单相关表是资料未经分组的相关表，它是直接将原始数据中的自变量与因变量一一对应排列，并将变量值从小到大排序形成的统计表。分组相关表是将原始数据进行分组而编制的统计表，它适用于资料数量很大的情况。

【例 7-4】某企业最近不断扩大产品生产规模，每次扩大规模后产品产量与单位成本的相关资料如表 7-10 所示。

表 7-10 某企业产品产量与单位成本资料

产量（万件）x	10	16	32	40	50	60	68
单位成本（元）y	76	72	67	65	63	59	55

从表 7-10 中可以直观地看出，随着产量的增加，单位成本有逐渐降低的趋势，但不是与产量成等比例地降低，即产量与单位成本呈现负相关关系。产量与单位成本这种变动关系体现了产品生产的规模经济效果。

【例 7-5】某地居民人均年收入与人均年支出的分组相关表如表 7-11 所示。

表 7-11 某地居民人均年收入与人均年支出的分组相关表　　（金额单位：元）

人均年收入分组	户数（户）	人均年收入 x	人均年支出 y
1 000 以下	9	500	500
1 000～1 999	15	1 500	1 200
2 000～2 999	23	2 500	1 800
3 000～3 999	37	3 500	2 200
4 000～4 999	36	4 500	3 600
5 000 以上	12	5 500	4 000

从表 7-11 中可以看出，人均年收入与人均年支出的关系是正相关关系。即人均年收入越高，相应的人均年支出也越多。分组相关表的自变量分组可以是单项式的，也可以是组距式的。

2．相关图的绘制

相关图又称散点图或散布图。它是以直角坐标系的横轴代表变量 X，纵轴代表变量 Y，将两个变量相对应的变量值用坐标点的形式描绘出来，反映两变量之间相关关系的图形。变量之间的相关关系可以简单分为四种表现形式，分别有正线性相关、负线性相关、非线性相关和不相关，从图形上各点的分散程度即可判断两变量间关系的密切程度。本章"7.1　相关与回归概述"内容中已详细讲述如何使用 Excel 软件和 SPSS 软件绘制散点图，请参照相关步骤进行绘制。

3．相关系数的计算和分析

【例 7-6】试根据表 7-12 中的数据（配套数据文件 Data07-03），计算产品产量与单位成本的相关系数。

表 7-12 产品产量与单位成本资料

序号	产量（万件）x	单位成本（元）y
1	10	76
2	16	72
3	32	67
4	40	65
5	50	63
6	60	59

计算步骤如下：

步骤 1：填制相关系数计算表，具体内容见表 7-13。

表 7-13　产品产量与单位成本相关系数计算表

序号	产量（万件）x	单位成本（元）y	x^2	y^2	xy
1	10	76	100	5 776	760
2	16	72	256	5 184	1 152
3	32	67	1 024	4 489	2 144
4	40	65	1 600	4 225	2 600
5	50	63	2 500	3 969	3 150
6	60	59	3 600	3 481	3 540
合计	208	402	9 080	27 124	13 346

步骤 2：根据相关系数简化计算公式及相关系数计算表中的内容计算相关系数。

$$r = \frac{6 \times 13\,346 - 208 \times 402}{\sqrt{6 \times 9\,080 - 208^2} \times \sqrt{6 \times 27\,124 - 402^2}} = -0.99$$

步骤 3：分析相关系数的计算结果。相关系数 r 的计算结果为 -0.99，其绝对值非常接近 1，表明本例中的产品产量与单位成本之间高度线性相关。同时，由于 r 的符号为 "-"，表明产品产量与单位成本之间呈负相关性，产品单位成本会随着产品产量的增大而减小。

【实操演练】

（1）Excel 软件演示

步骤 1：在 Excel 软件中打开配套数据文件 Data07-03，并使用皮尔逊相关系数计算函数。单击"公式"选项卡→"函数库"组→"插入函数"按钮，在弹出的"插入函数"对话框中选择"PEARSON"公式，单击"确定"按钮。操作过程如图 7-18 所示。

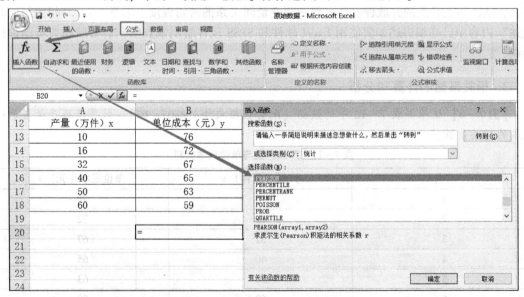

图 7-18　Excel 中插入 PEARSON 函数

步骤2：函数参数设置。在弹出的"函数参数"对话框中，分别在"Array1"和"Array2"中设置相关变量的数据范围。例如变量"产量（万件）x"在 Excel 表中的数据范围是从 A 列第 13 行到 A 列第 18 行，因此在"Array1"中输入"A13：A18"。在相关分析中，因变量和自变量之间是不加区别的，参数设置的顺序对计算结果没有影响。最后单击"确定"按钮，得到 PEARSON 相关系数，计算结果为 -0.99（保留两位小数），与手工计算的结果一致。操作过程如图 7-19 所示。

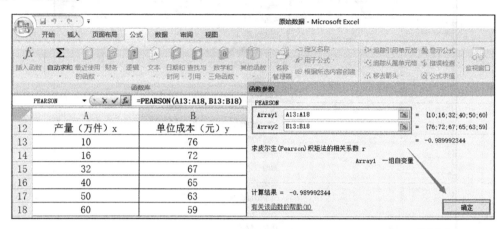

图 7-19　PEARSON 函数的参数设置

（2）SPSS 软件演示

步骤1：将数据导入 SPSS 软件，并在"变量视图"界面中修改变量名称和类型，操作结果如图 7-20 和图 7-21 所示。

图 7-20　SPSS 数据导入 　　　　图 7-21　SPSS 变量设置

步骤2：选择菜单栏中的"分析"→"相关"→"双变量"命令，操作过程如图7-22所示。

图7-22 选择"双变量"命令

步骤3：双变量相关参数设置。在弹出的"双变量相关"对话框中，将双变量"产量"和"单位成本"移入"变量"列表框，并在"相关系数"选项中勾选"Pearson"复选框，最后单击"确定"按钮，得出计算结果。操作过程与计算结果如图7-23和图7-24所示。

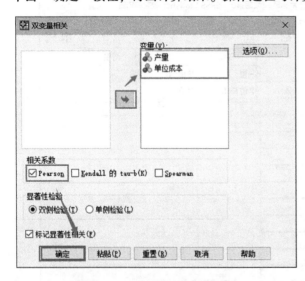

图7-23 双变量相关参数设置　　图7-24 Pearson相关系数计算结果

【练一练】

引用表7-3中的数据，试计算该网站2019年的月访问量与月营业额之间的相关系数。

7.3 偏相关分析

简单相关分析能够检验两个变量的相关程度，并通过相关系数的正负号判断相关的方向。但是在现实研究中，想要探索变量之间相互影响所涉及的更多或更深层次的因素，我们往往会进行偏相关分析，其相关系数更能真实地反映两个变量之间的线性相关程度。

偏相关分析也称净相关分析，它在控制其他变量的线性影响的条件下分析两变量间的线性相关性，所采用的工具是偏相关系数。当控制变量个数为 1 时，偏相关系数称为一阶偏相关系数；当控制变量个数为 2 时，偏相关系数称为二阶偏相关系数；当控制变量个数为 0 时，偏相关系数称为零阶偏相关系数，也就是相关系数。

利用偏相关系数进行变量间偏相关分析通常需要完成以下两大步。

1. 计算样本的偏相关系数

利用样本数据计算偏相关系数，反映了两个变量之间净相关的强弱程度。在分析变量 x_1 和 x_2 之间的净相关关系时，当控制了变量 x_3 的线性作用后，x_1 和 x_2 之间的一阶偏相关系数定义为

$$r_{x_1 x_2(x_3)} = \frac{r_{x_1 x_2} - r_{x_1 x_3} \times r_{x_2 x_3}}{\sqrt{1 - r_{x_1 x_3}^2} \times \sqrt{1 - r_{x_2 x_3}^2}} \tag{7-18}$$

2. 对样本来自的两个总体是否存在显著的净相关进行推断

1）提出原假设，即两总体的偏相关系数与零无显著差异。
2）选择检验统计量。偏相关分析的检验统计量为 t 统计量，它的数学定义为

$$t = \frac{r \times \sqrt{n-q-2}}{\sqrt{1-r^2}} \tag{7-19}$$

其中 r 为偏相关系数，n 为样本数，q 为阶数。统计量服从 $n-q-2$ 个自由度的 t 分布。
3）计算检验统计量的观测值和对应的概率 P 值。
4）决策。如果检验统计量的概率 P 值小于给定的显著性水平，则应拒绝原假设；反之，则不能拒绝原假设。

【例 7-7】 某地 15 名 13 岁男童身高 (x_1)，体重 (x_2) 及肺活量 (y) 的实测数据（配套数据文件 Data07-04）如表 7-14 所示。当体重 (x_2) 被控制时，计算身高 (x_1) 与肺活量 (y) 的偏相关系数，并做假设检验 ($\alpha = 0.05$)。

表 7-14 男童身高、体重及肺活量数据表

序号	x_1（厘米）	x_2（公斤）	y（毫升）
1	135.10	32.00	1 750
2	139.90	30.40	2 000
3	163.60	46.20	2 750
4	146.50	33.50	2 500
5	156.20	37.10	2 750
6	156.40	35.50	2 000

(续)

序号	x_1（厘米）	x_2（公斤）	y（毫升）
7	167.80	41.50	2750
8	149.70	31.00	1500
9	145.00	33.00	2500
10	148.50	37.20	2250
11	165.50	49.50	3000
12	135.00	27.60	1250
13	153.30	41.00	2750
14	152.00	32.00	1750
15	160.50	47.20	2250

计算步骤如下：

步骤1：根据简单相关分析中的相关系数计算公式［式（7-2）］可计算出男童身高、体重及肺活量之间两两相关系数：

$$r_{x_1 x_2} = 0.842 \quad r_{x_1 y} = 0.691 \quad r_{x_2 y} = 0.756$$

步骤2：当体重(x_2)被控制时，根据偏相关系数的计算公式［式（7-18）］可得出：

$$r_{x_1 y (x_2)} = \frac{0.691 - 0.842 \times 0.756}{\sqrt{1 - 0.842^2} \times \sqrt{1 - 0.756^2}} = 0.154$$

步骤3：假设检验。提出原假设$r_{x_1 y (x_2)} = 0$，样本数量n为15，阶数q为1，根据t检验统计量的计算公式［式（7-19）］得出：

$$t = \frac{r \times \sqrt{n - q - 2}}{\sqrt{1 - r^2}} = \frac{0.154 \times \sqrt{15 - 1 - 2}}{\sqrt{1 - 0.154^2}} = 0.54$$

由于$t_{12(\alpha = 0.05)} = 2.179$，而$0.54 < t_{12(\alpha = 0.05)}$，在接受域范围内，所以接受原假设，即在0.05的显著性水平下，控制了体重后，身高与肺活量的相关关系在总体中不存在。

【实操演练】

（1）Excel 软件演示

可参照计算 Pearson 相关系数的操作过程再结合公式（7-18）计算出偏相关系数。

（2）SPSS 软件演示

步骤1：将配套数据文件 Data07-04 导入 SPSS 软件，并在"变量视图"界面中修改变量名称和类型，操作结果如图7-25所示。

步骤2：选择菜单栏中的"分析"→"相关"→"偏相关"命令，操作过程如图7-26所示。

图7-25 SPSS 数据导入

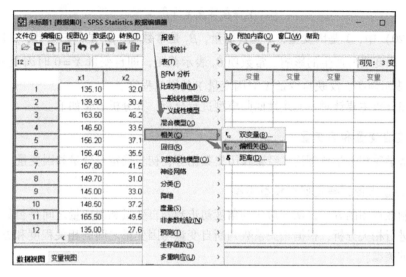

图 7-26　SPSS 中偏相关系数计算功能

步骤 3：将待分析的变量"x1"和"y"移入"变量"列表框，将控制变量"x2"移入"控制"列表框，再单击"确定"按钮，即可得到偏相关系数的计算结果。操作过程与计算结果如图 7-27 和图 7-28 所示。从图 7-28 中可以看出，身高(x_1)与肺活量(y)的偏相关系数为 0.154，并且在显著性检验方面也表现为不显著，与前面手工计算的结果一致。

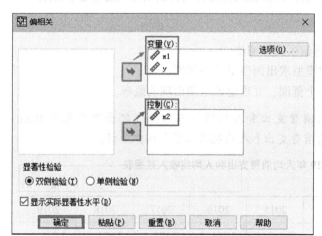

图 7-27　SPSS 中偏相关系数计算的参数设置　　图 7-28　SPSS 中偏相关系数的计算结果

【练一练】

根据例 7-7 中的数据，试计算体重(x_2)与肺活量(y)的偏相关系数，并做假设检验（$\alpha=0.05$）。

7.4　简单回归分析

回归分析模型中，如果只有一个自变量和一个因变量，且二者的关系可用一条直线近似表示，这种回归分析称为一元线性回归分析，其数学表现形式为

$$Y_i = \hat{\beta}_0 + \hat{\beta}_1 X_i + \hat{\mu}_i \tag{7-20}$$

式（7-20）中，Y 是因变量，X 是自变量，$\hat{\beta}_0$ 是常数项，$\hat{\beta}_1$ 是回归系数，$\hat{\mu}$ 是随机误差，即随机因素对因变量所产生的影响。常数项 $\hat{\beta}_0$ 表示截距，即自变量 $X=0$ 时因变量 Y 的取值；回归系数 $\hat{\beta}_1$ 表示斜率，反映自变量 X 对因变量 Y 的影响程度。

简单回归分析主要针对一元线性回归模型进行分析。其分析步骤如下：

（1）确定自变量和因变量

根据经济学等相关学科理论、经验及历史数据等，初步确定自变量和因变量。

（2）绘制散点图，确定回归模型类型

通过绘制散点图的方式，从图形化的角度初步判断自变量和因变量之间是否具有线性相关关系。同时进行相关分析，根据相关系数判断自变量与因变量之间的相关程度和方向，从而确定回归模型的类型。

（3）建立回归模型，估计模型参数

建立回归模型，并采用最小二乘法进行模型参数的估计。

（4）对回归模型进行检验

回归模型的检验不仅包括对自变量与因变量之间是否具有显著线性关系进行检验，还要对回归模型所反映的经济意义进行检验，即分析回归系数的值是否与分析对象的经济含义相符。

（5）利用回归模型进行预测

回归模型的预测可以分为点预测法和置信区间预测法。

1）点预测法：将自变量取值带入回归模型求出因变量的预测值。

2）置信区间预测法：估计因变量的一个范围，并确定该范围出现的概率。

【例 7-8】某地区 2012—2019 年人均消费支出和人均纯收入数据（配套数据文件 Data 07-05）如表 7-15 所示。试对该地区人均消费支出和人均纯收入进行回归分析。

表 7-15 某地区 2012—2019 年人均消费支出和人均纯收入数据表

（单位：元）

年　度	2012	2013	2014	2015	2016	2017	2018	2019
人均纯收入	2 090.1	2 161.1	2 210.3	2 253.4	2 366.4	2 475.6	2 622.2	2 936.4
人均消费支出	1 617.2	1 590.3	1 577.4	1 670.1	1 741.1	1 834.4	1 943.3	2 184.7

计算步骤如下：

步骤 1：确定自变量和因变量。根据经济学理论，人均纯收入的变化会影响人均消费支出的变化，两者之间存在因果关系。因此，人均纯收入是自变量 X，人均消费支出是因变量 Y。

步骤 2：绘制散点图，初步判断人均消费支出与人均纯收入之间是否存在线性关系。绘制好的散点图如图 7-29 所示。图 7-29 中的散点分布呈线性关系，并且人均消费支出随着人均纯收入的增长而提高，初步判断可以适用一元线性回归模型。

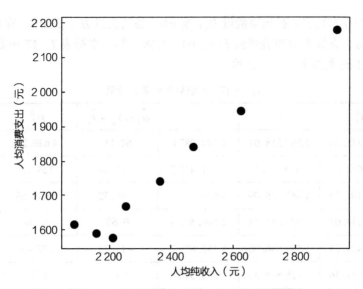

图 7-29 人均消费支出与人均纯收入散点图

步骤3：建立回归模型，估计模型参数。回归模型的数学表现形式 $Y_i = \hat{\beta}_0 + \hat{\beta}_1 X_i + \hat{\mu}_i$，其中 X_i 表示各年度人均纯收入，Y_i 表示各年度人均消费支出。根据表 7-15 中的数据，并结合最小二乘法的相关公式 [式（7-14）和式（7-15）] 计算出 $\hat{\beta}_0$ 和 $\hat{\beta}_1$ 的值。相关计算数据如表 7-16 所示。

表 7-16 回归系数计算过程表

序号	Y_i	X_i	x_i	y_i	x_i^2	$x_i y_i$
1	1 617.20	2 090.10	−299.34	−152.61	89 602.94	45 682.64
2	1 590.30	2 161.10	−228.34	−179.51	52 138.01	40 989.44
3	1 577.40	2 210.30	−179.14	−192.41	32 090.24	34 468.29
4	1 670.10	2 253.40	−136.04	−99.71	18 506.20	13 564.64
5	1 741.10	2 366.40	−23.04	−28.71	530.73	661.46
6	1 834.40	2 475.60	86.16	64.59	7 423.98	5 565.02
7	1 943.30	2 622.20	232.76	173.49	54 178.38	40 381.38
8	2 184.70	2 936.40	546.96	414.89	299 167.98	226 927.90
合计	14 158.50	19 115.50	0.00	0.00	553 638.46	408 240.79

根据公式（7-14）和公式（7-15）：

$$\hat{\beta}_1 = \frac{\sum x_i y_i}{\sum x_i^2} = \frac{408\,240.79}{553\,638.46} = 0.737\,4$$

$$\hat{\beta}_0 = \overline{Y} - \hat{\beta}_1 \overline{X} = 1\,769.812\,5 - 0.737\,4 \times 2\,389.437\,5 \approx 7.841\,3$$

因此，样本回归函数的计算结果为 $y = 7.841\,3 + 0.737\,4x$。计算结果表明，该地区人均纯收入每增加 100 元，居民们将会拿出其中的 73.74 元用于消费。

步骤 4：回归模型检验。提出原假设 $H_0: \beta_1 = 0$，备选假设 $H_1: \beta_1 \neq 0$。在显著性水平 $\alpha = 0.05$、$n - 2 = 6$ 时，查询 F 分布表得到 $F(1, 6) = 5.99$，然后根据表 7–17 中数据计算 F 统计量的值，相关计算过程如表 7–17 所示。

表 7–17 F 统计量计算过程表

序号	Y_i^2	X_i^2	$\hat{Y}_i$	$\hat{\mu}_i = Y_i - \hat{Y}_i$	μ_i^2	y_i^2
1	2 615 335.84	4 368 518.01	1 549.087 6	68.11	4 639.29	23 290.58
2	2 529 054.09	4 670 353.21	1 601.441 5	-11.14	124.13	32 224.74
3	2 488 190.76	4 885 426.09	1 637.720 5	-60.32	3 638.56	37 022.57
4	2 789 234.01	5 077 811.56	1 669.501 4	0.60	0.36	9 942.58
5	3 031 429.21	5 599 848.96	1 752.825 2	-11.73	137.48	824.41
6	3 365 023.36	6 128 595.36	1 833.346 8	1.05	1.11	4 171.55
7	3 776 414.89	6 875 932.84	1 941.446 4	1.85	3.44	30 097.91
8	4 772 914.09	8 622 444.96	2 173.130 6	11.57	133.85	172 131.64
合计	25 367 596.25	46 228 930.99	14 158.50	0.00	8 678.22	309 705.97

将数据代入公式 (7–16) 计算 F 值：

$$F = \frac{S_R}{S_E/(n-2)} = \frac{309\,705.97}{8\,678.22/(8-2)} = 214.13 > 5.99$$

因为 $F > F(1, 6)$，表明在原假设成立的前提下发生了小概率事件，所以应该拒绝原假设 $H_0: \beta_1 = 0$，即该地区人均纯收入与人均消费支出之间的线性关系是显著的，且它们之间的关系为

$$y = 7.841\,3 + 0.737\,4x$$

此外，从回归方程所反映的经济意义来看，当该地区的人均纯收入每增加 1 000 元时，该地区的人均消费支出会平均增加 737.4 元，基本符合经济意义。

步骤 5：利用回归模型进行点预测和置信区间预测。采用点预测时，将 $x = 3\,500$ 元代入回归方程 $y = 7.841\,3 + 0.737\,4x$，即可计算得到因变量的点预测值 2 588.72；置信区间预测的计算过程较为复杂，接下来我们会使用数据分析软件进行演示。

【实操演练】

(1) Excel 软件演示

步骤 1：打开配套数据文件 Data 07–05，如图 7–30 所示。

步骤 2：在 Excel 软件中加载"数据分析库"工具。依次选择"文件"→"选项"，

图 7–30 Excel 数据导入

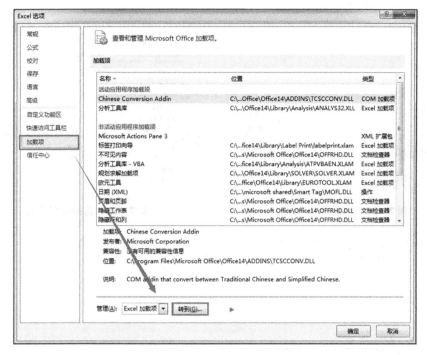

图 7-31 "Excel 选项"对话框

弹出"Excel 选项"对话框,在对话框中选择"加载项",单击"转到"按钮,如图 7-31 所示。在"加载宏"对话框中勾选"分析工具库"复选框,单击"确定"按钮,如图 7-32 所示。

步骤 3:单击"数据"选项卡→"分析"组→"数据分析"按钮,在弹出的"数据分析"对话框中选择"回归",单击"确定"按钮,如图 7-33 和图 7-34 所示。

步骤 4:在"回归"对话框中选择因变量和自变量的数据区域,单击"确定"按钮,即可得到回归结果,具体如图 7-35 和图 7-36 所示。

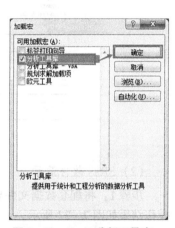

图 7-32 Excel 分析工具库

图 7-33 Excel 数据分析

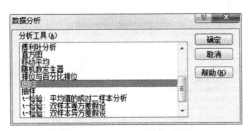

图 7-34　Excel 回归分析

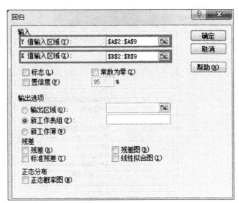

图 7-35　选择数据区域

	A	B	C	D	E	F	G	H	I
1	SUMMARY OUTPUT								
2									
3	回归统计								
4	Multiple R	0.985890039							
5	R Square	0.971979169							
6	Adjusted R Square	0.96730903							
7	标准误差	38.03116866							
8	观测值	8							
9									
10	方差分析								
11		df	SS	MS	F	gnificance F			
12	回归分析	1	301027.8	301027.8	208.1264	6.95E-06			
13	残差	6	8678.219	1446.37					
14	总计	7	309706						
15									
16		Coefficients	标准误差	t Stat	P-value	Lower 95%	Upper 95%	下限 95.0%	上限 95.0%
17	Intercept	7.893998352	122.8679	0.064248	0.95086	-292.753	308.5409	-292.753	308.5409
18	X Variable 1	0.73737794	0.051112	14.42659	6.95E-06	0.61231	0.862446	0.61231	0.862446

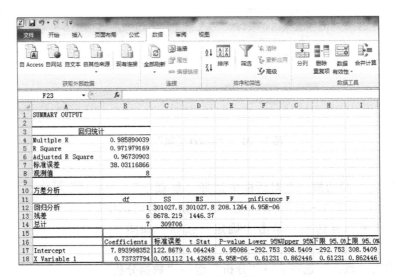

图 7-36　Excel 回归结果

(2) SPSS 软件演示

步骤 1：将配套数据文件导入 SPSS 软件，并在“变量视图”界面中修改变量名称和类型，操作结果如图 7-37 所示。

	y	x
1	1617.20	2090.10
2	1590.30	2161.10
3	1577.40	2210.30
4	1670.10	2253.40
5	1741.10	2366.40
6	1834.40	2475.60
7	1943.30	2622.20
8	2184.70	2936.40

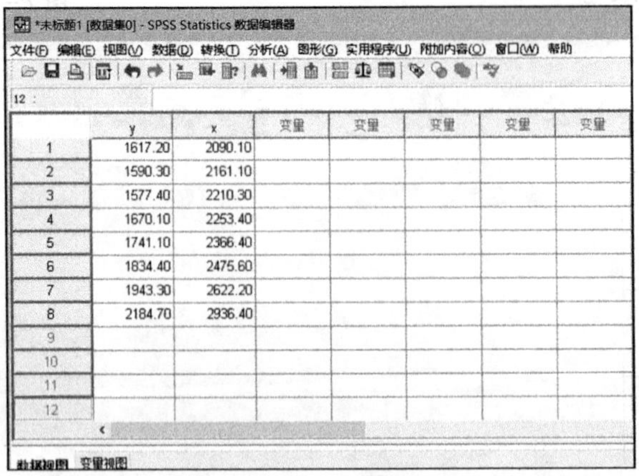

图 7-37　SPSS 数据导入

步骤2：选择菜单栏中的“分析”→“回归”→“线性”命令，操作过程如图7-38所示。

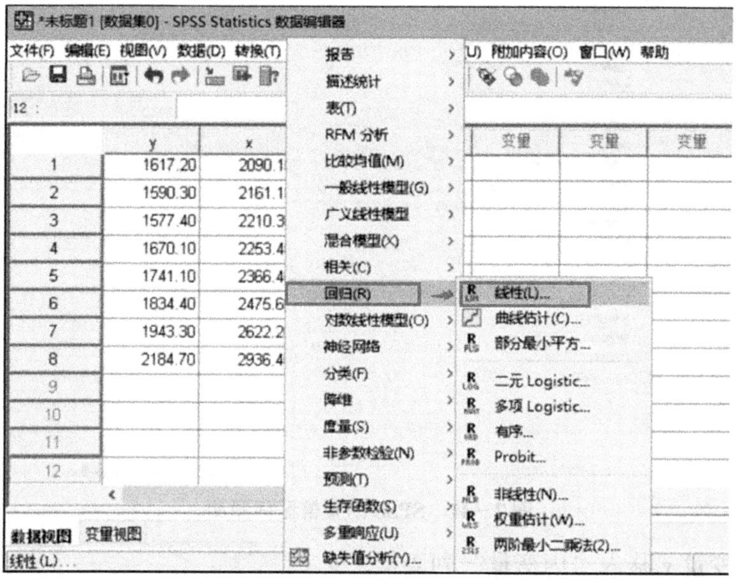

图7-38 SPSS中回归分析功能

步骤3：将待分析的变量“y”和“x”分别移入“因变量”列表框和“自变量”列表框，再单击“确定”按钮，即可得到线性回归分析的结果。操作过程与计算结果如图7-39和图7-40所示。从图7-40中可以看出，线性回归模型的常数项结果为7.894，回归系数为0.737，并且回归系数也是显著的，与上述计算结果一致。

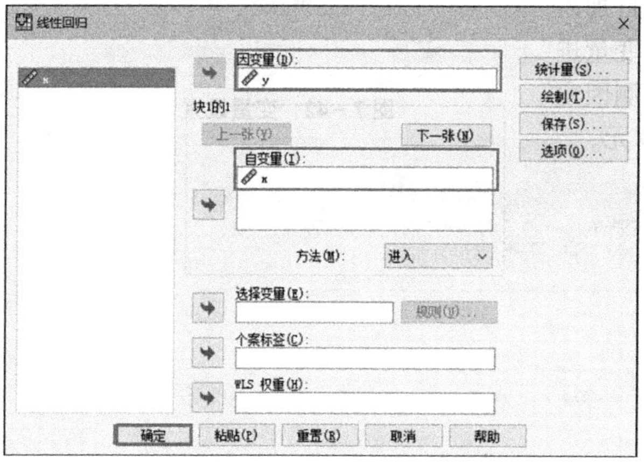

图7-39 SPSS中回归分析设置

系数[a]

模型		非标准化系数 B	非标准化系数 标准误差	标准系数 试用版	t	Sig.
1	(常量)	7.894	122.868		.064	.951
	x	.737	.051	.986	14.427	.000

a. 因变量：y

图7-40 SPSS回归分析结果

步骤4：利用回归模型进行区间预测。点预测法可以直接将自变量取值带入回归模型，即可求出因变量的预测值。下面使用SPSS软件完成因变量的置信区间预测。将表7-15中的数据导入SPSS，然后选择菜单栏中的“分析”→“一般线性模型”→“单变量”命令，操作过程如图7-41所示。

图 7-41　SPSS 的置信区间预测

步骤 5：将变量 y 移入"因变量"列表框，变量 x 移入"协变量"列表框，单击"粘贴"按钮，进入"语法编辑器"界面，操作过程如图 7-42 和图 7-43 所示。

在图 7-43 所示的第 6 行"/DESIGN = x."上方插入一行代码"/LMATRIX = ALL 1 3500"，插入代码后的结果如图 7-44 所示。

代码内容作如下解释：LMATRIX 代表允许加入自变量的数值；ALL 代表同时运用斜率和自变量进行预测；1 代表纳入截距；3500 代表用来预测因变量的自变量值，即该地区人均纯收入为 3 500 元。

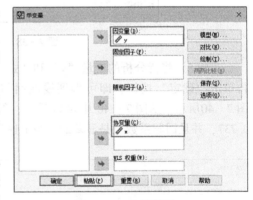

图 7-42　变量设置

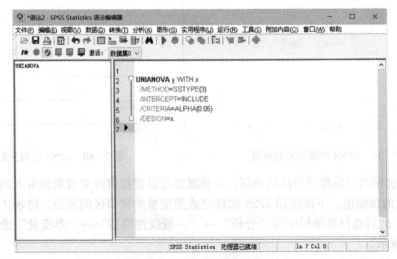

图 7-43　语法编辑器界面

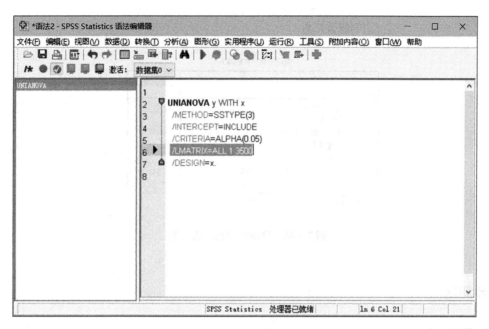

图 7-44 设置自变量取值为 3500

步骤 6：选择菜单栏中的"运行"→"全部"命令，即可计算出当自变量为 3500 时，因变量置信度为 95% 的预测区间，操作过程如图 7-45 和图 7-46 所示。

图 7-45 预测区间的计算过程

从图 7-46 中可以看出，当该地区人均纯收入达到 3 500 元时，该地区人均消费支出的点预测值为 2 588.717，置信度为 95% 的预测区间下限值为 2 445.978，上限值为 2 731.456。

```
          定制假设检验
              对比结果（K矩阵）ª
                              因变量
  对比                          y
  L1    对比估算值              2588.717
        假设值                  0
        差分（估计-假设）        2588.717
        标准误差                58.334
        Sig.                    .000
        差分的95%置信区间 下限   2445.978
                         上限   2731.456
  a. 基于用户指定的对比系数（L）矩阵数量 1
```

图 7-46 预测区间的计算结果

同步测试

一、单项选择题

1. 当自变量的数值确定后，因变量的数值也随之完全确定，这种关系属于（　　）。
   A. 函数关系　　　B. 相关关系　　　C. 回归关系　　　D. 随机关系

2. 测定变量之间相关密切程度的指标是（　　）。
   A. 方差　　　B. 相关系数　　　C. 回归系数　　　D. 两个变量的标准差

3. 变量之间线性依存关系的程度越低，则相关系数（　　）。
   A. 越接近于 -1　　B. 越接近于 $+1$　　C. 越接近于 0　　D. 在 0.5~0.8 之间

4. 回归分析的两个变量（　　）。
   A. 都是随机变量　　　　　　　　　B. 一个是自变量，一个是因变量
   C. 都是给定的量　　　　　　　　　D. 关系是对等的

5. 在回归直线方程 $y = a + bx$ 中，b 表示（　　）。
   A. 当 x 增加 1 个单位时，y 增加 a 的数量
   B. 当 y 增加 1 个单位时，x 增加 b 的数量
   C. 当 x 增加 1 个单位时，y 的平均增加量
   D. 当 y 增加 1 个单位时，x 的平均增加量

6. 如果物价上涨，商品的需求量降低，则物价与商品需求之间（　　）。
   A. 无相关　　　　　　　　　　　　B. 存在正相关
   C. 存在负相关　　　　　　　　　　D. 无法判断是否相关

7. 简单回归分析是指（　　）。
   A. 相关分析　　　　　　　　　　　B. 两个变量之间的回归
   C. 变量之间的线性回归　　　　　　D. 两个变量之间的线性回归

8. 相关系数等于 0 表明两变量（　　）。
   A. 存在严格的函数关系　　　　　　B. 不存在相关关系
   C. 不存在线性相关关系　　　　　　D. 存在曲线相关关系

9. 相关分析对资料的要求是（　　）。
   A. 自变量和因变量都是随机的 　　B. 自变量是随机的，因变量不是随机的
   C. 自变量和因变量都不是随机的 　D. 自变量不是随机的，因变量是随机的
10. 在线性回归方程中，如果回归系数为负数，则（　　）。
    A. 表明现象正相关 　　　　　　　B. 表明相关程度很弱
    C. 表明现象负相关 　　　　　　　D. 不能说明相关方向和程度

二、多项选择题

1. 下列属于正相关的现象有（　　）。
   A. 家庭收入越多，其消费支出也越多
   B. 某产品产量随工人劳动生产率的提高而提高
   C. 生产单位产品所耗工时随劳动生产率的提高而减少
   D. 总生产费用随产品产量的增加而增加
2. 变量之间的相关关系按其程度划分为（　　）。
   A. 完全相关　　　B. 不完全相关
   C. 不相关　　　　D. 正相关　　　　E. 负相关
3. 线性回归分析的特点有（　　）。
   A. 两个变量不是对等关系
   B. 两个变量都是随机变量
   C. 利用最小二乘法确定回归系数
   D. 自变量是给定的，因变量是随机的
4. 在回归直线方程 $y = a + bx$ 中的 b 称为回归系数，其作用是（　　）。
   A. 确定两变量之间因果的数量关系
   B. 确定两变量的相关方向
   C. 确定两变量相关的密切程度
   D. 确定因变量的实际值与估计值的变异程度
   E. 确定当自变量增加一个单位时，因变量的平均增加量
5. 假设商品价格（元）对销售量（百件）的回归方程为 $y = 76 - 1.85x$，这表示（　　）。
   A. 销售量每增加 100 件，价格平均下降 1.85 元
   B. 销售量每减少 100 件，价格平均下降 1.85 元
   C. 销售量与价格按相反方向变动
   D. 销售量与价格按相同方向变动
   E. 当销售量为 200 件时，价格为 72.3 元

三、判断题

1. 相关关系是指变量之间确定性的相互依存关系。　　　　　　　　　　　　　（　　）
2. 只有当相关系数接近 +1 时，才能说明两个变量之间存在高度的相关性。　　（　　）
3. 正相关关系是指两个变量之间的变动方向是相同的。　　　　　　　　　　　（　　）
4. 相关系数和回归系数都可以用来判断变量之间相关的密切程度。　　　　　　（　　）
5. 在回归分析中，对因变量和自变量的处理方式存在着不对称性。　　　　　　（　　）
6. 相关系数是测定变量之间相关关系的唯一方法。　　　　　　　　　　　　　（　　）

7. 完全相关即函数关系，其相关系数为 ±1。（   ）
8. 在回归模型检验中，如果检验统计量的概率 P 值小于给定的显著性水平，则应拒绝原假设。（   ）
9. 当控制变量个数为 2 时，偏相关系数称为二阶偏相关系数。（   ）
10. 在回归分析中，应根据经济学等相关学科理论、经验及历史数据，初步确定自变量和因变量。（   ）

四、简答题

1. 请简述相关分析与回归分析之间的区别与联系。
2. 在相关分析过程中可以使用哪些方法？
3. 请简述回归分析的基本步骤。

同步实训

一、实训目的

简单回归分析主要针对一元线性回归模型进行分析。本实训要求掌握一元线性回归模型的建立、回归系数的计算以及回归模型的检验和预测。

二、实训软件

Excel 2010 或 SPSS 17.0。

三、实训资料

通常来说，在企业的实际经营过程中，广告费的投入对企业商品的销售具有正向的促进作用。表 7-18 是上市公司格力电器 2000—2019 年营业总收入与销售费用的部分数据，完整数据见本书配套数据文件 Data07-06。试根据该表的资料完成以下内容：

（1）确定格力电器营业总收入 y 与销售费用 x 之间的回归方程；
（2）对回归方程进行显著性检验；
（3）假设格力电器 2020 年的营业收入要达到 2 000 亿元，试预测其需要投入的销售费用，并给出置信度为 95% 的预测区间。

表 7-18　格力电器 2000—2019 年的营业总收入与销售费用数据

会计期间	营业总收入（万元）	销售费用（万元）
2000/06/30	283 559.84	58 045.78
2000/12/31	617 771.71	126 469.45
2000/01/01	490 793.95	108 793.78
2001/06/30	343 527.25	48 230.74
2001/12/31	658 797.68	97 304.64
2001/01/01	617 771.71	126 469.45
2002/03/31	100 880.63	6 954.02

（续）

会计期间	营业总收入（万元）	销售费用（万元）
2002/06/30	347 239.01	21 153.41
2002/09/30	541 406.35	59 143.26
2002/12/31	702 969.09	94 910.97
2002/01/01	658 797.68	97 304.64
2003/03/31	161 776.84	26 265.52
2003/06/30	480 783.29	66 629.29
2003/09/30	754 355.49	89 686.64
2003/12/31	1 004 238.28	122 104.68
…	…	…

数据来源：国泰安CSMAR数据库。

第 8 章
时间序列分析

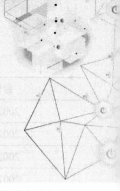

职业能力目标

专业能力：
- 理解时间序列的基本概念
- 掌握移动平均预测方法和指数平滑预测方法
- 掌握季节指数模型预测方法
- 掌握趋势模型预测方法

职业核心能力：
- 具备良好的职业道德，诚实守信
- 具备积极主动的服务意识和认真细致的工作作风
- 具备创新意识，在工作或创业中灵活应用
- 具备自学能力，能适应行业的不断变革和发展

本章知识导图

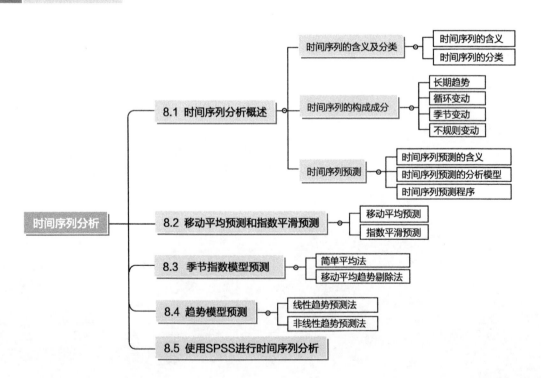

知识导入

为研究全国空调市场的销售量情况,研究人员从国家统计局国家数据库搜集了全国2012—2019年各个季度的空调销售量数据(见表8-1)。请讨论:全国近8年32个季度的空调销售量有何规律?

表8-1 全国2012—2019年各季度空调销售量数据

(单位:万台)

年份	一季度	二季度	三季度	四季度
2012	3 312.4	4 473.8	2 795.2	2 653.6
2013	3 500.7	4 443.9	3 456.8	2 655.5
2014	3 883.9	4 756.1	3 686.8	3 247.6
2015	3 664.2	4 993	3 422.6	2 776.3
2016	3 826.2	4 546.9	3 910.6	3 710.7
2017	4 372.3	5 857.7	4 901.3	2 288.3
2018	4 864.8	6 221.09	4 541.7	4 514.9
2019	4 957.5	6 466.4	4 563.9	5 377.7

从表8-1中的数据大体可以看出,全国近8年来每年的二季度较一季度的销售量有所上升,到三、四季度又开始下滑。为了使数据更加直观,我们使用Excel软件对表8-1中的数据绘制散点图,绘制结果如图8-1所示。从图8-1还可以看出,2012—2019年的空调销售量总体呈上升趋势。如何挖掘数据中包含的空调销售量变动的有用信息来预测未来的销售量,为企业生产经营做准备,这是本章需要解决的问题。

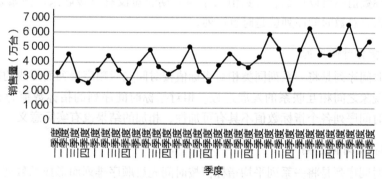

图8-1 全国2012—2019年各季度空调销售量散点图

8.1 时间序列分析概述

8.1.1 时间序列的含义及分类

1. 时间序列的含义

时间序列又称为时间数列或动态数列,是指将某种现象的某项指标测度值按时间先后顺序排列而成的数列。可见,时间序列的构成要素有时间变量(通常用t表示)和观测变量(通常用y表示)。时间序列的时间单位可以是日、周、月、季度、年等任何连续的时间单位。如某高校最近 10 年的招生人数，某大型超市最近 12 个月的销售额，某企业最近 30 天的员工迟到人数等都是时间序列。表 8-1 中全国 2012—2019 年各季度空调销售量就是以季度为时间单位的时间序列。

【想一想】

举例说明在我们身边有哪些常见的时间序列数据。

2. 时间序列的分类

在社会经济统计实践中，通常根据时间序列构成指标的性质，将时间序列分为总量指标时间序列、相对指标时间序列和平均指标时间序列。

（1）总量指标时间序列

总量指标时间序列是将总量指标在不同时间上的数值按时间先后顺序排列而形成的数列。它反映的是现象在一段时间内达到的绝对水平及增减变化情况。总量指标时间序列的指标数值为绝对数表现形式。总量指标时间序列又可分为时期序列和时点序列。

1）时期序列。

时期序列是指由时期指标构成的数列，它反映了社会经济现象在一段时间内发展过程的总量。时期序列各个指标数值可以相加，且数值大小与时期长短有直接关系。例如 2000—2019 年近 20 年每年全国国内生产总值时间序列就是时期序列。

2）时点序列。

时点序列是指由时点指标构成的数列，它反映了社会经济现象在某一时刻的总量特点。时点序列各个指标数值不可以相加，且数值大小与时期长短没有直接联系。例如 2000—2019 年各年年末全国人口总数时间序列就是时点序列。

（2）相对指标时间序列

相对指标时间序列是将一系列同类相对指标值按时间先后顺序排列而形成的数列。它反映的是社会经济现象之间相互联系的发展过程。相对指标时间序列的指标数值为相对数表现形式。相对指标时间序列各个指标数值不具有可加性，相加的结果没有实际意义。

（3）平均指标时间序列

平均指标时间序列是将一系列平均指标值按时间先后顺序排列而形成的数列。它反映的是社会经济现象总体各单位某指标一般水平的发展变动程度。平均指标时间序列的指标数值为平均数表现形式。平均指标时间序列各个指标数值不具有可加性，相加的结果没有实际意义。

【想一想】

常见的相对指标时间序列和平均指标时间序列有哪些？

8.1.2 时间序列的构成成分

社会经济现象的发展变化受多种因素的影响，由于各种因素的作用方向和影响程度不同，具体的时间序列呈现出不同的变动趋势。时间序列通常包含四种成分，即长期趋势、循环变动、季节变动和不规则变动。

1. 长期趋势

长期趋势是指现象在一段较长时间内，由于受到某种基本因素的作用而表现为持续向上或向下的变动趋势。例如，一般情况下，由于资源开发、科技进步等因素的影响，社会生产总量呈向上增长的长期趋势。

2. 循环变动

循环变动是指社会经济现象在发展过程中呈现的一种近乎规律性的盛衰交替变动，多指经济发展兴衰交替变动。循环变动的周期长短不一，但通常在一年以上。如一个典型的经济周期包括繁荣期、萧条期、衰退期和复苏期，其表现为经济显著地围绕其长期趋势向上和向下波动。

3. 季节变动

季节变动是指现象受自然季节变换和社会因素的影响，在一年内或更短的时间内发生的有规律的周期性变动。例如，冰激凌的销售量一般在夏季最大；羽绒服的销售量一般在冬季最大；汽车、火车和飞机的客运量一般在春运时期达到高峰。

4. 不规则变动

不规则变动又称随机变动，是指现象由于受到偶然性或突发性因素影响而引起的非周期性、非趋势性的随机变动，其表现为持续时间短，在性质上无规律可循。在股票市场中，公司决策和自然灾难等因素所导致的波动，就是一种不规则变动。

8.1.3 时间序列预测

1. 时间序列预测的含义

时间序列预测就是将销售额、利润、工业增加值等统计指标数值，按时间顺序排列而形成时间序列，再运用一定的统计分析方法对时间序列进行分析，找出其发展变化的趋势和规律，以预测未来的发展变化趋势，确定预测值。

2. 时间序列预测的分析模型

将时间序列的四种成分按照一定的假设，用一定的数学关系式表达出来，就形成了时间序列预测的分析模型。根据不同的假设，分析模型通常分为两种：加法模型和乘法模型。

设时间序列为 Y，长期趋势为 T，循环变动为 C，季节变动为 S，不规则变动为 I，则两种模型分别表示如下：

（1）加法模型

假设四种成分是相互独立的，时间序列便是各成分相加的和，其分解模型为

$$Y = T + C + S + I$$

根据上述关系式，为测定某种成分的影响，只需从时间序列数值中减去其余成分即可。

（2）乘法模型

假设四种成分是相互交错影响的，时间序列便是各成分的乘积，其分解模型为

$$Y = T \times C \times S \times I$$

根据上述关系式,为测定某种成分的影响,只需用其余成分的乘积去除时间序列的数值即可。

在实际工作中,无论采用哪种模型,当采用的是年度数据时,季节变动成分就被掩盖了。事实上,很多现象的时间序列并不是四种成分俱在,或是只有 T、C 和 I,或是只有 T、S 和 I,或是其他组合。在社会经济统计中,主要采用乘法模型。

3. 时间序列预测程序

对已有时间序列进行预测的关键是确定时间序列的变化规律,并假定时间序列会按照此规律延续下去。一个特定的时间序列可能含有一种成分或多种成分,对于含有不同成分的时间序列所采用的预测方法是不同的。因此,在进行时间序列预测时,首先应确定时间序列的成分,再选择合适的预测方法,最后对预测方法进行评估,选择最佳的预测方案。

(1)确定时间序列的成分

通过绘制散点图,将时间序列的各期数值点描绘在时间轴上,观察其变化规律,从而确定成分。

图 8-2 ~ 图 8-5 分别描绘了四种常见的时间序列数据,分别是平稳序列、趋势序列、季节成分序列、季节和趋势序列。确定好时间序列的不同成分之后,才能根据不同的成分选择合适的预测方法。

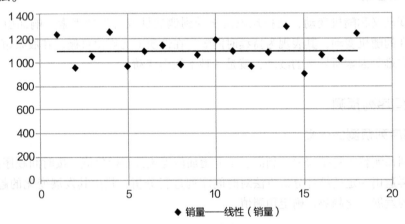

图 8-2 平稳序列

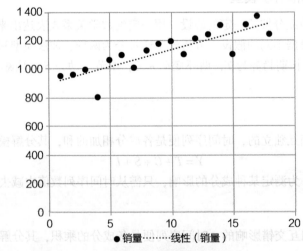

图 8-3 趋势序列

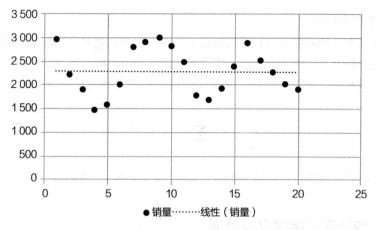

图 8-4 季节成分序列

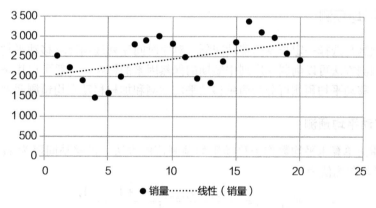

图 8-5 季节和趋势序列

(2) 选择预测方法

选择时间序列预测方法的关键是要弄清楚原始时间序列数据的变化模型,也就是前面说到的确定时间序列的成分。确定好时间序列的成分之后,就可以针对不同的成分选择合适的预测方法。图 8-6 列出的是针对常见的时间序列成分一般采用的模型预测方法。

本书主要介绍平滑法预测中的移动平均预测和指数平滑预测、季节性预测中的季节指数模型预测以及趋势性预测中的线性趋势预测和非线性趋势预测,其他建模和预测的方法如 ARIMA 模型等超出了本书的范围,如读者感兴趣可自行查阅相关书籍。

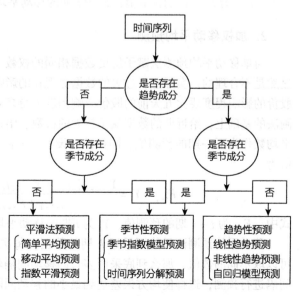

图 8-6 常见的时间序列预测方法

(3) 预测方法的评估

评估一种预测方法的好坏关键要看预测误差的大小，预测误差是预测值与实际观测值的差距。当同一时间序列有几种预测方法时，应选择预测误差最小的预测方法。统计学有多种方法计算预测误差，最常用的是均方误差。均方误差是误差平方和的平均数，用 MSE 表示，计算公式为

$$MSE = \frac{\sum_{i=1}^{n}(Y_i - F_i)^2}{n}$$

式中，Y_i 是第 i 期的实测值；F_i 是第 i 期的预测值；n 为预测误差的个数。

8.2 移动平均预测和指数平滑预测

8.2.1 移动平均预测

移动平均预测是选择一定长度的移动间隔，对原时间序列逐期计算移动平均数作为下一期的预测值。该预测方法可以削弱原序列中短期的偶然因素的影响，一般可以用来预测销售情况和股价等趋势。移动平均预测可分为简单移动平均预测和加权移动平均预测两种。

1. 简单移动平均预测

它是直接用简单算术平均数作为移动平均预测值的方法。设移动间隔为 $k(1 < k \leq t)$，则 $t+1$ 期的移动平均预测值为

$$F_{t+1} = \overline{Y}_t = \frac{Y_{t-k+1} + Y_{t-k+2} + \cdots + Y_{t-1} + Y_t}{k}$$

式中，F_{t+1} 为 $t+1$ 期的预测值；$\overline{Y}_t$ 为 t 期的移动平均值。

2. 加权移动平均预测

简单移动平均预测法赋予历史数据相同的权数，认为过去对现在的影响程度是相同的，这显然是不合理的。实际上，过去的数据对现在的影响程度是不同的。比如，昨天的股价对今天股价的影响程度要比五天前的股价影响程度大得多。加权移动平均预测法是在简单移动平均预测法的基础上，给近期的数据赋予较大的权数，给远期的数据赋予较小的权数，计算加权移动平均数作为下一期的预测值。同样的，设移动间隔为 $k(1 < k \leq t)$，则 $t+1$ 期的移动平均预测值为

$$F_{t+1} = \overline{Y}_t = \frac{Y_{t-k+1}f_{t-k+1} + Y_{t-k+2}f_{t-k+2} + \cdots + Y_{t-1}f_{t-1} + Y_t f_t}{f_{t-k+1} + f_{t-k+2} + \cdots + f_{t-1} + f_t}$$

式中，F_{t+1} 为 $t+1$ 期的预测值；$\overline{Y}_t$ 为 t 期的移动平均值；f_t 为 t 期的权数。

移动平均预测法只使用最近 k 期的数据，每次计算移动平均值时，移动的间隔都是 k。k 可以取不同的数值，那么到底采用多长的移动间隔较为合理呢？可以通过分别计算不同的移动间隔进行预测，选择使均方误差达到最小的移动间隔。

【例 8-1】 中国建设银行（601939）2019 年 1 月每个交易日的收盘价如表 8-2（配套数据文件 Data08-01）所示，请分别采用三期、五期简单移动平均预测法和加权移动平均预测法

预测 2019 年 2 月 1 日的收盘价,最后选择最合适的预测值。

解:题目要求分别采用三期、五期简单移动平均预测法和加权移动平均预测法对中国建设银行 2019 年 2 月 1 日的收盘价进行预测,并选择最合适的预测值。根据本节所讲的内容,我们可以分别计算移动间隔 $k=3$ 和 $k=5$ 的简单移动平均预测值和加权移动平均预测值,这样会得到四个预测值,最终选择最合适的预测值的标准是比较每种预测方案的均方误差,取均方误差最小的预测值为最合适的预测值。另外,我们还可以通过绘制四种预测方案的折线图进行比较。具体计算过程如表 8-2 和表 8-3 所示。

表 8-2 中国建设银行 2019 年 1 月收盘价及三期预测值

(单位:元)

日期	收盘价	简单移动平均($k=3$)	加权移动平均($k=3$)
20190102	6.25	—	—
20190103	6.26	—	—
20190104	6.36	—	—
20190107	6.34	6.290	6.308
20190108	6.34	6.320	6.333
20190109	6.41	6.347	6.343
20190110	6.34	6.363	6.375
20190111	6.36	6.363	6.363
20190114	6.30	6.370	6.362
20190115	6.38	6.333	6.327
20190116	6.41	6.347	6.350
20190117	6.45	6.363	6.382
20190118	6.64	6.413	6.425
20190121	6.67	6.500	6.538
20190122	6.60	6.587	6.623
20190123	6.65	6.637	6.630
20190124	6.68	6.640	6.637
20190125	6.81	6.643	6.657
20190128	6.77	6.713	6.740
20190129	6.85	6.753	6.768
20190130	6.86	6.810	6.817
20190131	7.07	6.827	6.842
20190201		6.927	6.963

注:加权移动平均预测值 $F_4 = \bar{Y}_3 = \dfrac{6.36 \times 3 + 6.26 \times 2 + 6.25 \times 1}{6} = 6.308$,其余依此类推。

表 8-3 中国建设银行 2019 年 1 月收盘价及五期预测值

(单位:元)

日期	收盘价	简单移动平均($k=5$)	加权移动平均($k=5$)
20190102	6.25	—	—
20190103	6.26	—	—
20190104	6.36	—	—
20190107	6.34	—	—
20190108	6.34	—	—
20190109	6.41	6.310	6.327
20190110	6.34	6.342	6.361
20190111	6.36	6.358	6.360
20190114	6.30	6.358	6.361
20190115	6.38	6.350	6.341
20190116	6.41	6.358	6.351
20190117	6.45	6.358	6.369
20190118	6.64	6.380	6.399
20190121	6.67	6.436	6.486
20190122	6.60	6.510	6.564
20190123	6.65	6.554	6.594
20190124	6.68	6.602	6.626
20190125	6.81	6.648	6.652
20190128	6.77	6.682	6.706
20190129	6.85	6.702	6.735
20190130	6.86	6.752	6.785
20190131	7.07	6.794	6.821
20190201		6.872	6.913

注:加权移动平均预测值 $F_6 = \overline{Y}_5 = \dfrac{6.34 \times 5 + 6.34 \times 4 + 6.36 \times 3 + 6.26 \times 2 + 6.25 \times 1}{15} = 6.327$,其余依此类推。

将表 8-2 和表 8-3 中的预测结果代入均方误差的公式中计算得:三期简单移动平均的均方误差 $MSE_1 = 0.011$,三期加权移动平均的均方误差 $MSE_2 = 0.009\,112$,五期简单移动平均的均方误差 $MSE_3 = 0.018\,525$,五期加权移动平均的均方误差 $MSE_4 = 0.013\,628$。相比之下三期加权移动平均的均方误差最小,应该取三期加权移动平均的预测值更合适。

【Excel 软件演示】(以下操作以移动间隔 $k=3$ 为例)

步骤 1:数据引入。打开 Excel 软件,并录入表 8-2 中前两列的数据,或直接使用配套数据文件 Data08-01,结果如图 8-7 所示,图中共有 24 行 2 列数据。

步骤2：简单移动平均。在"数据分析"对话框中选择"移动平均"，单击"确定"按钮，弹出"移动平均"对话框。在"输入区域"选中B3:B24行数据，"间隔"文本框输入"3"，"输出区域"选中C4:C25行区域，单击"确定"按钮，输出3项简单移动平均的预测值。操作过程和结果如图8-8~图8-10所示。

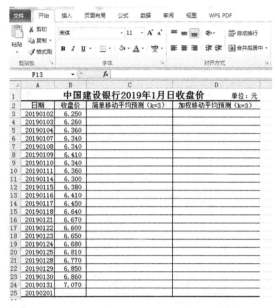

图8-7　Excel中导入的数据

图8-8　简单移动平均操作过程1

图8-9　简单移动平均操作过程2

图8-10　简单移动平均操作结果

步骤3：加权移动平均。Excel中并没有直接给出计算加权移动平均的命令，不过我们可以用最原始的函数公式进行计算。在D5中输入公式“=(B3*1+B4*2+B5*3)/6”，按Enter键输出计算结果，再运用填充柄功能输出其他预测值，操作过程和结果如图8-11和图8-12所示。

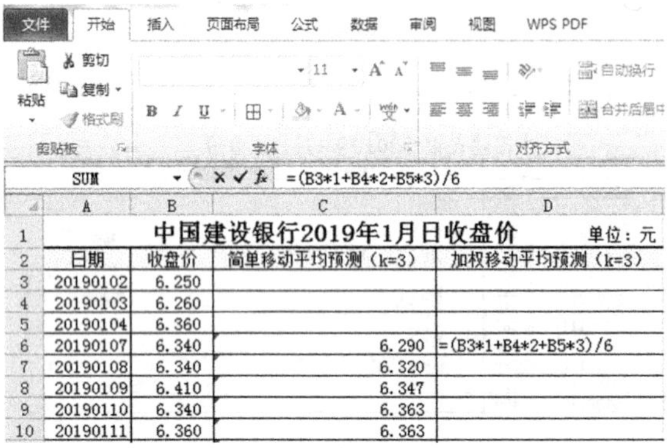

中国建设银行2019年1月日收盘价			单位：元
日期	收盘价	简单移动平均预测（k=3）	加权移动平均预测（k=3）
20190102	6.250		
20190103	6.260		
20190104	6.360		
20190107	6.340	6.290	=(B3*1+B4*2+B5*3)/6
20190108	6.340	6.320	
20190109	6.410	6.347	
20190110	6.340	6.363	
20190111	6.360	6.363	

图8-11　加权移动平均操作过程

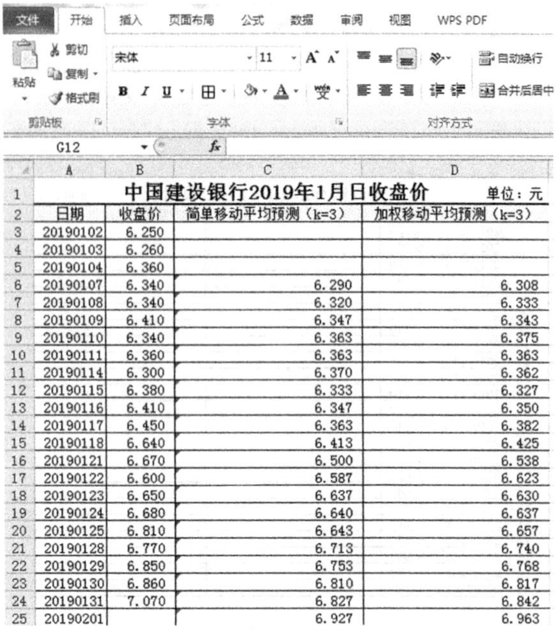

中国建设银行2019年1月日收盘价			单位：元
日期	收盘价	简单移动平均预测（k=3）	加权移动平均预测（k=3）
20190102	6.250		
20190103	6.260		
20190104	6.360		
20190107	6.340	6.290	6.308
20190108	6.340	6.320	6.333
20190109	6.410	6.347	6.343
20190110	6.340	6.363	6.375
20190111	6.360	6.363	6.363
20190114	6.300	6.370	6.362
20190115	6.380	6.333	6.327
20190116	6.410	6.347	6.350
20190117	6.450	6.363	6.382
20190118	6.640	6.413	6.425
20190121	6.670	6.500	6.538
20190122	6.600	6.587	6.623
20190123	6.650	6.637	6.630
20190124	6.680	6.640	6.637
20190125	6.810	6.643	6.657
20190128	6.770	6.713	6.740
20190129	6.850	6.753	6.768
20190130	6.860	6.810	6.817
20190131	7.070	6.827	6.842
20190201		6.927	6.963

图8-12　加权移动平均操作结果

步骤4：绘制折线图。单击“插入”选项卡→“图表”组→“折线图”按钮，选中想要绘制的折线图种类，单击“选择数据”按钮，在“数据选择源”对话框中的图表数据区域输入需要分析的数据所在的范围，单击“确定”按钮，即可绘制收盘价、简单移动平均预测和加权移动平均预测的折线图。操作过程和结果如图8-13～图8-15所示。

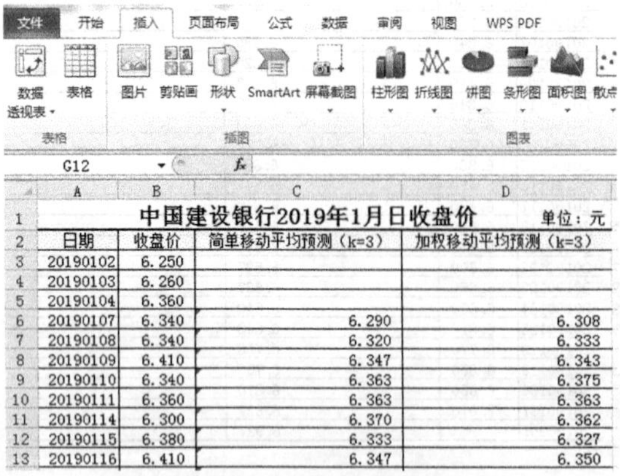

中国建设银行2019年1月日收盘价			单位：元
日期	收盘价	简单移动平均预测（k=3）	加权移动平均预测（k=3）
20190102	6.250		
20190103	6.260		
20190104	6.360		
20190107	6.340	6.290	6.308
20190108	6.340	6.320	6.333
20190109	6.410	6.347	6.343
20190110	6.340	6.363	6.375
20190111	6.360	6.363	6.363
20190114	6.300	6.370	6.362
20190115	6.380	6.333	6.327
20190116	6.410	6.347	6.350

图8-13　折线图绘制过程1

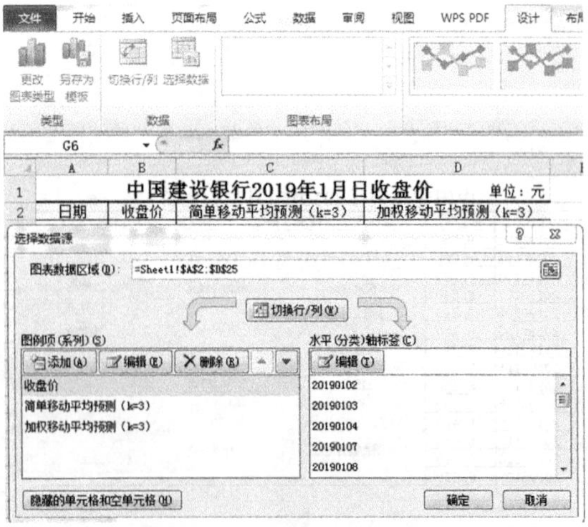

图8-14　折线图绘制过程2

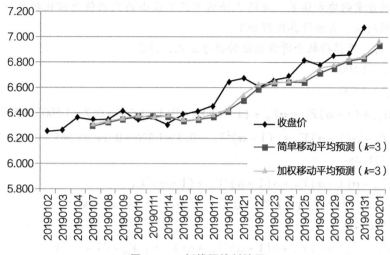

图 8-15 折线图绘制结果

8.2.2 指数平滑预测

指数平滑预测是对过去的观察值进行加权平均的一种预测方法,是加权平均的一种特殊情形,观察值时间越远,其权数也跟着呈现指数下滑,因此称为指数平滑。指数平滑可分为一次指数平滑、二次指数平滑、三次指数平滑等。就一次指数平滑来说,$t+1$ 期的预测值是 t 期的观察值与预测值的线性组合,其基本模型为

$$F_{t+1} = \alpha Y_t + (1-\alpha) F_t$$

式中,α $(0 < \alpha < 1)$ 为平滑系数;F_{t+1} 为 $t+1$ 期预测值;Y_t 为 t 期观察值;F_t 为 t 期预测值。

在开始计算时,没有第一期的预测值,通常设 $F_1 = Y_1$,则 $F_2 = \alpha Y_1 + (1-\alpha) Y_1 = Y_1$,$F_3 = \alpha Y_2 + (1-\alpha) F_2 = \alpha Y_2 + (1-\alpha) Y_1$,依此类推。指数平滑预测法的关键是确定一个合适的平滑系数 α,通常要从以下两方面考虑:

1)当时间序列比较平稳时,α 值应取小一些,如 0.1~0.3;当时间序列波动较大时,α 值应选择居中的值,如 0.3~0.5;当时间序列波动很大时,α 值应取大一些,如 0.5~0.8;

2)选择 α 时还应考虑预测误差,在实际预测时,选择几个 α 值进行试算,分别计算均方误差,取均方误差最小的那个 α 值。

【例 8-2】某化妆品公司近五年的产品销售量如表 8-4 所示(配套数据文件 Data08-02),以指数平滑预测法(分别取 $\alpha = 0.3$ 和 $\alpha = 0.5$),预测 2020 年的销售量,并比较均方误差,选择均方误差最小的预测值。

表 8-4 某化妆品公司近五年产品销售量

(单位:万件)

年份	2015	2016	2017	2018	2019
销售量	1 500	1 565	1 526	1 538	1 579

解:题目要求以指数平滑预测法对某化妆品公司 2020 年的销售量进行预测,并选择最合适的预测值。根据本节所讲的内容,我们可以分别计算平滑系数 $\alpha = 0.3$ 和 $\alpha = 0.5$ 的预测值,

并计算每种预测方案的均方误差,最终选择均方误差最小的预测值为该化妆品公司 2020 年销售量最合适的预测值。具体计算过程如下:

当 $\alpha = 0.3$ 时,根据指数平滑预测法的推导公式,得出

$$F_{15} = Y_{15} = 1\,500$$

$$F_{16} = Y_{15} = 1\,500$$

$$F_{17} = \alpha Y_{16} + (1-\alpha)F_{16} = \alpha Y_{16} + (1-\alpha)Y_{15} = 0.3 \times 1\,565 + 0.7 \times 1\,500 = 1\,519.5$$

$$F_{18} = \alpha Y_{17} + \alpha(1-\alpha)Y_{16} + (1-\alpha)^2 Y_{15} = 0.3 \times 1\,526 + 0.21 \times 1\,565 + 0.49 \times 1\,500$$
$$= 1\,521.45$$

$$F_{19} = \alpha Y_{18} + \alpha(1-\alpha)Y_{17} + \alpha(1-\alpha)^2 Y_{16} + (1-\alpha)^3 Y_{15}$$
$$= 0.3 \times 1\,538 + 0.21 \times 1\,526 + 0.147 \times 1\,565 + 0.343 \times 1\,500$$
$$= 1\,526.415$$

$$F_{20} = \alpha Y_{19} + \alpha(1-\alpha)Y_{18} + \alpha(1-\alpha)^2 Y_{17} + \alpha(1-\alpha)^3 Y_{16} + (1-\alpha)^4 Y_{15}$$
$$= 0.3 \times 1\,579 + 0.21 \times 1\,538 + 0.147 \times 1\,526 + 0.1029 \times 1\,565 + 0.2401 \times 1\,500$$
$$= 1\,542.1905$$

$$\text{MSE} = \frac{\sum_{i=1}^{n}(Y_i - F_i)^2}{n} = 1\,826.5837$$

以同样的方法计算 $\alpha = 0.5$ 时的预测值和均方误差:$G_{16} = 1\,500$,$G_{17} = 1\,532.5$,$G_{18} = 1\,529.25$,$G_{19} = 1\,533.625$,$G_{20} = 1\,556.313$,MSE $= 1\,600.6758$。

比较两种平滑系数最终的均方误差可知,平滑系数取 0.5 的均方误差更小些,因此选择预测值为 1 556.313 万元更加准确一些。

【Excel 软件演示】(以下操作以平滑系数 $\alpha = 0.3$ 为例)

步骤 1:数据引入。打开 Excel 软件,并录入表 8-4 中的数据,或直接使用配套数据文件 Data08-02,结果如图 8-16 所示,图中共有 7 行 2 列数据。

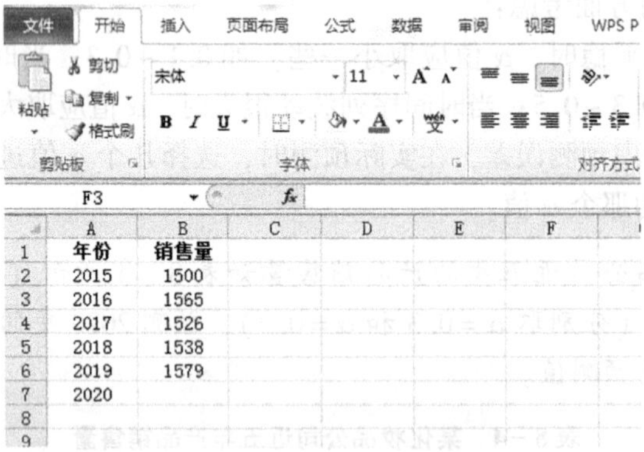

图 8-16 Excel 中引入的数据

步骤 2:指数平滑预测。在"数据分析"对话框中选择"指数平滑",单击"确定"按钮,在"输入区域"选中 B2:B7 列数据,"阻尼系数"文本框输入"0.7","输出区域"选中 C2 单元格,单击"确定"按钮,输出指数平滑的预测值。操作过程和结果如图 8-17~图 8-19 所示。

图 8-17 指数平滑预测操作过程 1

图 8-18 指数平滑预测操作过程 2

8.3 季节指数模型预测

季节指数模型是用来测定时间序列中季节变动影响的一种方法。其预测方法是先计算各月（或各季）的季节指数，将原时间序列的各期实际值分别除以相应的季节指数，便剔除了季节变动成分的影响，再根据剔除季节成分后的时间序列选择适当的模型进行预测，最后将预测的结果乘以相应的季节指数，便是最终的

图 8-19 指数平滑预测操作结果

预测值。常用的计算季节指数的方法有简单平均法和移动平均趋势剔除法。前者包含了长期趋势的影响，后者剔除了长期趋势的影响，是纯粹的季节变动。

8.3.1 简单平均法

简单平均法是计算季节指数最简单的方法，其步骤如下：
步骤 1：将各年同月（季）的数据按年排列；
步骤 2：将各年同月（季）的数值加总后计算各年的月（季）平均数及总平均数；
步骤 3：将各月（季）的平均数分别处以总平均数，求得用百分比表示的各月（季）的季节比率，又称为季节指数。

【例 8-3】某冷饮工厂近五年各季度的销售量数据如表 8-5 所示，利用简单平均法计算季节指数。

表8-5　某冷饮工厂各季度销售量

(单位：万件)

年份	一季度	二季度	三季度	四季度
2015	130	280	240	100
2016	150	310	290	110
2017	160	360	330	130
2018	180	370	360	130
2019	190	400	360	150

解：题目要求利用简单平均法计算季节指数，根据本节所讲内容，应该先计算2015—2019年每个季度的平均销售量，再将四个季度的平均销售量求平均，得到总平均销售量，最后将每个季度的平均销售量除以总平均销售量，即求得每个季度的季节指数，结果如表8-6所示。

表8-6　用简单平均法计算季节指数

年份	一季度	二季度	三季度	四季度	总平均
2015	130	280	240	100	
2016	150	310	290	110	
2017	160	360	330	130	
2018	180	370	360	130	
2019	190	400	360	150	
合计	810	1 720	1 580	620	
季度平均	162	344	316	124	236.5
季节指数	68.49%	145.45%	133.62%	52.43%	

由图8-20可知，二季度和三季度的季节比率较高，四季度最低，明显具有季节性波动。

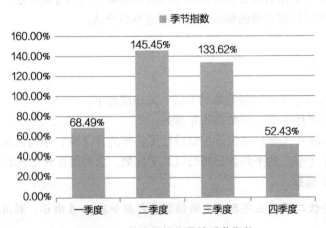

图8-20　某冷饮销售量的季节指数

8.3.2 移动平均趋势剔除法

移动平均趋势剔除法是先利用移动平均法消除原时间序列中长期趋势的影响,再测定季节变动的方法。其计算步骤如下:

步骤 1:计算移动平均值,并将其结果进行中心化处理。若是月度数据,采用 12 项移动平均;若是季度数据,则采用 4 项移动平均。由于是偶数项移动平均,需将移动平均的结果再进行一次 2 项移动平均,得出中心化移动平均值。

步骤 2:计算移动平均的比值,也称季节比率。将原时间序列的各期观察值除以中心化移动平均值,再计算出各比值的季度(月)平均值,即季节比率。

步骤 3:季节指数调整。由于各季节指数的平均数应等于 1,若根据第 2 步计算的季节比率的平均值的结果不等于 1,需将每个季度的季节比率除以总平均值,得出最终的季节指数。

【例 8-4】仍使用例 8-3 中的数据,利用移动平均趋势剔除法计算季节指数,如表 8-7 和表 8-8 所示。

表 8-7 移动平均趋势剔除法计算季节指数步骤 1

年份	季度	时间编号	销售量	4 期中心化移动平均值	比值
2015	一	1	130	—	—
	二	2	280	—	—
	三	3	240	190	1.263 2
	四	4	100	196.25	0.509 6
2016	一	5	150	206.25	0.727 3
	二	6	310	213.75	1.450 3
	三	7	290	216.25	1.341 0
	四	8	110	223.75	0.491 6
2017	一	9	160	235	0.680 9
	二	10	360	242.5	1.484 5
	三	11	330	247.5	1.333 3
	四	12	130	251.25	0.517 4
2018	一	13	180	256.25	0.702 4
	二	14	370	260	1.423 1
	三	15	360	261.25	1.378 0
	四	16	130	266.25	0.488 3
2019	一	17	190	270	0.703 7
	二	18	400	272.5	1.467 9
	三	19	360	—	—
	四	20	150	—	—

表 8-8 移动平均趋势剔除法计算季节指数步骤 2

年份	一季度	二季度	三季度	四季度	均值
2015	—	—	1.263 2	0.509 6	—
2016	0.727 3	1.450 3	1.341 0	0.491 6	
2017	0.680 9	1.484 5	1.333 3	0.517 4	
2018	0.702 4	1.423 1	1.378 0	0.488 3	
2019	0.703 7	1.467 9			
合计	2.814 3	5.825 8	5.315 5	2.006 9	
季节比率	0.703 575	1.456 45	1.328 875	0.501 725	0.997 656
季节指数	70.52%	145.99%	133.20%	50.29%	

通过比较，用简单平均法计算出来的季节指数与用移动平均趋势剔除法计算出来的季节指数是很接近的。

8.4 趋势模型预测

当时间序列存在明显的趋势成分，且这种趋势能够延续到未来，可以通过建立趋势模型来进行外推预测。常用的趋势模型预测方法有线性趋势预测和非线性趋势预测以及自回归模型预测，本节主要介绍前两种方法。

8.4.1 线性趋势预测法

线性趋势是现象发展变化表现为斜率不同的持续上升或持续下降的线性变化规律。可以通过拟合线性趋势方程来预测。用 $\hat{Y}$ 表示 Y_t 的预测值，线性趋势方程可表示为

$$\hat{Y} = a + bt$$

式中，t 是时间变量；a 是线性趋势方程的截距；b 是线性趋势方程的斜率，即 t 每变动一个单位时趋势值的平均变动量。可以运用最小二乘法来求解参数 a 和 b，即求 $\sum(Y-a-bt)^2$ 的最小值。

令 $Q = \sum(Y-a-bt)^2$，为使其取值最小，对 a 和 b 的偏导数都应等于零，经过整理得到下式：

$$\begin{cases} \sum Y = na + b\sum t \\ \sum tY = a\sum t + b\sum t^2 \end{cases}$$

求解上式，得

$$\begin{cases} b = \dfrac{n\sum tY - \sum t \sum Y}{n\sum t^2 - (\sum t)^2} \\ a = \bar{Y} - b\bar{t} \end{cases}$$

式中，n 表示时间的项数，$\bar{Y} = \dfrac{\sum Y}{n}$，$\bar{t} = \dfrac{\sum t}{n}$，其他符号意义不变。

【例8-5】某白酒厂年度销售白酒量（百万瓶）的资料如表8-9所示，用线性趋势预测法拟合线性趋势方程，预测2020年的销售量，并将实际值与预测值绘制成图形进行比较。

表8-9 某白酒厂年度白酒销售量的线性趋势预测

年份	销售额 Y	时间编号 t	t^2	tY	预测值	残差
2002	31	1	1	31	17.69	13.31
2003	39	2	4	78	29.97	9.03
2004	45	3	9	135	42.25	2.75
2005	58	4	16	232	54.53	3.47
2006	67	5	25	335	66.81	0.19
2007	79	6	36	474	79.08	-0.08
2008	88	7	49	616	91.36	-3.36
2009	97	8	64	776	103.64	-6.64
2010	110	9	81	990	115.92	-5.92
2011	118	10	100	1 180	128.19	-10.19
2012	124	11	121	1 364	140.47	-16.47
2013	137	12	144	1 644	152.75	-15.75
2014	155	13	169	2 015	165.03	-10.03
2015	178	14	196	2 492	177.30	0.69
2016	189	15	225	2 835	189.58	-0.58
2017	212	16	256	3 392	201.86	10.14
2018	229	17	289	3 893	214.14	14.86
2019	241	18	324	4 338	226.42	14.58
合计	2 197	171	2 109	26 820		

解：题目要求采用线性趋势预测法拟合线性趋势方程并预测2020年的销售量，根据本节所讲内容，先根据公式分别计算出系数 a 和 b 的值，写出线性趋势方程，再根据方程计算出2020年的预测销售量，最后可以用Excel软件绘制实际值和预测值的折线图进行比较。具体计算过程如下：由表8-9知，$\sum t = 171$，$\sum Y = 2\,197$，$\sum t^2 = 2\,109$，$\sum tY = 26\,820$，代入公式得

$$b = \frac{18 \times 26\,820 - 171 \times 2\,197}{18 \times 2\,109 - 171 \times 171} \approx 12.28$$

$$a = \frac{2\,197}{18} - 12.28 \times \frac{171}{18} \approx 5.42$$

因此，所求的线性趋势方程为 $\hat{Y} = 5.42 + 12.28t$，将各期 t 值分别代入方程，即可求得相应的预测值 $\hat{Y}$，以及残差 $\hat{Y} - Y_t$，2020年的预计销售量为238.74百万瓶。最后，将预测值和实际值同时绘制在图8-21中进行比较。

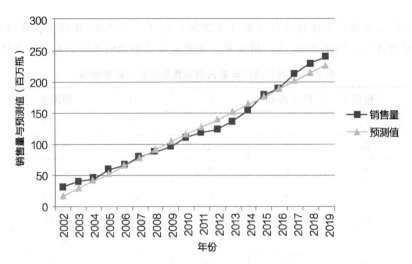

图 8-21 某白酒厂年度白酒销售量与预测值

8.4.2 非线性趋势预测法

现象发展变化的规律除了表现为线性趋势，还可能表现为曲线趋势，需要拟合曲线方程。常见的曲线方程有二次曲线方程、指数曲线方程、修正指数曲线方程、龚柏兹曲线方程等。本节主要介绍二次曲线方程和指数曲线方程。具体应该如何选择趋势模型呢？一般的做法是：对时间序列各期数值进行数学换算，如果各期数值的一阶差分比较接近，可以选择线性模型；如果各期数值的二阶差分比较接近，可以选择二次曲线模型；如果各期观测值的环比发展速度比较接近，可以考虑选择指数曲线模型。

1. 二次曲线模型

有些现象的发展变化形态比较复杂，它们不是按照固定的形态变化，而是有升有降，在变化过程中出现拐点，当现象变化过程中出现一个拐点，且对时间序列各期数值进行二阶差分，差分后的数值比较接近时，我们考虑拟合二次曲线模型，即

$$\hat{Y}_t = b_0 + b_1 t + b_2 t^2$$

仍然是用最小二乘法求解上述方程的参数，得到如下规范方程：$\sum Y = nb_0 + b_1 \sum t + b_2 \sum t^2$；$\sum tY = b_0 \sum t + b_1 \sum t^2 + b_2 \sum t^3$；$\sum t^2 Y = b_0 \sum t^2 + b_1 \sum t^3 + b_2 \sum t^4$。

通过求解上述方程可以求得三个参数的值。由于计算量比较大，在实际运用中可以使用 Excel 软件进行二次曲线方程的拟合。

【例 8-6】某冰箱厂最近 10 年生产的一种节能冰箱的销售量如表 8-10 所示，要求构造趋势方程，并预测 2020 年的销售量。

表 8-10 某冰箱厂最近 10 年冰箱销售量

年份	时间编号	销售量（万台）	一阶差分	二阶差分
2010	1	20	—	—
2011	2	28	8	—
2012	3	35	7	−1

(续)

年份	时间编号	销售量（万台）	一阶差分	二阶差分
2013	4	40.6	5.6	-1.4
2014	5	45	4.4	-1.2
2015	6	48	3	-1.4
2016	7	50	2	-1
2017	8	51	1	-1
2018	9	50.5	-0.5	-1.5
2019	10	48.5	-2	-1.5

解：题目要求根据某冰箱厂最近 10 年生产的一种节能冰箱的销售量构造趋势方程，并预测 2020 年的销售量。根据本节所讲内容，我们应该对销售量数据先进行差分处理，考虑拟合哪种趋势方程。

通过对销售量进行差分处理，发现一阶差分的变化范围较大，不适合做线性回归模型，但是二阶差分都在 -1 到 -1.5 之间，因此可以拟合二次曲线方程。

将表 8-10 中的数据输入 Excel 软件中，画出销售量的散点图，在"添加趋势线"选项中可以选择输出二项式方程，并给出判别系数 R^2 的值，结果如图 8-22 所示。于是，该时间序列的趋势方程为

$$Y = 10.771 + 9.8586t - 0.6052t^2$$

将 $t = 11$ 代入上式，可以计算出 2020 年的销售量预测值为 45.9864 万台。

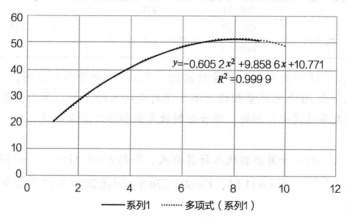

图 8-22　最近 10 年冰箱销售量散点图

2. 指数曲线模型

当时间序列的逐期观测值按相同的比率增长或衰减，也就是说，逐期观测值的环比发展速度比较接近时，我们可以考虑选择指数曲线模型，即

$$\hat{Y}_t = \alpha e^{bt}$$

为了求出参数 a 和 b 的值，需首先将上式转换为直线方程，可对等式两边取对数，有 $\ln Y = \ln a + bt$，令 $Y' = \ln Y$，$\alpha' = \ln a$，即

$$Y' = \alpha' + bt$$

再利用最小二乘法求解上式中的参数，得到以下公式：

$$b = \frac{n\sum ty' - \sum t \sum y'}{n\sum t^2 - (\sum t)^2}$$

$$a' = \overline{Y'} - b\bar{t}$$

$$a = e^{a'}$$

式中，n 表示时间的项数；$\overline{Y'} = \frac{\sum Y'}{n}$；$\bar{t} = \frac{\sum t}{n}$，其他符号意义不变。

【例 8-7】 某电动车最近 10 年的产量数据如表 8-11 所示，要求构造趋势方程，并预测 2020 年的销售量。

表 8-11　某电动车最近 10 年的产量计算表

年份	时间编号 t	产量（万辆）Y	环比发展速度	t^2	$y' = \ln Y$	ty'
2010	1	138.90		1	4.933 754	4.933 754
2011	2	167.93	1.209	4	5.123 547	10.247 09
2012	3	200.17	1.192	9	5.299 167	15.897 50
2013	4	241.41	1.206	16	5.486 497	21.945 99
2014	5	285.83	1.184	25	5.655 397	28.276 99
2015	6	333.85	1.168	36	5.810 692	34.864 15
2016	7	398.28	1.193	49	5.987 155	41.910 09
2017	8	480.33	1.206	64	6.174 473	49.395 79
2018	9	566.31	1.179	81	6.339 142	57.052 27
2019	10	676.17	1.194	100	6.516 445	65.164 45
合计	55	3489.18		385	57.326 27	329.688 1

解： 首先将表 8-11 中的年份和产量数据输入 Excel 中并绘制散点图，如图 8-23 所示。由散点图可以大致看出 10 年的产量数据大体呈现均匀增长的态势，再计算各期的环比发展速度，可以看出环比发展速度大体相近。综合分析散点图和环比发展速度，我们得出构造指数曲线模型的结论。

将表 8-11 后面三列的计算数据代入计算公式，得到 $b = 0.174\,5$，$a = 118.259$，所以趋势方程为 $\hat{Y}_t = 118.259 e^{0.174\,5t}$。当 $t = 11$ 时，$Y = 806.236\,5$。因此 2020 年的产量为 806.236 5 万辆。

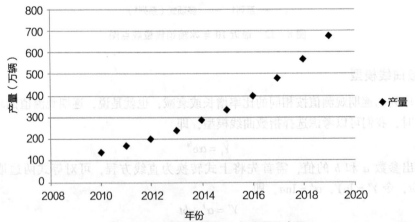

图 8-23　电动车最近 10 年产量散点图

8.5 使用 SPSS 进行时间序列分析

8.1~8.4 节分别介绍了时间序列预测的概念、时间序列的成分、具体的预测方法。对于给定的时间序列数据，首先应该确定时间序列成分并选择合适的预测方法进行预测。如果没有选择最佳的预测方法会直接影响预测结果的精度。为了解决这一问题，SPSS 14.0 版本引入了专家建模器功能，它可以帮助我们选择最佳预测方法，并给出预测结果。下面通过一个具体的例子来讲解如何利用 SPSS 进行时间序列分析。

【例 8-8】表 8-12 和表 8-13 中是某连锁超市 2008 年 1 月到 2019 年 12 月的月度销售额数据，相应配套数据文件为 Data08-03。现要求使用 SPSS 软件预测 2020 年各月的销售额。

表 8-12 某连锁超市月度销售额数据（上半年） （单位：十万元）

年份\月份	一月	二月	三月	四月	五月	六月
2008	44.25	43.42	38.90	39.81	39.25	40.96
2009	40.09	46.62	39.65	37.19	39.08	43.70
2010	44.72	47.35	40.44	42.56	44.10	45.65
2011	48.94	52.56	41.40	44.72	41.85	50.92
2012	50.77	53.79	47.13	46.29	50.47	53.00
2013	55.45	59.83	50.91	50.55	51.18	56.49
2014	58.36	62.29	55.88	57.32	56.39	63.28
2015	67.68	68.83	62.67	63.16	61.96	68.44
2016	69.59	75.00	70.08	68.14	68.97	77.88
2017	78.21	82.27	77.18	75.03	77.68	80.97
2018	86.72	90.20	85.22	80.38	82.78	90.55
2019	94.28	98.89	91.09	93.84	94.17	103.06

表 8-13 某连锁超市月度销售额数据（下半年） （单位：十万元）

年份\月份	七月	八月	九月	十月	十一月	十二月
2008	42.71	45.06	42.49	43.14	43.04	35.31
2009	44.49	49.65	44.46	44.69	42.01	38.17
2010	45.48	50.65	47.37	48.99	46.14	42.03
2011	51.47	55.87	49.91	51.23	50.44	44.63
2012	53.55	53.49	51.34	55.42	50.94	47.73
2013	60.57	61.63	56.86	57.02	56.34	50.29
2014	63.69	65.90	64.45	65.09	60.57	58.17
2015	72.08	68.76	70.98	71.81	68.36	62.73
2016	77.40	78.73	78.40	80.69	72.46	73.21
2017	85.07	88.33	83.34	85.70	80.50	77.18
2018	92.07	92.74	91.77	92.96	89.69	83.62
2019	102.29	102.31	100.15	101.03	101.27	97.94

解：题目要求使用 SPSS 软件对某连锁超市 2008 年 1 月到 2019 年 12 月的月度销售额数据进行分析，最后预测 2020 年各月的销售额。根据本节所讲内容，我们首先将数据引入 SPSS 软件中，再通过"定义日期"菜单将原数据转换成时间序列数据。因为 SPSS 14.0 版本引入了专家建模器功能，它可以帮助我们选择最佳预测方法，所以，我们可以直接对转换后的时间序列数据进行建模，最后进行预测。

【SPSS 软件演示】

步骤 1：数据引入。打开 SPSS 软件，选择菜单栏中的"文件"→"打开"→"数据"命令，在弹出的"打开数据"对话框中找到配套数据文件 Data08-03，然后将文件类型设置为数据文件的类型（数据文件类型是 Excel），再选中需要打开的数据文件，单击"打开"按钮，数据就会被引入 SPSS 中。操作过程与第 7 章相同，数据引入结果如图 8-24 所示。

步骤 2：定义日期。选择菜单栏中的"数据"→"定义日期"命令，弹出"定义日期"对话框，在左侧"个案为"下拉列表中选择"年份、月份"，右侧"更高级别的周期"下"年"和"月"文本框中分别输入"2008""1"。设置完成后，单击"确定"按钮。操作过程和结果如图 8-25 和图 8-26 所示。

步骤 3：创建模型。选择菜单栏中的"分析"→"预测"→"创建模型"命令，弹出"时间序列建模器"对话框。

在"变量"选项卡中，将"销售额"移入"因变量"列表框中，"方法"默认选择"专家建模器"，如图 8-27 所示。

在"统计量"选项卡中，其他选项默认不变，勾选"显示预测值"复选框，如图 8-28 所示。

在"保存"选项卡中，"预测值"后勾选"保存"复选框，"变量名的前缀"改为"pre"，如图 8-29 所示。

图 8-24 SPSS 数据引入结果

图 8-25 定义日期操作过程

第 8 章
时间序列分析

图 8-26 定义日期操作结果　　　　图 8-27 创建模型操作过程 1

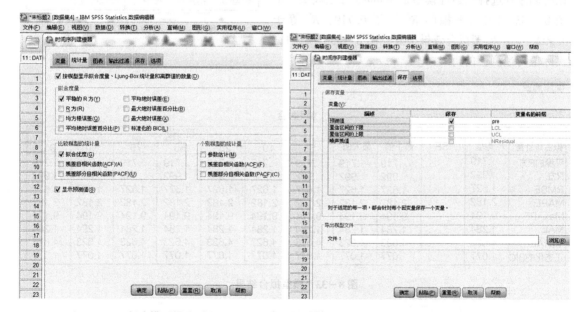

图 8-28 创建模型操作过程 2　　　　图 8-29 创建模型操作过程 3

在"选项"选项卡中,"预测阶段"区域选择第二个选项,"日期"的"年"和"月"文本框中分别输入"2020""12",如图 8-30 所示。

完成所有设置后,单击"确定"按钮,结果如图 8-31 所示。

图8-30　创建模型操作过程4

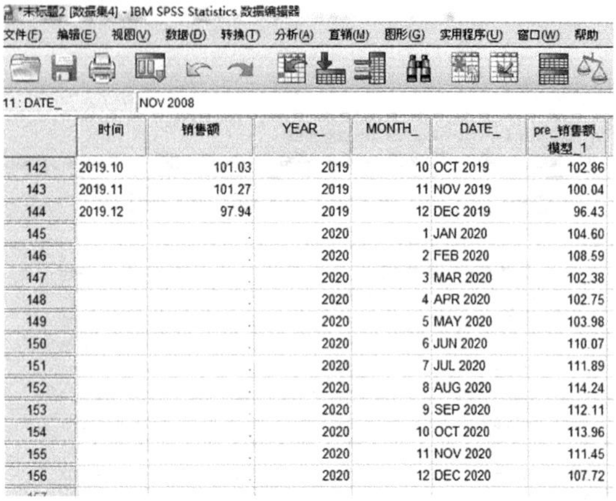

图8-31　创建模型操作结果

步骤4：输出结果。图8-32~图8-35是SPSS建模的输出结果。由图8-32可知，专家建模器对该时间序列选择的最佳模型是Winters加法模型。由图8-33可知，平稳的R^2等于0.719，R^2等于0.992，说明模型拟合效果很好。图8-35绘制的是实际值与预测值的折线图。

模型描述

		模型类型
模型ID	销售额　模型_1	Winters加法

图8-32　专家建模器结果

模型摘要

模型拟合

拟合统计量	均值	SE	最小值	最大值	百分位						
					5	10	25	50	75	90	95
平稳的R方	.719	.	.719	.719	.719	.719	.719	.719	.719	.719	.719
R方	.992	.	.992	.992	.992	.992	.992	.992	.992	.992	.992
RMSE	1.627	.	1.627	1.627	1.627	1.627	1.627	1.627	1.627	1.627	1.627
MAPE	2.182	.	2.182	2.182	2.182	2.182	2.182	2.182	2.182	2.182	2.182
MaxAPE	9.194	.	9.194	9.194	9.194	9.194	9.194	9.194	9.194	9.194	9.194
MAE	1.284	.	1.284	1.284	1.284	1.284	1.284	1.284	1.284	1.284	1.284
MaxAE	4.623	.	4.623	4.623	4.623	4.623	4.623	4.623	4.623	4.623	4.623
正态化的BIC	1.077	.	1.077	1.077	1.077	1.077	1.077	1.077	1.077	1.077	1.077

图8-33　模型拟合结果

模型统计量

模型	预测变量数	模型拟合统计量	Ljung-BoxQ(18)			离群值数
		平稳的R方	统计量	DF	Sig.	
销售额-模型_1	0	.719	14.289	15	.504	0

图8-34　模型统计量结果

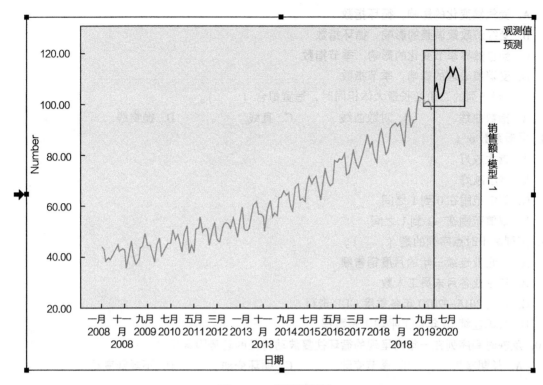

图 8-35 模型预测图

同步测试

一、单项选择题

1. 具有可加性的时间序列是（　　）。
   A. 时点序列　　B. 时期序列　　C. 平均数序列　　D. 相对数序列
2. 根据各季度商品销售额数据计算的季节比率分别是：一季度 105%，二季度 70%，三季度 90%，四季度 115%，受季节因素影响最大的是（　　）。
   A. 一季度　　B. 二季度　　C. 三季度　　D. 四季度
3. 移动平均的移动间隔越大，则（　　）。
   A. 它对数列的平滑修匀作用越强
   B. 它对数列的平滑修匀作用越弱
   C. 数列数据的波动越大
   D. 它对数列数据没有影响
4. 当时间序列的环比增长速度大体相同时，适宜拟合（　　）。
   A. 指数曲线　　B. 抛物线　　C. 直线　　D. 对数曲线
5. 元宵的销售一般在元宵节前后达到顶峰，则 1 月份、2 月份的季节指数将（　　）。
   A. 小于 100%　　B. 等于 100%　　C. 大于 100%　　D. 大于 1 200%
6. 空调的销售一般在夏季前后最多，其主要原因是空调的供求（　　），可以通过计算（　　）来测定夏季期间空调的销售量超过平时的幅度。

A. 受气候变化的影响；循环指数

B. 受经济政策调整的影响；循环指数

C. 受自然界季节变化的影响；季节指数

D. 受消费心理的影响；季节指数

7. 当时间序列的二阶增长量大体相同时，适宜拟合（　　）。

  A. 指数曲线　　　B. 对数曲线　　　C. 直线　　　D. 抛物线

8. 平滑系数α（　　）。

  A. 越大越好

  B. 越小越好

  C. 取值范围在 0 到 1 之间

  D. 取值范围在 –1 到 1 之间

9. 下列属于时点序列的是（　　）。

  A. 某企业连续三年的月度销售额

  B. 某企业各月末员工人数

  C. 某地 2016—2020 年各季度 GDP 资料

  D. 我国连续 10 年员工平均工资数据

10. 反映时间序列在一年内呈现的循环往复波动特征的趋势因素是（　　）。

  A. 长期趋势　　B. 季节变动　　C. 循环变动　　D. 不规则变动

二、多项选择题

1. 造成时间序列变动的因素一般可归纳为（　　）。

  A. 长期趋势　　　B. 季节变动　　　C. 循环变动

  D. 平均变动　　　E. 不规则变动

2. 关于移动平均的叙述，正确的有（　　）。

  A. 移动平均的期数越长，修匀作用就越明显

  B. 移动平均的期数越长，个别观察值的影响就越强

  C. 对季度和月度数据，一般采用 4 或 12 作为移动平均的期数

  D. 移动平均的期数越长，损失数据就越少

  E. 移动平均的期数越长，就越有可脱离现象发展的真实趋势

3. 季节指数（　　）。

  A. 大于 100% 表示各月（季）水平比全期水平高，现象处于旺季

  B. 大于 100% 表示各月（季）水平比全期平均水平高，现象处于旺季

  C. 小于 100% 表示各月（季）水平比全期水平低，现象处于淡季

  D. 小于 100% 表示各月（季）水平比全期平均水平低，现象处于淡季

  E. 等于 100% 表示无季节变化

4. 对一个由 30 期数据构成的时间序列进行三期移动平均处理，下列说法正确的是（　　）。

  A. 移动平均后的序列有 30 项

  B. 移动平均后的序列有 28 项

  C. 移动平均后的序列有 27 项

  D. 需要对移动平均数进行中心化处理

E. 不需要对移动平均数进行中心化处理
5. 下列属于时间序列季节变动特征的是（　　）。
   A. 序列在 1~4 季度呈现的周期性波动
   B. 不同月份表现出的上下波动
   C. 星期一至星期日 7 天内的循环波动
   D. 某经济体以 10 年为周期的循环变动
   E. 建筑业以 22 年为平均数的周期特征

三、判断题

1. 如果数据的波动程度很大，应该选择较大的平滑系数。（　　）
2. 在企业财务指标中，营业收入是时期指标，资产总额是时点指标。（　　）
3. 时间序列中的不规则变动因素可以通过一定的方法加以测定。（　　）
4. 一个具有长期趋势特征的时间序列是非平稳时间序列。（　　）
5. 若要运用移动平均趋势剔除法测度一个以月份为单位的时间序列的季节特征，则移动平均的期数应该是 12 或 12 的倍数。（　　）
6. 移动平均的平均项数越大，则它对时间序列的平滑修匀作用越强。（　　）
7. 时期指标与时期长短成正比，时点指标与时点间隔长短成正比。（　　）
8. 若时间序列在变化过程中出现一个拐点，且对时间序列各期数值进行二阶差分，差分后的数值比较接近时，我们考虑拟合二次曲线模型。（　　）
9. 从理论上讲，若各月之间无季节变动，则各月的季节比率应等于 1。（　　）
10. 加权移动平均预测法赋予历史数据相同的权数，认为过去对现在的影响程度是相同的。（　　）

四、简答题

1. 请简述时间序列的含义和类别。
2. 在预测季节指数时会使用哪些方法？它们之间有什么区别？
3. 请简述线性趋势预测的基本步骤。

同步实训

一、实训目的

本章主要介绍了时间序列分析的概念和预测方法，包括移动平均预测、指数平滑预测、季节指数预测和趋势模型预测。本实训要求学生能够根据不同的时间序列数据采用合适的预测方法进行预测分析。

二、实训软件

Excel 2010 或 SPSS 17.0。

三、实训资料

案例 1：某散装白酒厂在过去 8 个月中每月白酒的销售情况如表 8-14（配套数据文件

Data08-04）所示。该公司现希望预测第 9 个月的销售量，要求分别使用简单移动平均法和加权移动平均法，并分别进行三期移动和五期移动预测，最后比较哪种预测方法最合适。

表 8-14 某白酒厂过去 8 个月每月白酒的销售情况

月份	销售量（100 升）	月份	销售量（100 升）
1	18	5	17
2	21	6	22
3	19	7	23
4	24	8	18

案例 2：表 8-15 是某国 2012—2019 年粮食产量数据（配套数据文件 Data08-05），用指数平滑法预测该国 2020 年的粮食产量，平滑系数分别选取 0.3、0.5、0.8 进行计算，并比较哪种预测结果更合适。

表 8-15 某国 2012—2019 年粮食产量数据

年份	产量（万吨）	年份	产量（万吨）
2012	46 217.52	2016	46 946.95
2013	45 263.67	2017	48 402.19
2014	45 705.75	2018	49 747.89
2015	43 069.53	2019	50 150.00

案例 3：已知一个以天为单位的时间序列如表 8-16 所示（配套数据文件 Data08-06），请运用 SPSS 软件进行时间序列预测。

表 8-16 以天为单位的时间序列

日期	序列值	日期	序列值
1	35	9	46
2	33	10	43
3	29	11	48
4	26	12	41
5	28	13	34
6	32	14	30
7	38	15	25
8	43	16	23

第 9 章
数据分析报告

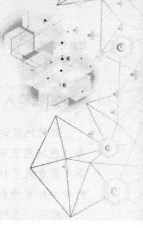

职业能力目标

专业能力：
- 了解数据分析报告的类型与特征
- 明确撰写数据分析报告的基本要求
- 掌握撰写数据分析报告的基本能力

职业核心能力：
- 具备良好的职业道德
- 具备熟练撰写报告的能力
- 具备创新意识，在工作或创业中灵活应用

本章知识导图

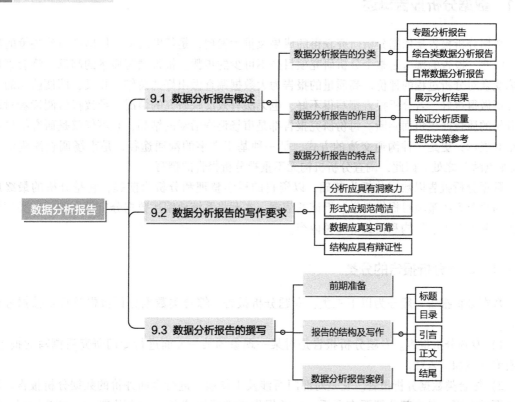

> 知识导入

纽约地区的调研人员约翰曾谈起他为美国一家大型糖果制造公司精心准备长达 260 页的报告（包括图表和统计数据）的故事。在经历了大约六个月的辛苦调研之后，约翰向公司三名最高决策者做了口头汇报。他信心百倍，自以为他的报告中有许多重大发现，包括若干个可开发的新细分市场和若干条创意。

然而，在听了一个小时充满事实、数据与图表的汇报之后，糖果公司总经理站起来说："打住吧，约翰！我听了一个多小时枯燥乏味的数字，完全被搞糊涂了，我想我并不需要一份比字典还要厚得多的调研报告。明天早晨 8 点之前务必把一份 5 页纸的摘要放到我的办公桌上。"说完，总经理就离开了房间。

约翰的分析报告虽然做到了内容详实、有理有据，却没有将研究所得出的结果以层次分明的形式予以展现，而是一味在报告中堆砌研究过程、图表、数据。没有突出重点和逻辑性的分析报告只会让读者感到一头雾水，理不出分析报告想要着重表达的部分。一份好的分析报告应当做到结构严谨、内容翔实、重点突出、论证严密，能够让阅读者一目了然地知晓调查的重点、主要内容、关键和结论。正如糖果公司总经理所言："我需要一份摘要。"

【想一想】
约翰的报告究竟出了什么问题？一份"好"的分析报告应该是什么样的呢？

9.1 数据分析报告概述

数据分析报告是依据分析研究获得的成果及重大发现，是帮助决策者做出高质量决策的媒介。因此，报告的撰写是整个分析研究项目必不可少的步骤。报告撰写质量的高低，将会直接影响受众对分析过程的评价。高质量的报告为大数据调查做出好的总结。相反，即便前期的调查分析做得再好，若分析报告撰写得不好，也无法有效反映研究的情况，导致报告阅读者对研究分析的质量产生负面判断。每份研究报告都是市场调查活动的结晶，它不仅仅是研究结果的总结和展示，更是一种沟通交流的方式，是一种基于文字的沟通途径，是市场调查流程中的"画龙点睛"之处。因此，调查分析机构无不重视分析报告的撰写。

数据分析报告以数据分析为基础，以资料的科学整理和分析为前提，它是分析的最终成果，为投资方决策项目提供科学、严谨的依据。本章将系统地阐述数据分析报告撰写的类型与特点、基本要求、结构和格式等相关内容。

9.1.1 数据分析报告的分类

数据分析报告一般分为以下三类：专题分析报告、综合类数据分析报告及日常数据分析报告。

1) 专题分析报告。专题分析报告是对某一现象的某一方面进行专门研究后撰写的报告，具有专一性和深入性。

2) 综合类数据分析报告。它是对部门所涉及工作项目进行全面评价的数据分析报告。该报告要求全面，各个部分间要有联系。该类报告通常篇幅较多，通常用 Word、PDF 呈现，如百度公司年度经营分析报告、东风汽车公司年度营销情况分析。

3) 日常数据分析报告。它以定期数据报表的形式来反映计划执行情况、呈现推广宣传效果、分析影响原因。这类报告要有时效性，争取在第一时间分析汇报，基本是一系列的报告。这类报告通常篇幅较短，除了使用 Word，还可以使用 PPT 形式呈现，用于情况汇报，如"十一黄金周"全国景点人流量分析、春节返程人流分析。

> **"文不厌精"的故事**
>
> 　　唐宋八大家之一的欧阳修，十分重视文章的修改。他在安徽滁县（现改为滁州市）任太守时，曾写过一篇散文《醉翁亭记》。据说，他把这篇文章写好后，清清楚楚地誊抄了好几遍，叫人张贴到当时的六个城门口，请过往行人阅读修改。
>
> 　　一天，有个担柴的老人经过一个城门前，见围着不少人，出于好奇，就放下柴担挤了进去。这时有人正在读墙壁上贴着的《醉翁亭记》："滁州四面皆山，东有乌龙山，西有大丰山，南有花山，北有白米山。其西南诸峰……"老人一听，摇了摇头，自言自语道："太守的文章虽好，就是太啰唆。"
>
> 　　此时，欧阳修也正好在旁边，一听这话，恍然大悟。他连忙赶回家中的书房，提笔凝思，将这段文字改了又改，反复锤炼，最终，这几十个字的开头只剩下"环滁皆山也"这极精炼的一句了。

9.1.2　数据分析报告的作用

　　数据分析报告主要有以下三个作用：展示分析结果、验证分析质量、提供决策参考。

　　1）展示分析结果。数据分析报告清晰展示结果，方便受众迅速理解、分析、研究问题的基本情况、结论与建议，比如在本月的推广中花了多少钱、带来了多少流量、有多少人关注了我们的广告、广告带来了多少咨询量和转化量。

　　2）验证分析质量。数据分析报告通过对数据分析方法的描述、对数据结果的处理与分析等几方面验证数据分析的质量。

　　3）提供决策参考。数据分析报告为决策者提供必要的决策支持，一份清晰的数据分析报告能让管理者快速读懂，并迅速做出决策。

9.1.3　数据分析报告的特点

　　数据分析报告通常具有真实性、重要性、平实性、时效性及创新性等特点。

1. 真实性

　　客观事实是数据分析报告赖以存在的基础，也是数据分析报告的首要特征。一份好的数据分析报告必须保证假设、数据、论证、结论的真实性。

2. 重要性

　　数据分析报告强调的是目的明确，有的放矢。没有针对性的数据分析报告是不存在的，也是没有意义的。数据分析报告应表现数据分析的重点，选取重点关键指标进行分析，如投入产出比、转化量等，尤其是企业要求的考核指标需要详细分析，其他指标用数据表格加统计图展示即可。

3. 平实性

数据分析报告要求语言平实，不夸张、不修饰、不片面追求文采。基础数据必须真实、完整，分析过程必须科学、合理。数据分析报告中的基础数据必须是从专业数据库、百度统计、咨询工具中获取的真实数据，并且要完整，不能因为指标表现不好，就擅自修改数据。分析时可以使用多种分析方法进行横向、纵向交叉分析。

4. 时效性

数据分析报告要求能及时回答人们迫切需要了解的问题，否则时过境迁，成为"马后炮"，数据分析报告就会失去应有的价值。

5. 创新性

数据分析报告可适当引入新的研究模型或分析方法，结合实际结果来验证或改进。一份数据分析报告能创新最好，如若不能创新，应客观陈述指标变化、诊断问题等。数据分析报告应给出优化方案，最好给出验证后的结论，比如投入产出比环比上升了2%，转化成本同比下降了1%等。

9.2 数据分析报告的写作要求

数据分析报告是分析结果的最终呈现。有价值的数据分析成果记录在数据分析报告里，在分析者和报告使用者之间实现信息的传递。因此，数据分析报告撰写应遵循以下几点要求：

1. 分析应具有洞察力

撰写数据分析报告是为了通过数据挖掘与分析，揭示数据背后的现象规律，从而为决策提供重要支撑。数据分析报告带来的价值不在于数据本身，而在于数据提供了哪些有价值的决策信息。数据洞察力也是数据分析者的洞察力，是数据分析者对数据及其背后规律的解读能力。分析者对数据的解读能力越强，解读得越深入细致，据此写成的分析报告的质量就越高，对决策者的参考价值就越大。

例如，通过对多年的气象数据以及冰激凌产品销量的分析，可以揭示气象条件对冰激凌市场的影响规律，对冰激凌市场的投放以及销售和营销策略的制定等可起到辅助决策的作用。还可以通过对某类用户的消费行为习惯进行持续的跟踪调查，形成该类用户的消费标签，从而对其进行有效宣传和实现营销活动的精准投放，获得销量的大幅度提升。

分析者通过各种探索性的数据分析方法了解和熟悉数据，是分析者与数据互动的过程。通过这种互动，分析者慢慢发现数据中一些比较新奇的东西，这些新奇的东西就会激发分析者的好奇心以及对数据进一步分析的欲望。这说明分析者已经开始探究数据背后的规律，并实质性地启动了对数据的研究与分析工作。

散点图的运用

散点图能够直观呈现不同变量之间的关系，还能识别"盲点"。所谓的"盲点"就是奇异点，就是与其余数据不合群的数据点。在数据分析时，这些"盲点"恰恰是需要高度重视的，因为其中往往包含着重要的信息。一般"盲点"的数量很少，因此，通常对"盲点"的分析采用先识别再逐个分析的方式进行，先把数据中的"盲点"识别出来，再逐个分析每个"盲点"代表的具体情况、产生原因以及对整体数据的影响等。通过对每个"盲点"进行深入研究与分析，可以掌握这部分数据点的基本情况和特征，甚至从中挖掘出有价值的信息。在报告撰写过程中，需要把这些有价值的分析结果按照一定的结构呈现出来，使分析结果之间具有一定的层次性，由浅入深，从而有效引导报告阅读者的思考，使其产生共鸣。

2. 形式应规范简洁

在利用调查数据编写数据分析报告的过程中，没有经验的人往往会陷入一个误区，即把好不容易采集到的数据尽可能多地搬到报告中，使报告里充斥着各式各样的数据图表。这是报告撰写过程中常见的问题。报告撰写人的基本假设是报告中数据越多、信息量越大，报告质量就越高。但是，你可以换位思考，如果你是客户，是不是很难立刻从中获取大量信息？你可能更希望看到利用有意义的数据得出一个分析结果和结论。当报告中接连出现数据图表时，即便再有耐心的人，也很难有继续阅读下去的心思。

如何避免在报告里简单粗暴地罗列数据和图表呢？可以通过以下几种方式解决这个问题：①可在每张数据图表后面，加上文字分析和阐述，这样就不会出现连续数据图表的情形，避免导致阅读疲劳。②可对数据图表中的信息以及反映的问题进行更深入的文字阐述和解释，便于报告阅读者更加清楚地了解数据背后的信息，对数据有更直观的认识。③一般情况下正文中的一张数据图表尽可能主要说明一个问题，这样便于理解。当一张数据图表中的信息量过多时，一般的处理方法就是简化，把这种数据图表分成若干张简单的数据图表，然后分别加以文字说明和阐述，使每张图表的信息简单易懂，报告的可阅读性自然就会增强。④若需要通过多张数据图表说明同一事项，应当把相同结构的数据图表移到附件中，以附表或附图的方式补充，而在正文中仅呈现有代表性的数据图表即可。在撰写报告时，要合理规划正文和附件中的内容，重要的内容放在正文阐述，而补充性的内容放到附件中。这种做法可以简化正文的图表，提高正文的连续性，避免出现因为图表过多而导致行文上的中断感。

罗列数据并不等于数据分析。在撰写数据分析报告时，重要的是说清楚数据背后的故事，即把数据代表的规律性的东西解释清楚，而不是数据堆砌。

3. 数据应真实可靠

数据分析报告与一般的报告相比，其显著特征就是用数据说话。因此，数据的真实可靠性直接影响分析结果的真实性。这类报告就需要善于用数据讲故事，通过数据说明问题，提出建议和对策。从某种意义上来说，这类报告的质量高低取决于应用这些数据讲故事水平的高低。对于同一个数据，不同的人可以从不同的角度进行解释，讲出的故事也不尽相同。由于报告撰写者的知识背景不同、所持分析视角不同等，结论也往往不同。这种差异是正常的，关键在于如何在报告中用数据"自圆其说",把数据背后的故事讲清楚、讲精彩。

4. 结构应具有辩证性

数据分析报告的总体框架可采用"总—分—总"的思路,根据报告内容及重点进行有针对性的设计与规划。在对数据分析报告的内容安排上,行文既可以采取欲扬先抑的方式,也可以采取欲抑先扬的方式。当然,有些报告会同时采用这两种方式。下文我们将详细介绍这两种行文方式的使用方法。

欲扬先抑是指在提出主要观点之前对其他观点进行一定的批判。就是先要控制、压抑下自己的观点,介绍一下别人的研究和内容。然后,再根据自己的调查数据提出自己的观点,阐述自己的立场和发现。这种报告结构,对于阅读者而言,可以通过了解相关的观点而了解事情的背景和来龙去脉。当报告撰写者亮出自己的观点时,报告阅读者可以自然地与别人的观点进行比较,有助于加深报告中主要观点的印象。

> **拓展阅读**
>
> **肯德基的欲扬先抑**
>
> 肯德基快餐连锁公司每年都会开展例行的倾听客人意见的调查活动,并在公司网站上开辟专门的栏目鼓励消费者填答反馈问卷。在肯德基客人体验问卷调查数据的基础上,系统自动形成调查报告。这些调查报告的格式是先汇报消费者提出的问题或者不满意的意见,再汇报消费者感到满意的地方,这就是一种比较典型的欲扬先抑的报告格式。
>
> 这种报告格式和策略有助于培养问题意识,让报告阅读者一开始就聚焦于存在的问题,思考解决问题的方法。这是报告要突出的重点,因为解决存在的问题才能获得经营管理上的提升和突破。报告了问题之后,再报告值得肯定的地方,这是提醒报告阅读者继续在这些值得肯定的地方保持下去。

欲抑先扬也是一种常用的报告格式,是指先汇报值得肯定的地方,鼓励相关部门继续把这种成绩保持下去,继续做好相关领域的工作,保持在消费者和客户心目中的良好形象。之所以一开始先肯定,就是为了让相关受众产生信心,提振大家的士气。在之后的报告内容中则汇报一些让大家感到不太满意和需要进行改进的地方。

有经验的研究者善于发挥结构的力量,利用结构构建报告中的相关内容,进而揭示其中的关系,使这些关系具有整体性。这样的报告会呈现出一种深刻性与穿透力,价值较大,质量较高。在用市场调查数据讲故事的过程中,研究者就是在寻找复杂的、有张力的、有丰富社会内涵的内在关系来表现市场现状及其未来趋势,而报告的结构如同一张大网,可以指引研究者合理安排内容,去伪存真,最大限度地揭示数据背后的规律和信息。

9.3 数据分析报告的撰写

9.3.1 前期准备

写作前的准备工作尤为重要,直接影响分析是否偏离正轨。应先理清思路,斟酌数据分析的逻辑性,始终保持严谨的态度。数据分析初学者可能在拿到调查数据后会急着分析数据、撰写报告,其实这是一种被动的报告撰写方式,撰写者在分析数据的过程中,往往被数据牵引,虽然得到了不少数据分析的结果,却使得报告的撰写陷入困境。而有经验的报告撰写者一般不急于动手写报告,而是先深入思考报告的总体架构,反复对报告结构进行论证与优化,尽可能确保报告结构的合理性与科学性。

> **拓展阅读**
>
> **权威报告的讲究**
>
> 世界银行等机构所发布的报告一般结构比较好,这些机构的研究者在撰写报告之前,会下很多功夫优化报告的结构。在确定报告的结构后,再根据结构分析数据和撰写内容,这样写出的分析报告深受各国政府和社会各界的重视。先优化和确定报告结构,确定结构之后再进行数据分析和报告撰写,最后成文的报告结构总体上能保证其合理而科学,报告质量水准较高。

数据分析报告撰写过程如同侦探破案的过程,需要根据线索一层一层取证和检验,最终找出真相。而报告的结构则是指导数据分析者进行问题诊断、识别、分析的重要线索和结构性思考模式,据此层层展开数据分析工作,数据就会显得有意义,数据背后的信息就可以有组织地被挖掘出来,最终找到现象背后的真相。

9.3.2 报告的结构及写作

分析工作的最后一步是撰写数据分析报告,也是整个数据分析的目标。数据分析报告不存在一个固定的模板或者结构,它可依据分析主题和分析者及报告使用者的需要进行变动,但是总框架可遵循"总—分—总"的结构。首先总述编写数据分析报告的目的,也就是提出全文的论点,然后分别进行论证,最后进行总结分析。

我们知道报告分为综合类数据分析报告和日常类数据分析报告,为全面了解分析报告的结构,本节以综合类数据分析报告为例,详细讲解一份完整的综合类数据分析报告基本应包含的项目。

1)标题。标题需要写明报告的题目,要求题目明确、鲜明、简练、醒目,字数不宜过长。下面以世界知名咨询公司普华永道的几篇分析报告标题为例:"《全球消费者洞察调研 2019》中国报告""四大核心竞争力引领中国零售电商未来之路""你真的了解你的消费者吗?"。

2)目录。此处以普华永道关于 2019 年中国银行业第三季度分析报告目录为例进行介绍,如图 9-1 所示。该报告以一级、二级标题形式列出报告的目录,也是其写作逻辑大纲。阅读者根据目录就可以

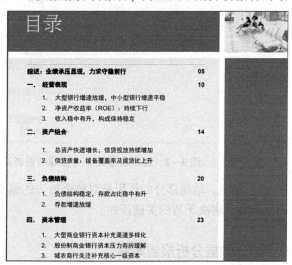

图 9-1 普华永道关于 2019 年中国银行业第三季度分析报告目录

初步掌握报告的内容安排以及数据呈现的逻辑层次。

3）引言。引言是分析报告的重要组成部分，用于交代报告的分析背景、分析目的及分析思路。

> **拓展阅读**
>
> **普华永道《全球消费者洞察调研 2019》中国报告引言节选**
>
> 中国拥有 14 亿消费者和日渐壮大的中产阶级，是全球最大的电商市场。2019 年中国将取代美国成为领先世界的零售市场。"双十一"是全球最大规模的年度网上购物盛事，2018 年当天，天猫商城总销售额达到 310 亿美元，刷新了历年的纪录，是"网络星期一"和"黑色星期五"总销售额总和的两倍以上。不过，对中国数百万家规模不一的零售商来说，宏观经济环境的这些变化意味着什么？在未来，面对供应链中断，消费者对购物体验的偏好，以及新兴科技的迅速应用，企业界应如何未雨绸缪？本报告将根据多维度数据深入剖析，面对变幻莫测的经济形势，行业参与者要在体验式零售时代具备竞争力和取得成功所应采取的一些最佳实践。

4）正文。正文部分是数据分析报告的核心部分（图 9-2），系统全面地表达分析过程和分析结果，注意论点清晰、论据充分、论证有力。正文的写作过程中需要通过数据图表和相关的文字结合分析，经过科学严密的论证，才能得出令人信服的结论。

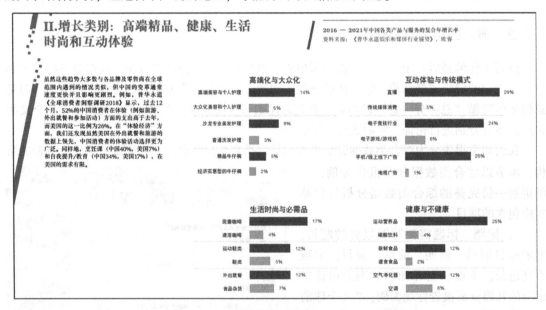

图 9-2　普华永道关于《全球消费者洞察调研 2019》中国报告正文节选

5）结尾。结尾部分的作用是对整个报告的综合与总结、深化与提高，并且也是得出结论、提出建议、解决矛盾的关键所在。

9.3.3　数据分析报告案例

【案例一】关于某市房地产价格波动的分析报告

为了解某市房地产销售价格会受到哪些原因的影响，我们利用近期该市各地房地产销售价格数据（见表9-1）进行多元回归分析。通过对调查数据的分析，建立房屋销售价格、地产估价和使用面积分析模型，探究该市房屋销售价格的影响因素，为公司的决策提供依据。

表9-1 20栋住宅的房地产评估数据

房地产编号	销售价格(元/平方米)y	地产估价(万元)x_1	使用面积(平方米)x_2
1	6 890	596	18 730
2	4 580	900	9 280
3	5 550	950	11 260
4	6 200	1 000	12 650
5	11 650	1 800	22 140
6	4 500	850	9 120
7	3 800	800	8 990
8	8 300	2 300	18 030
9	5 900	810	12 040
10	4 750	900	17 250
11	1 050	730	10 800
12	4 000	800	15 290
13	9 700	2 000	24 550
14	4 550	800	11 510
15	4 090	800	11 730
16	8 000	1 050	19 600
17	5 600	400	13 440
18	3 700	450	9 880
19	5 000	340	10 760
20	2 240	150	9 620

1. 房地产行业现状分析

2019年全国经济增长稳定，全国房地产开发投资总体平稳，运行态势稳定，去库存周期逐渐触底，商品房销售面积小幅下降，其中商业营业用房下降最为明显，办公楼市场未来仍将面临较大的压力。

据国家统计局发布数据显示，2018年1~12月全国房地产行业开发投资完成额累计达120 164.75亿元，同比增长9.5%，增速有所回升。2019年1~12月全国房地产行业开发投资完成额累计达132 194.0亿元，同比增长9.9%。其中，全国房地产行业开发住宅投资完成额累计达97 071亿元，同比增长13.9%，依然是房地产行业中主要的投资增量以及重点投资方向。

2. 数据分析

目前我公司打算在××市开展房地产业务，但前期需要对该市房地产行情做初步调研和分析，故采集了该市的20栋住宅销售价格、地产价格以及使用面积的信息，探究三个因素是否相关，并分析地产估价和使用面积对房地产销售价格的影响。因此，使用SPSS软件对数据进行了如下分析和处理：

1）描述性统计分析。对数据进行描述性统计分析的结果如图9-3所示，可知该市住房销售价格、地产估价和使用面积的基本情况，了解平均水平，销售均价为5 502.5元/平方米。

描述性统计量

	均值	标准偏差	N
销售价格	5 502.50	2 476.272	20
地产估价	921.30	538.343	20
使用面积	13 833.50	4 657.397	20

图9-3 描述统计分析结果

2) 相关性分析。对销售价格、地产估价和使用面积三者的相关性进行分析，分析结果如表9-2所示，住宅的销售价格和地产估价及使用面积是存在相关性的。因此，地产估价的高低和使用面积的大小直接影响住宅的售价。

表9-2 相关性分析结果

		销售价格（元/平方米）	地产估价（万元）	使用面积（平方米）
Pearson 相关性	销售价格	1.000	0.747	0.825
	地产估价	0.747	1.000	0.689
	使用面积	0.825	0.689	1.000
Sig.（单侧）	销售价格		0.000	0.000
	地产估价	0.000		0.000
	使用面积	0.000	0.000	
N	销售价格	20	20	20
	地产估价	20	20	20
	使用面积	20	20	20

3) 建立回归模型。为进一步探索地产估价和使用面积对销售价格的影响，我们建立多元回归模型：

$$y = \beta_0 + \beta_1 x_1 + \beta_2 x_2$$

SPSS的回归结果如图9-4所示，可以得出 $y = -285.009 + 1.56 x_1 + 0.314 x_2$。在使用面积不变的情况下，地产估价每增加1万元，房产的平均销售价格就会提高1.5元；在房地产估价不变的条件下，使用面积每增加1平方米，房产销售的平均价格就会提高0.314元。

系数[a]

模型		非标准化系数		标准系数	t	Sig.	B的95.0%置信区间	
		B	标准误差	试用版			下限	上限
1	（常量）	-285.009	965.449		-.295	.771	-2321.929	1751.911
	地产估价	1.560	.783	.339	1.992	.063	-.092	3.212
	使用面积	.314	.091	.591	3.475	.003	.124	.505

a.因变量：销售价格

图9-4 回归分析结果

3. 总结

通过分析，就目前国内行情而言，该市的房价调控比较有力，销售价格并不高。作为一个市级行政区划，其房价的上升空间还很大，房地产公司的利润空间还是可以期待的，建议可通过提高房地产估价的方式提高房价,效果会比较明显。

【案例二】2019 年半年度中国银行业回顾与展望

1. 前言

2019 年上半年,面对内外部经济环境变化,中央政府采取多项措施应对挑战,坚持走高质量发展道路。本期《银行业快讯》分析了 50 家 A 股和/或 H 股上市银行截至 2019 年 6 月末的半年度业绩。该样本相当于截至 2019 年 6 月末中国商业银行总资产的 82.09% 和净利润的 87.46%。上市银行仍然维持稳健的经营表现。

2. 经营表现分析

(1) 净利润增速回升,盈利指标略降

2019 年上半年,50 家中国上市银行实现净利润 9 912.27 亿元,同比增加 7.60%,增速较 2018 年上半年(6.84%)略有回升。大型商业银行的增速略有放缓,股份制商业银行和城农商行的增速整体都有所加快,但后者的增速呈现出明显的地域性差异。上市银行的总资产收益率(ROA)保持稳定,但净资产收益率(ROE)有所下行。这主要是这些银行通过增发、发行优先股、永续债等补充资本,导致净资产增长较快。上市银行盈利情况如图 9-5 所示。

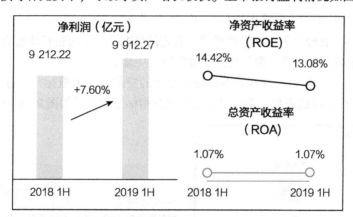

图 9-5 上市银行盈利情况

(2) 净息差与净利差持续扩大

2019 年上半年,上市银行的整体净息差和净利差稳中有升。然而,负债端成本上升使大型商业银行的净息差和净利差呈收窄趋势。股份制商业银行及城农商行的净息差和净利差持续扩大,主要是因为宽流动性下,同业融资成本下降。近年来,中小银行纷纷缩减同业负债规模,同时同业融资成本有所下降,使得它们的净息差及净利差扩大较明显。上市银行净息差与净利差情况如图 9-6 所示。

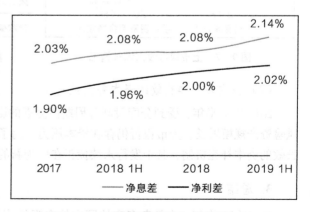

图 9-6 上市银行净息差与净利差情况

(3) 手续费及佣金收入增速回升

2019 年上半年,上市银行的手续费及佣金净收入较 2018 年同期增速明显回升。一方面 2018 年同期受监管影响而骤减的理财收入 2019 年回稳;另一方面也得益于这些银行在银行卡、电子支付、网络金融等业务方面的发展。上市银行收入增长情况如图 9-7 所示。

(4) 资产负债快速扩张

在宽流动性的环境下,截至 2019 年 6 月末,上市银行的资产负债继续扩张,且增速较 2018 年同期有所回升,规模分别达到 190.72 万亿元和 176.14 万亿元。这些银行 2019 年前六个月的总资产和总负债均增长 5.94%,2018 年同期增速分别为 2.84% 和 2.52%。总资产和总负债的快速扩张,一方面是由于各家银行积极放贷支援实体经济,另一方面存款市场的竞争加剧,也让各家银行加快了揽储的步伐。

(5) 公司贷款占比下降,零售贷款占比趋升

2019 年上半年,上市银行在加大贷款投放力度之余,也在持续调整贷款结构。截至 2019 年 6 月末,公司贷款的整体占比虽然仍超过一半,与过去相比已有所下降;零售贷款的增速较快且占比持续上升,表明各家银行越来越重视发展零售银行业务。

(6) 拨备覆盖率与拨贷比稳中有升

2019 年上半年,在经济下行和资产质量不确定的情况下,上市银行均致力于做实不良资产分类,持续加大拨备计提力度,拨备覆盖率与拨贷比持续上升。

此外,衡量逾期 90 天以上贷款与不良贷款之比的贷款偏离度指标,在过去几个半年度内均低于 1,且呈稳步下降的态势。上市银行资产质量指标变化情况如图 9-8 所示。

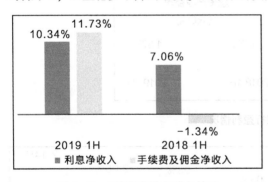

	2017	2018 1H	2018	2019 1H
拨备覆盖率	182.68%	198.56%	205.24%	214.07%
拨贷比	2.82%	3.01%	3.12%	3.16%
贷款偏离度	0.87	0.85	0.79	0.78

图 9-7　上市银行收入增长情况　　　　图 9-8　上市银行资产质量指标变化情况

(7) 探索多元和长效的资本补充机制

2019 年上半年,受到分配股利等周期性因素的影响,以及随着信贷投放的增加,引起加权风险资产规模增长,上市银行仍存在资本压力。为了缓解资本压力,这些银行积极探索多元和长效的资本补充机制,其中发行永续债正在成为新的趋势。

3. 总结

2019 年上半年,在复杂多变的国内外宏观经济环境下,上市银行仍然维持稳健的经营表现:不仅盈利、净息差和净利差回升,资产负债规模也继续快速扩张,且信贷资产质量指标也

表现平稳。然而，在业绩回暖的情况下，上市银行也要居安思危，为未来持续健康的经营未雨绸缪。

盈利与资本补充：上市银行净利润增速回升，但个位数增速较以往仍处于较低水平，在盈利能力（主要表现为 ROE）有所下行、仍需大力支援实体经济的情况下，这些银行无法完全以内源性渠道满足资本补充的需求，有待持续探索外源性渠道补充资本。

利率市场化下的资产负债管理：上市银行净息差与净利差扩大主要由宽流动性的政策因素驱动，未来在贷款市场报价利率（LPR）改革和揽储压力加大的情况下，净息差与净利差可能受影响，加强负债成本管理是当务之急。

新一轮信贷扩张下的信用风险管控：上市银行的信贷资产质量指标趋向平稳，但这是在新增贷款快速扩张、加大处置不良贷款力度的前提下实现的，在新一轮信贷扩张的环境下，如何控制信用风险、盘活不良贷款有待进一步思考。

（资料来源：https://www.pwccn.com/zh）

【案例三】2019 年 12 月国内手机市场运行分析报告

1．国内手机市场总体情况

（1）国内手机市场总体出货量。2019 年 12 月，国内手机市场总体出货量 3 044.4 万部，同比下降 14.7%，其中 2G 手机 146.1 万部、4G 手机 2 357.0 万部、5G 手机 541.4 万部。2019 年全年，国内手机市场总体出货量 3.89 亿部，同比下降 6.2%，其中 2G 手机 1 613.1 万部、3G 手机 5.8 万部、4G 手机 3.59 亿部、5G 手机 1 376.9 万部。2018—2019 年国内手机市场出货量情况如图 9-9 所示。

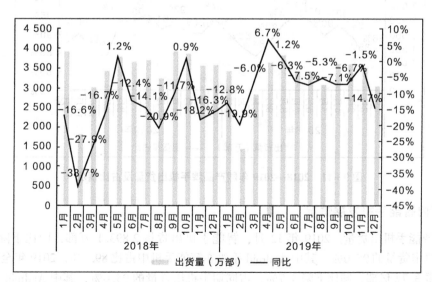

图 9-9　2018—2019 年国内手机市场出货量情况

（2）国内手机市场上市新机型数量。2019 年 12 月，上市新机型 35 款，同比下降 16.7%，其中 2G 手机 7 款、4G 手机 17 款、5G 手机 11 款。2019 年全年，上市新机型 573 款，同比下降 25.0%，其中 2G 手机 138 款、3G 手机 1 款、4G 手机 399 款、5G 手机 35 款。2018—2019 年国内手机市场上市新机型数量情况如图 9-10 所示。

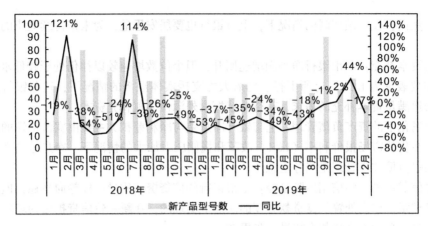

图 9-10 2018—2019 年国内手机市场上市新机型数量情况

2. 国内手机市场国内外品牌构成

2019 年 12 月,国产品牌手机出货量 2 661.3 万部,同比下降 17.3%,占同期手机出货量的 87.4%;上市新机型 30 款,同比下降 21.1%,占同期手机上市新机型数量的 85.7%。2019 年全年,国产品牌手机出货量 3.52 亿部,同比下降 4.9%,占同期手机出货量的 90.7%;上市新机型 506 款,同比下降 27.2%,占同期手机上市新机型数量的 88.3%。2018—2019 年国产品牌手机出货量及占比情况如图 9-11 所示。

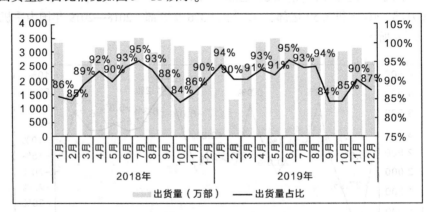

图 9-11 2018—2019 年国产品牌手机出货量及占比情况

3. 国内智能手机发展情况

(1)智能手机出货量。2019 年 12 月,智能手机出货量 2 893.1 万部,同比下降 13.7%,占同期手机出货量的 95.0%,其中 Android 手机在智能手机中占比 89.0%。2019 年全年,智能手机出货量 3.72 亿部,同比下降 4.7%,占同期手机出货量的 95.6%,其中 Android 手机在智能手机中占比 91.2%。

(2)智能手机上市新机型数量。2019 年 12 月,智能手机上市新机型 27 款,同比下降 25.0%,占同期手机上市新机型数量的 77.1%,其中支持 Android 操作系统的手机 25 款。2019 年全年,智能手机上市新机型 424 款,同比下降 27.8%,占同期上市新机型数量的 74.0%,其中支持 Android 操作系统的手机 415 款。

(资料来源:http://www.caict.ac.cn/kxyj/qwfb/qwsj/)

同步测试

一、单项选择题

1. 客观事实是数据分析报告存在的基础,这体现了报告的( )。
   A. 真实性　　　B. 重要性　　　C. 平实性　　　D. 时效性
2. 数据分析报告语言平实、不夸张、不修饰体现了报告的( )。
   A. 真实性　　　B. 重要性　　　C. 平实性　　　D. 时效性
3. 数据分析报告要求及时体现人们需要回答的问题,这体现了报告的( )。
   A. 真实性　　　B. 重要性　　　C. 平实性　　　D. 时效性
4. 对某一现象的某一方面进行专门研究,具有专一性和深入性的分析报告类型是( )。
   A. 综合类数据分析报告　　　B. 专题分析报告
   C. 日常数据分析报告　　　　D. 分类数据报告
5. 在对数据分析报告的内容安排上,行文采取( )方式。
   A. 总分总　　　B. 分总分　　　C. 欲扬先抑　　　D. 分分总
6. 撰写数据分析报告的前期准备工作包括( )。
   A. 整理分析思路　B. 进行数据分析　C. 数据可视化处理　D. 撰写数据分析报告
7. 下面不属于数据分析报告内容的是( )。
   A. 标题　　　　B. 摘要　　　　C. 目录　　　　D. 结论
8. ( )是对分析报告基本思想的浓缩,在分析报告中占有重要的地位。
   A. 标题　　　　B. 导语　　　　C. 结束语　　　D. 论点
9. 按照"现状—原因—结果""简单–复杂"等编排内容的分析报告的结构是( )。
   A. 并列结构　　B. 序时结构　　C. 递进结构　　D. 三者都不是
10. 不属于分析报告题目要求的是( )。
    A. 明确　　　　B. 简练　　　　C. 鲜明　　　　D. 简单

二、多项选择题

1. 数据分析报告一般分为以下几类( )。
   A. 专题分析　　　　　　　　B. 综合类数据分析
   C. 日常数据分析　　　　　　D. 传统数据分析
2. 数据分析报告一般具有( )。
   A. 真实性　　　　　　　　　B. 重要性
   C. 平实性　　　　　　　　　D. 时效性
3. 数据分析报告的作用主要有( )。
   A. 展示分析结果　　　　　　B. 验证分析质量
   C. 提供决策参考　　　　　　D. 验证分析结论
4. 数据分析报告在分析者和报告使用者之间实现信息的传递,报告撰写应遵循的要求包括( )。
   A. 形式应规范简洁　　　　　B. 分析应具有洞察力
   C. 数据应真实可靠　　　　　D. 结构应具有辩证性

5. 避免在报告里简单粗暴地罗列数据和图表的方法有（　　）。
   A. 对数据图表中的信息以及反映的问题进行更深入的文字阐述和解释
   B. 把相同结构的数据图表移到附件中
   C. 在每张数据图表后面加上文字分析和阐述
   D. 一般情况下正文中的一张数据图表尽可能主要说明一个问题

三、判断题

1. 编写分析报告时，应把好不容易采集到的数据尽可能多地搬到报告中，报告里呈现尽量多的数据图表。（　　）
2. 撰写数据分析报告是为了通过数据挖掘与分析，揭示数据背后的规律，从而为决策提供重要支撑。（　　）
3. 数据分析报告中数据越多、信息量越大，报告质量就越高。（　　）
4. 巧妙利用报告结构的力量，可揭示其中的关系，使这些关系具有整体性。（　　）
5. 引言是分析报告的重要组成部分，用于交代报告的分析背景、分析目的及分析思路。（　　）
6. 报告使用者根据目录可以初步掌握报告的逻辑层次。（　　）
7. 结尾部分是数据分析报告的核心部分，系统全面地表达分析过程和分析结果。（　　）
8. 数据分析报告要求具有创新性。（　　）
9. 数据分析报告属于说明文。（　　）
10. 无论用什么形式的结尾都应注意首尾照应。（　　）

四、简答题

1. 请简述数据分析报告的结构。
2. 简述日常数据分析报告的含义及其应用。
3. 举例说明数据分析报告提供决策参考的作用。

参 考 文 献

[1] 古扎拉蒂，波特. 计量经济学基础[M]. 北京：中国人民大学出版社，2009.
[2] 胡华江，杨甜甜. 商务数据分析与应用[M]. 北京：电子工业出版社，2018.
[3] 蒲括，邵朋. 精通 Excel 数据统计与分析[M]. 北京：人民邮电出版社，2014.
[4] 贾俊平. 统计学[M]. 北京：中国人民大学出版社，2018.
[5] 孙允午. 统计学——数据的搜集、整理和分析[M]. 上海：上海财经大学出版社，2009.
[6] 游士兵. 统计学[M]. 武汉：武汉大学出版社，2010.

参考文献

[1] 王运敏. 现代采矿手册(上卷)[M]. 北京：中国人民大学出版社，2009.
[2] 郑翔宇，何晓群. 高等数据分析方法[M]. 北京：电子工业出版社，2018.
[3] 王新民，张钦礼. 膏体充填理论与技术[M]. 北京：人民邮电出版社，2014.
[4] 蔡嗣经. 充填力学. 北京：中国科学技术出版社，2018.
[5] 李夕兵. 岩石——岩体动力学. 冶金工业出版社（沪）：上海财经大学出版社，2009.
[6] 蔡美峰. 岩石力学与工程. 北京：科学出版社，2010.